Martin Lowes/Augustin Paulik

Programmieren mit C

Programmieren mit C

– Ansi Standard –

Von Martin Lowes
und Dr. rer. nat. Augustin Paulik
Universität Göttingen

3., durchgesehene Auflage

B. G. Teubner Stuttgart 1995

Dipl.-Math. Martin Lowes

Studium der Mathematik und Physik an der Universität Göttingen, dort seit 1975 als wissenschaftlicher Angestellter mit der Durchführung von Programmmierkursen beauftragt.

Priv.-Doz. Dr. rer. nat. Augustin Paulik

Studium der Mathematik und Physik an der TU München und der Universität Bratislava (Pressburg). 1971 wissenschaftlicher Mitarbeiter am Institut für Numerische und Angewandte Mathematik der Universität Göttingen. 1985/1986 Gastprofessor für Technomathematik an der TU Berlin. 1986 Professor für Angewandte Mathematik und Informatik an der Universität Göttingen.

Die Deutsche Bibliothek – CIP-Einheitsaufnahme

Lowes, Martin:
Programmieren mit C : Ansi Standard / von Martin Lowes und
Augustin Paulik. – 3., durchges. Aufl. – Stuttgart : Teubner,
1995
   ISBN 978-3-519-22286-6   ISBN 978-3-322-92657-9 (eBook)
   DOI 10.1007/978-3-322-92657-9
NE: Paulik, Augustin:

Vorwort

Die Programmiersprache C wurde Anfang der siebziger Jahre (1972) von Dennis M.
Ritchie in den Bell Laboratories entwickelt, im Zusammenhang mit der Implementation
des Betriebssystems UNIX auf der Rechenanlage DEC PDP-11. Viele wichtige, in C
verwirklichte Ideen entstammen allerdings der Sprache B, die von Ken Thompson (1970)
für das erste UNIX–System auf der DEC PDP-7 geschrieben wurde, die wiederum ihren
Ursprung in der von Martin Richards entwickelten Sprache BCPL (1967) hat. Fast das
gesamte Betriebssystem UNIX ist in C geschrieben.

Mittlerweile wird C nicht nur unter UNIX, sondern auch unter anderen Betriebssystemen
eingesetzt. Der Grund für die zunehmende Beliebtheit von C sind Portabilität, d.h. die
Lauffähigkeit der Programme ohne Änderungen auf den verschiedensten Rechnern, und
breite Anwendungsmöglichkeiten, die wiederum die Folge von mehreren Faktoren sind:

- C besitzt moderne, hochsprachliche Steuerstrukturen, wie etwa die Sprachen Ada,
  PL/1 und Pascal.

- In C kann man Bits, Bytes und Zeichenketten manipulieren, wie mit einem Assembler,
  aber auch Zeiger und strukturierte Datentypen verwenden.

- C ist vom Umfang her eine kleine, leicht erlernbare Sprache (32 Schlüsselwörter, Basic
  über 150!).

- C ermöglicht weitgehend redundanz–freien Quellcode, d.h. C–Programme sind deutlich kürzer als Programme in anderen Sprachen.

Dieses alles sind Forderungen, die man an eine Sprache stellt, in der Betriebssysteme,
Compiler oder professionelle Anwenderprogramme geschrieben werden sollen. Daher wird
C auch als „die Sprache der Programmierer" bezeichnet.

Seit der ersten Implementation der Sprache Anfang der siebziger Jahre sind viele Sprach-
dialekte entstanden. Die meisten Compilerbauer orientierten sich an der Sprachbeschreibung in „The C Programming Language" von Brian W. Kernighan und Dennis M. Ritchie
aus dem Jahre 1977. Diese Sprachbeschreibung war aber weder vollständig noch exakt.
An den Stellen, an denen den Implementatoren diese Sprachbeschreibung als erweite-
rungswürdig erschien, insbesondere bei der Standardbibliothek, gingen sie ihren eigenen
Weg, was der Portabilität der Programme keineswegs zuträglich war.

Um dieser Entwicklung gegenzusteuern und weiteren Implementatoren eine einheitliche
Sprachbeschreibung, einschließlich einer einheitlichen Standardbibliothek, in die Hand zu
geben, wurde vom American National Standards Institute (ANSI) 1983 ein technisches
Komitee (X3J11) gegründet, in dem über 50 Vertreter von C-Benutzergruppen aus allen
Bereichen (Entwicklung industrieller und wissenschaftlicher Hard- und Software, Anwen-
dungsprogrammierung, Ausbildung) über einen Standard für die Sprache C diskutierten.
Das Ergebnis, „ANSI–C" oder „Standard-C", wurde im Dezember 1989 vom ANSI als
Standard veröffentlicht.

Für den Programmierer bedeutet das: In ANSI–C geschriebene Programme sind auf allen
Systemen unverändert lauffähig, die den ANSI-Standard verwenden. Zusätzliche Vor-
aussetzung ist, daß die Programme keine speziellen Hardware-Eigenschaften nutzen; der
Standard definiert dafür eine Vielzahl benannter Konstanten, die einen Rechner charakte-
risieren. Eine ANSI–C–Sprachimplementation darf über den Standard hinaus über weitere

6

Sprachelemente und eine erweiterte Bibliothek verfügen, deren Verwendung allerdings die Portabilität der Programme einschränkt.

In diesem Buch wird ANSI–C beschrieben. Die vollständig angegebenen Beispiele wurden sämtlich, die in Ausschnitten angegebenen Beispiele teilweise auf IBM–kompatiblen PC mit Microsoft–C (Version 5) und Turbo–C getestet. Beide Compiler entsprechen bereits dem ANSI–Standard.

Herrn Dr. P. Spuhler und dem Verlag B. G. Teubner gilt unser Dank für die verständnisvolle Zusammenarbeit, durch die dieses Buch erst möglich wurde.

Göttingen, im August 1990

Martin Lowes
Augustin Paulik

Vorwort zur zweiten und dritten Auflage

Für die zweite und dritte Auflage wurden jeweils eine Reihe von Schreibfehlern berichtigt und einige kleinere Korrekturen vorgenommen. Wir danken all denen, die uns die entsprechenden Hinweise gaben.

Für die dritte Auflage wurde `typedef` weit nach vorne gezogen, um es in den Beispielen, wo immer angebracht, verwenden zu können.

Göttingen, im Januar 1995

Martin Lowes
Augustin Paulik

Inhaltsverzeichnis

Kapitel 1   Einführung   **13**

  1.1 Aufbau von C–Programmen 13

  1.2 Ein erstes C–Programm 15

  1.3 Verarbeitung numerischer Daten 17

  1.4 Lesen bis zum Ende 20

  1.5 Speicherung von Werten 22

  1.6 Strukturierung des Programms 25

  1.7 Die Darstellung von Programmen 29

Kapitel 2   Numerische Datentypen und Ausdrücke   **32**

  2.1 Definitionen 32

  2.2 Standardtypen 32

  2.3 Konstanten 34

       2.3.1 Ganzzahlige Konstanten 35

       2.3.2 Gleitkommakonstanten 36

       2.3.3 Zeichenkonstanten 36

       2.3.4 Aufzählungskonstanten 38

       2.3.5 Stringkonstanten 39

  2.4 Deklaration von Variablen, Anfangswerte 39

  2.5 Benennung von Typen 40

  2.6 Arithmetische Operatoren 41

       2.6.1 Die Grundrechenarten 41

       2.6.2 „mixed mode" 43

       2.6.3 Kompliziertere Ausdrücke 43

       2.6.4 Die Vorzeichenoperatoren 44

       2.6.5 Operatoren gleicher Präzedenz 45

       2.6.6 Explizite Typumwandlung 46

  2.7 Zuweisungsoperatoren 46

  2.8 Inkrementierung und Dekrementierung 48

  2.9 Nebeneffekte 50

  2.10 Konstante Ausdrücke 51

  2.11 Overflow und Underflow 52

Kapitel 3   Anweisungen   53

  3.1   Ausdruckanweisungen 53

  3.2   Zusammengesetzte Anweisungen 54

  3.3   Leere Anweisungen 54

  3.4   Logische Ausdrücke 55

  3.5   Schleifen 56

      3.5.1   `while`– und `do`–Anweisung 56

      3.5.2   `for`–Anweisung 58

      3.5.3   `break` und `continue`, Endlosschleifen 59

  3.6   Auswahl von Alternativen 61

      3.6.1   `if`–Anweisung 62

      3.6.2   Geschachtelte `if`–Anweisungen 62

      3.6.3   Bedingte Ausdrücke 64

      3.6.4   `switch`–Anweisung 65

  3.7   Sprünge 69

Kapitel 4   Funktionen und Programmstruktur   70

  4.1   Funktionen 70

      4.1.1   Vereinbarung von Funktionen 70

      4.1.2   Beispiel 72

      4.1.3   Prototypen 73

      4.1.4   Parameter und Argumente 75

  4.2   Die Struktur des Programms 75

      4.2.1   Gültigkeitsbereiche von Namen 76

      4.2.2   Lokale und globale Größen 77

      4.2.3   Das Attribut `extern` 80

  4.3   Verfügbarkeit von Variablen 81

      4.3.1   Automatische und statische Variablen 81

      4.3.2   Interne Variablen 82

  4.4   Rekursion 83

  4.5   Synchronisationspunkte 88

Kapitel 5   Felder und Zeiger   89

  5.1   Felder 89

  5.2   Adressrechnung 91

  5.3   Zeiger 92

  5.4   Zeigerarithmetik 95

5.5   Felder als Parameter von Funktionen 99

5.6   Strings 100

5.7   Explizite Anfangswerte 102

5.8   Das Attribut const 104

5.9   Zeiger auf Zeiger 106

5.10 Zeiger als Funktionswerte 108

5.11 Dynamische Speicherzuordnung 111

5.12 Zeiger auf Funktionen 114

Kapitel 6   Strukturen und Zeiger   117

6.1   Strukturen 117

6.2   Geschachtelte strukturierte Typen 120

6.3   Zeiger auf Strukturen 124

6.4   Verkettete Listen 127

6.5   Partielle und vollständige Deklaration 130

6.6   Mehr über verkettete Listen 131

6.7   (Binäre) Bäume 134

Kapitel 7   Der Präprozessor   138

7.1   Format der Direktiven 138

7.2   Zugriff auf (andere) Dateien 139

7.3   Macros ohne Parameter 139

7.4   Macros mit Parametern 140

7.5   Bedingte Compilation 142

7.6   Präprozessor-Operatoren 144

7.7   Weitere Direktiven 145

Kapitel 8   Die Standardbibliothek   147

8.1   Übersicht 147

8.2   Elementare Typen (`<stddef.h>`) 148

8.3   Testhilfen (`<assert.h>`) 149

8.4   Klassifizierung von Zeichen (`<ctype.h>`) 149

8.5   Fehlernummern (`<errno.h>`) 151

8.6   Interne Datenformate (`<limits.h>` und `<float.h>`) 151

8.7   Länderspezifische Darstellungen und Zeichen (`<locale.h>`) 153

8.8   Mathematische Funktionen (`<math.h>`) 153

8.9   Sprünge zwischen Funktionen (`<setjmp.h>`) 155

8.10 Behandlung von Signalen (`<signal.h>`) 156

8.11 Funktionen mit variabler Argumentzahl (`<stdarg.h>`) 158

8.12 Diverse Hilfsroutinen (`<stdlib.h>`) 160

    8.12.1 Umwandlung von Strings 160

    8.12.2 Pseudo–Zufallszahlen 162

    8.12.3 Dynamische Speicherverwaltung 162

    8.12.4 Beendigung eines Programms 163

    8.12.5 Kommunikation mit dem Betriebssystem 164

    8.12.6 Sortieren und Suchen 164

    8.12.7 Ganzzahlige Arithmetik 167

    8.12.8 Verarbeitung erweiterter Zeichensätze 168

8.13 Stringverarbeitung (`<string.h>`) 168

    8.13.1 Kopieren von Strings (und anderen Objekten) 168

    8.13.2 Konkatenation von Strings 170

    8.13.3 Vergleiche von Strings 171

    8.13.4 Suchfunktionen 171

    8.13.5 Längenbestimmung 173

    8.13.6 Füllen von Speicherbereichen 173

    8.13.7 Umsetzung von Fehlernummern 173

8.14 Termine und Zeiten (`<time.h>`) 174

    8.14.1 Darstellungsformate 174

    8.14.2 Maschinenzeiten 174

    8.14.3 Umcodierung von Zeiten 175

    8.14.4 Umwandlung in Klarschrift 177

    8.14.5 Zeitdifferenzen 177

Kapitel 9   Ein–/Ausgabe   178

9.1 Grundlagen 178

    9.1.1 Dateien und Dateien 178

    9.1.2 Textdateien und Binärdateien 178

    9.1.3 Lesen oder Schreiben? 180

    9.1.4 Gepufferte Ein–/Ausgabe 180

    9.1.5 Positionierung 181

    9.1.6 Der Typ `FILE`, die Standarddateien 181

9.2 Zuordnung von Dateien 182

    9.2.1 Permanente Dateien 182

    9.2.2 Temporäre Dateien 185

9.3 Verwaltung der Dateipuffer 186

9.4 Formatierte Eingabe 187

    9.4.1 Der Formatierungsstring 187

    9.4.2 Formatbeschreiber 188

    9.4.3 Beispiele 191

9.5 Formatierte Ausgabe 193

    9.5.1 Der Formatierungsstring 193

    9.5.2 Formatbeschreiber 194

9.6 Ein–/Ausgabe von Zeichen(folgen) 197

    9.6.1 Lesen eines einzelnen Zeichens 197

    9.6.2 Lesen von Strings 198

    9.6.3 Mehrfaches Lesen von Zeichen 198

    9.6.4 Schreiben eines einzelnen Zeichens 199

    9.6.5 Schreiben von Strings 199

9.7 Binäre Ein–/Ausgabe 200

9.8 Positionierung von Dateien 200

9.9 Behandlung von Fehlern 202

9.10 Verwaltung von Betriebssystem–Dateien 202

Kapitel 10 Was es sonst noch gibt   **203**

10.1 Weitere Datenattribute 203

    10.1.1 Das Attribut **register** 203

    10.1.2 Das Attribut **volatile** 203

10.2 Verbunde 203

10.3 Verarbeitung von Bits 204

    10.3.1 Bitoperatoren 205

    10.3.2 Bitfelder 208

10.4 Der Komma–Operator 209

Anhang A   Der Zeichensatz von C   **211**

Anhang B   Schlüsselwörter   **213**

Anhang C   Operator–Übersicht   **214**

Anhang D   Formatierung   **215**

D.1 Formatierung der Eingabe 215

D.2 Formatierung der Ausgabe 216

Anhang E   Minimale Maxima **217**

E.1 Schranken für das Quellprogramm 217

E.2 Schranken für die Wertebereiche 218

Anhang F   Die Syntax von C **219**

F.1 Namen 219

F.2 Konstanten 219

F.3 Ausdrücke 222

F.4 Deklarationen 223

F.5 Anweisungen 226

F.6 Externdeklarationen 227

F.7 Syntax des Präprozessors 227

Anhang G   Syntaxdiagramme **230**

G.1 Namen 230

G.2 Konstanten 231

G.3 Ausdrücke 234

G.4 Deklarationen 237

G.5 Anweisungen 241

G.6 Externdeklarationen 242

Anhang H   Unterschiede zwischen „altem" C und ANSI–C **244**

Anhang I   Erste Schritte mit UNIX **246**

I.1 Ein- und Ausloggen, Passwort 246

I.2 Das Dateisystem 247

I.3 Verwaltung von Dateien 249

I.4 Bearbeitung von Textdateien 251

I.5 Übersetzen von C–Programmen 252

I.6 Das Programm make 252

I.7 Umleitung der Standard–Ein–/Ausgabe 254

Literatur **256**

Index **257**

Kapitel 1

Einführung

In diesem Kapitel wird ein Überblick über C gegeben. An einigen kleinen Programmen werden die wesentlichsten Sprachelemente demonstriert, wobei kein Anspruch auf Vollständigkeit erhoben wird. In den folgenden Kapiteln werden alle hier vorgestellten Sprachkonstrukte detailliert erörtert.

1.1 Aufbau von C–Programmen

Allgemein sieht ein C–Programm so aus:

Direktiven für den Präprozessor
globale Deklarationen

```
int main (...)
{
```
lokale Deklarationen
Anweisungsfolge
```
}
```

Typ `f1 (...)`
```
{
```
lokale Deklarationen
Anweisungsfolge
```
}
```

Typ `f2 (...)`
```
{
```
lokale Deklarationen
Anweisungsfolge
```
}
```

...

Typ `fn (...)`
```
{
```
lokale Deklarationen
Anweisungsfolge
```
}
```

Dabei sind `main`, `f1`, `f2`, usw. Namen von Funktionen. `main` ist das Hauptprogramm, `f1`, `f2`, usw. sind Unterprogramme, die vom Hauptprogramm oder auch von den Unterprogrammen verwendet werden. Jedes C–Programm muß genau eine Funktion mit dem

Namen **main** enthalten; die Namen der weiteren Funktionen, hier **f1**, **f2**, usw., kann der Programmierer dagegen, unter Beachtung bestimmter Regeln, frei wählen.

Die Datei, in der das C–Programm gespeichert ist, wird als **Quelldatei** bezeichnet; die C–Anweisungen selbst heißen **Quellprogramm** oder **Quellcode**.

Ein C–Programm muß nicht unbedingt in einer einzigen Quelldatei vorliegen. Ganz im Gegenteil: Umfangreiche Programme wird man in der Regel unter logischen Gesichtspunkten in mehrere Teile aufteilen, die Teile in verschiedenen Quelldateien speichern und einzeln bearbeiten. Das Schema kann etwa so aussehen:

Erste Quelldatei:

```
    Direktiven für den Präprozessor
    globale Deklarationen

    int main (...)
    {
        lokale Deklarationen
        Anweisungsfolge
    }
```

Zweite Quelldatei:

```
    Direktiven für den Präprozessor
    globale Deklarationen

    Typ f1 (...)
    {
        lokale Deklarationen
        Anweisungsfolge
    }
```

Weitere Quelldatei:

```
    Direktiven für den Präprozessor
    globale Deklarationen

    Typ f2 (...)
    {
        lokale Deklarationen
        Anweisungsfolge
    }

    ...

    Typ fn (...)
    {
        lokale Deklarationen
        Anweisungsfolge
    }
```

Um aus dem Quellcode eines C–Programms ein **ausführbares Programm** zu erzeugen, sind grundsätzlich zwei Schritte nötig:

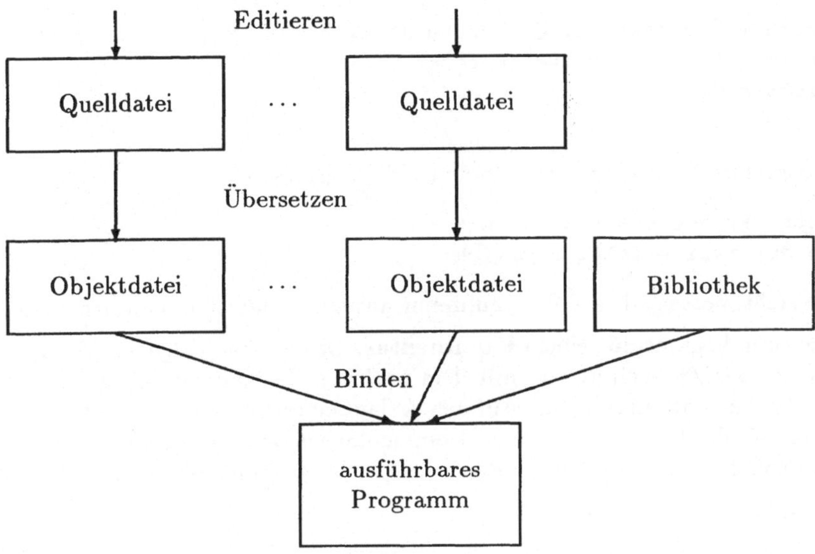

Abbildung 1: Erstellung eines Programms

- Der Quellcode wird mit dem **Compiler** übersetzt. Wenn er in verschiedenen Quelldateien gespeichert ist, können diese einzeln und unabhängig voneinander übersetzt
  werden. Aus jeder Quelldatei, die der Compiler übersetzt, erzeugt er eine **Objekt-
  datei**.

- Die verschiedenen Objektdateien, die gemeinsam ein Programm bilden sollen, werden durch den **Linker** verbunden. Dabei werden in der Regel gleichzeitig weitere,
  vorgefertigte Routinen aus einer **Bibliothek** eingebunden.

Das Schema des Ablaufs zeigt Abbildung 1.

Wie das Übersetzen und Binden eines Programms im einzelnen erfolgt, hängt vom jeweiligen Betriebssystem ab.

1.2   Ein erstes C–Programm

Nachdem der prinzipielle Aufbau der Programme aufgezeigt wurde, folgt jetzt ein erstes
kleines konkretes Beispiel:

```
/********************************************************************\
*                                                                  *
*    Das erste Programm                                            *
*                                                                  *
\********************************************************************/

#include <stdio.h>

int main (void)
{
```

```
    printf ("Dieses war der erste Streich ---\n");
    printf ("doch der zweite folgt sogleich!");
    return 0;
}
```

Dieses Programm liefert auf dem Bildschirm die Ausgabe

```
Dieses war der erste Streich ---
doch der zweite folgt sogleich!
```

Wie man sieht, besteht dieses Programm nur aus einer Funktion, nämlich `main`.

Das Programm beginnt mit einem **Kommentar**. Das ist eine Folge von Zeichen, die mit dem Zeichenpaar `/*` beginnt und mit dem nächsten Zeichenpaar `*/` endet, dazwischen beliebige Zeichen enthalten kann. Auf den Ablauf eines Programms haben Kommentare keinen Einfluß, da der Compiler einen Kommentar wie ein einzelnes Leerzeichen behandelt. Man sollte sie aber reichlich nutzen, um die Programme zu dokumentieren.

Die folgende Zeile

```
#include <stdio.h>
```

weist den **Präprozessor** an, die Zeile durch den Inhalt einer Datei mit dem Namen `stdio.h` zu ersetzen. Der Standard sieht eine ganze Reihe solcher **Standard–Header–Dateien** für verschiedene Zwecke vor. So enthält die Datei `<stdio.h>`[1] Deklarationen der Ein–/Ausgabefunktionen; hier wird die Datei benötigt, weil sie die Deklaration der Funktion `printf` enthält, die in `main` verwendet wird. Man findet diese Zeile häufig am Anfang des Quellcodes eines C–Programms.

Der Präprozessor selbst ist ein Programm, das vor der eigentlichen Übersetzung läuft. Seine Hauptaufgabe es ist, Textersetzungen im Quellcode vorzunehmen. Die Anweisungen an den Präprozessor werden als **Präprozessor–Direktiven** bezeichnet. Sie bestehen in der Regel jeweils aus genau einer Zeile und beginnen mit einem Nummernzeichen (`#`).

Vor dem Funktionsnamen `main` steht der Typ des Funktionswertes, den `main` liefert. Das Schlüsselwort `int` gibt an, daß der Funktionswert ganzzahlig ist.

Dem Funktionsnamen `main` folgt ein Paar runder Klammern (`(`, `)`). Diese Klammern enthalten in der Regel eine Liste von Einträgen, die **Parameter** der Funktion, durch die die Funktion mit ihrer Umgebung kommuniziert. Der hier vorhandene Eintrag `void` ist eher untypisch: Er zeigt dem Compiler an, daß die Funktion *keine* Parameter besitzt![2]

Die geschweiften Klammern (`{`, `}`) schließen den **Funktionsrumpf** ein, der aus lokalen Deklarationen und einer Anweisungsfolge bestehen kann. Hier besteht er aus den drei Anweisungen

```
    printf ("Dieses war der erste Streich ---\n");
```

---

[1] Die Schreibweise `<stdio.h>` soll andeuten, daß es sich um die Standard–Header–Datei mit dem Namen `stdio.h` handelt und nicht um eine beliebige Datei mit diesem Namen. Auch für alle anderen Standard–Header–Dateien soll diese Schreibweise verwendet werden: Unter einer „Datei `<name.h>`" ist also stets die „Standard–Header–Datei mit dem Namen `name.h`" zu verstehen.

[2] Formal schöner wäre es, wenn eine leere Parameterliste durch ein leeres Klammerpaar dargestellt würde; dieses ist nicht möglich, weil ein leeres Klammerpaar im „alten" C eine andere Bedeutung hatte.

```
printf ("doch der zweite folgt sogleich!");
return 0;
```

Jede Anweisung muß mit einem Semikolon (;) abgeschlossen werden.

Die ersten beiden Anweisungen sind Aufrufe der Bibliotheksfunktion `printf`. Diese Funktion schreibt ihr Argument, einen String, auf den Bildschirm. Ein **String** ist eine Folge von Zeichen, die in Anführungszeichen (") eingeschlossen ist.

Besonders zu erwähnen ist die Zeichenkombination \n im ersten String. Sie wird als **Escapesequenz (escape sequence)** bezeichnet und bewirkt den Übergang zum Anfang einer neuen Zeile. Würde man sie im Beispiel weglassen, wäre die Ausgabe

```
Dieses war der erste Streich ---doch der zweite folgt sogleich!
```

Die Funktion `printf` schreibt wirklich nur das, was in ihrem Argument, dem String, steht. Bei einem zweiten Aufruf von `printf` wird direkt hinter das letzte Zeichen geschrieben, das beim ersten Aufruf ausgegeben wurde. So folgt im modifizierten Beispiel das Wort doch unmittelbar dem letzten Bindestrich.

ANSI–C kennt mehrere Escapesequenzen. Die meisten stehen für sogenannte **nicht druckbare** Zeichen, die zur Steuerung der Hardware dienen.

Die dritte Anweisung, `return`, beendet die Funktion `main` und liefert 0 als Funktionswert an die übergeordnete Funktion, hier das Betriebssystem. Verschiedene Funktionswerte von `main` können zum Beispiel verabredet werden, um dem Betriebssystem den korrekten oder fehlerhaften Ablauf eines Programms mitzuteilen.

1.3 Verarbeitung numerischer Daten

Ausgabe von Strings kann nicht alles sein. Als nächstes Beispiel soll deshalb ein Programm betrachtet werden, das fünf Zahlen (von der Tastatur) liest und ihr arithmetisches Mittel (auf den Bildschirm) ausgibt.

Zunächst das Programm:

```
/*******************************************************************\
*                                                                   *
*    Lesen von 5 Zahlen und Mittelberechnung                        *
*                                                                   *
\*******************************************************************/

#include <stdio.h>

#define ZAHLEN 5

int main (void)
{
    int Anzahl;
    float Wert, Summe;

    printf ("Bitte geben Sie die Zahlen ein!\n");
```

```
    Summe = 0;
    Anzahl = 0;
    while (Anzahl < ZAHLEN)
    {
        Anzahl++;
        scanf ("%f", &Wert);
        Summe += Wert;
    }

    printf ("Das Mittel der %d Zahlen ist %f\n",
            Anzahl, Summe / Anzahl);
    return 0;
}
```

Die Zeile

```
#define ZAHLEN 5
```

ist eine weitere Präprozessor-Direktive. Sie bewirkt, daß vor der eigentlichen Übersetzung die Zeichenkette ZAHLEN überall im Programm durch die Zeichenkette 5 ersetzt wird. Die Ersetzung funktioniert mit (fast) beliebigen Zeichenketten: Die erste Zeichenkette, die dem #define folgt, wird überall im Text durch die zweite Zeichenkette ersetzt; die erste Zeichenkette darf (unter anderem) kein Leerzeichen enthalten, die zweite Zeichenkette besteht aus dem Rest der Zeile.

Zeichenketten, die, wie hier, durch eine Zahl ersetzt werden, bezeichnet man als **benannte Konstanten**. Sie dienen nicht zuletzt der leichten Änderbarkeit eines Programms: Kommt man auf die Idee, nicht 5, sondern etwa 13 Zahlen verarbeiten zu wollen, so braucht man nur die entsprechende Präprozessor-Direktive zu ändern und muß nicht das ganze Programm nach den zu ändernden Stellen durchsuchen. Hier wäre etwa die #define-Direktive durch

```
#define ZAHLEN 13
```

zu ersetzen. Es ist üblich, für die Namen benannter Konstanten ausschließlich Großbuchstaben zu verwenden, damit die benannten Konstanten beim Lesen des Programms leichter als solche zu erkennen sind.

In C müssen alle Variablen deklariert werden, bevor sie verwendet werden können. Gewöhnlich geschieht dieses am Anfang der Funktion. Hier werden drei Variablen benötigt: Anzahl zählt die gelesenen Werte, Wert dient zur Aufnahme des letzten gelesenen Wertes und Summe enthält die Summe aller bereits gelesenen Werte. Die **Deklaration** von Variablen erfolgt, indem man ihren Typ angibt und dahinter die Liste der Namen der zu deklarierenden Variablen schreibt. Die Namen werden durch je ein Komma (,) voneinander getrennt, die Deklaration insgesamt durch ein Semikolon (;) abgeschlossen.

Der Typ int bedeutet, daß die Werte der Variablen ganze Zahlen sind; der Typ float bedeutet, daß die Werte der Variablen Gleitkommazahlen sind. (C kennt weitere Typen. Diese werden in Kapitel 2 behandelt.)

Die beiden Zeilen

```
Summe = 0;
Anzahl = 0;
```

bewirken, daß die beiden Variablen den Wert 0 erhalten. Sie werden als **Zuweisungen (assignments)** bezeichnet. Zuweisungen sind spezielle **Anweisungen (statements)** und werden, wie alle Anweisungen, mit einem Semikolon (;) abgeschlossen.

Im Programm sind mehrere Zahlen zu lesen und zu summieren. Es bietet sich an, das als Schleife zu formulieren. Hier wird eine `while`–**Schleife** (`while`–**loop**) verwendet. Sie hat die allgemeine Form

```
while (Bedingung)
    Anweisung
```

Die Anweisung *Anweisung* kann eine **einfache Anweisung** sein, z.B. eine Zuweisung, oder, wie im Beispiel, eine **zusammengesetzte Anweisung**, d.h. eine Folge von Anweisungen, die in geschweifte Klammern ({, }) eingeschlossen wird. Sie wird als **Schleifenrumpf** bezeichnet.

Eine `while`–Schleife funktioniert so: Der Ausdruck *Bedingung* wird ausgewertet. Ist er „wahr", wird die Anweisung(sfolge) *Anweisung* abgearbeitet. Anschließend wird erneut der Ausdruck *Bedingung* ausgewertet und, falls er wieder „wahr" ist, erneut die Anweisung(sfolge) *Anweisung* ausgeführt. Dieses wird so lange wiederholt, bis der Wert des Ausdrucks *Bedingung* „falsch" ist. Jetzt wird nicht die Anweisung(sfolge) *Anweisung* ausgeführt, sondern das Programm mit der Anweisung fortgesetzt, die dem Schleifenrumpf folgt. Von der Logik her ist klar: Eine `while`–Schleife macht nur dann einen Sinn, wenn in ihrem Rumpf zumindest ein Operand des Ausdrucks *Bedingung* verändert wird.

Im Beispiel ist die Schleifenbedingung

```
Anzahl < ZAHLEN
```

Sie ist „wahr", solange der Wert von `Anzahl` kleiner als der Wert von `ZAHLEN` ist. Die Änderung der Bedingung erfolgt in der Anweisung

```
Anzahl++;
```

Diese Anweisung nutzt den **Inkrementoperator ++**. Er bewirkt, daß der Wert der Variablen um 1 erhöht wird. C kennt zwei weitere Formen, den Wert einer Variablen zu erhöhen; um den Wert von `Anzahl` um 1 zu erhöhen, hätte man alternativ auch eine der folgenden beiden Anweisungen schreiben können:

```
Anzahl = Anzahl + 1;
Anzahl += 1;
```

Die zweite dieser beiden Formen wird im Beispiel verwendet, um die Summe der gelesenen Werte zu bilden. Im übrigen wurden im Beispiel die für den jeweiligen Zweck „typischen" Formen verwendet. (Zum Verringern des Wertes einer Variablen stehen alle drei Formen entsprechend zur Verfügung, mit Minuszeichen anstelle der Pluszeichen.)

Der erste Aufruf von `printf` entspricht dem ersten Beispiel. Interessanter ist der zweite Aufruf

```
printf ("Das Mittel der %d Zahlen ist %f\n",
        Anzahl, Summe / Anzahl);
```

mit drei Argumenten. Das erste Argument ist erneut ein String. Als weitere Argumente folgen die Variable `Anzahl` und der Ausdruck `Summe / Anzahl`.

Die Funktion arbeitet bei mehreren Argumenten so: Geschrieben wird nach wie vor lediglich der String, der als erstes Argument übergeben wird. Allerdings werden an den Stellen, an denen im String ein Prozentzeichen (%) steht, die Werte der weiteren Argumente eingesetzt.[3]

Die Angabe eines Prozentzeichens alleine reicht allerdings nicht aus. Zusätzlich ist jeweils anzugeben, welchen Typ der auszugebende Wert besitzt und in welcher Form er auszugeben ist. Im Beispiel bedeuten so

%d   Der auszugebende Wert besitzt den Typ `int` und ist als (ganze) Dezimalzahl zu schreiben.

%f   Der auszugebende Wert ist eine Gleitkommazahl und soll auch so geschrieben werden.

Die Anzahl der Zeichen, die geschrieben werden, hängt bei dieser einfachen Form von Standardvorgaben ab. Man kann die Mindestzahl der zu schreibenden Zeichen aber auch vorgeben, zum Beispiel

%5d   Der auszugebende Wert besitzt den Typ `int` und ist als (ganze) Dezimalzahl zu schreiben. Zu schreiben sind mindestens fünf Zeichen, wobei führende Nullen ggf. durch Leerzeichen ersetzt werden.

%5.2f   Der auszugebende Wert ist eine Gleitkommazahl und soll aus mindestens fünf Zeichen bestehen, davon genau zwei Ziffern hinter dem Dezimalpunkt.[4]

Die Funktion `scanf` ist das Pendant zu `printf` und ist wie `printf` in `<stdio.h>` deklariert: `scanf` liest Eingabe (von der Tastatur).

`scanf` hat als erstes Argument ebenfalls einen String. In ihm wird spezifiziert, was für Werte gelesen werden sollen. Die weiteren Argumente bezeichnen dann die Variablen, in die die gelesenen Werte übertragen werden sollen.

Es reicht allerdings nicht aus, nur die Namen der Variablen anzugeben, da C die Namen von Variablen stets als Repräsentanten für ihren Wert betrachtet. Was `scanf` benötigt, ist vielmehr eine Adresse im Speicher des Rechners, bei der der gelesene Wert abzulegen ist, oder, in der Terminologie von C, der **Zeiger** auf eine Variable. Den Zeiger auf eine Variable erhält man, indem man ihren Namen mit dem Präfix `&` hinschreibt.

Im Beispiel soll `scanf` nur einen Wert lesen und in der Variablen `Wert` ablegen. Entsprechend besitzt sie neben dem String nur ein weiteres Argument, nämlich `&Wert`.

Das erste Argument, der String `"%f"` spezifiziert, ähnlich wie bei `printf`, daß eine Gleitkommazahl zu lesen ist.

1.4   Lesen bis zum Ende

Die Funktion `scanf` liefert allerdings nicht nur die gelesenen Werte in ihrem zweiten und eventuellen weiteren Argumenten, sondern sie liefert zusätzlich einen interessanten

---

[3]Von der Logik her sollte klar sein, daß die Anzahl der Prozentzeichen im String gerade mit der Anzahl der weiteren Argumente übereinstimmen muß. Verstöße gegen diese Regel werden vom Compiler jedoch *nicht* festgestellt und führen zu schweren Fehlern bei der Ausführung des Programms.

[4]Wie die meisten Programmiersprachen erzeugt auch C in der Regel den (amerikanischen) Dezimalpunkt anstelle des (deutschen) Dezimalkommas.

Funktionswert:

- Wenn keine Daten vorhanden sind, also das **Dateiende** erreicht ist, ist der Funktionswert EOF (end of file). EOF ist eine benannte Konstante mit negativem Wert, die in <stdio.h> deklariert ist. (Welcher Wert das ist, braucht und sollte den Programmierer nicht interessieren!)

- Wenn Daten vorhanden sind, ist der Funktionswert die Anzahl der gelesenen Werte.[5]

Wie das Ende der Eingabe bei Tastatureingabe gekennzeichnet wird, hängt vom jeweiligen Betriebssystem ab.   UNIX (und ähnliche Systeme) verwendet ctrl-D (^D); MS–DOS verwendet ctrl-Z (^Z).

Die zusätzliche Information kann und sollte man nutzen. Am letzten Beispiel war ja sehr unschön, daß das Programm nur für eine ganz bestimmte Anzahl von Eingabewerten funktioniert. Viel nützlicher wäre ein Programm, das jede beliebige Anzahl von Eingabewerten verarbeiten kann.[6] Und der Funktionswert von scanf erlaubt tatsächlich eine entsprechende Realisierung, wie das folgende Beispiel zeigt.

```
/*******************************************************************\
*                                                                   *
*    Lesen beliebig vieler Zahlen und Mittelberechnung              *
*                                                                   *
\*******************************************************************/


#include <stdio.h>

int main (void)
{
   int Anzahl;
   float Wert, Summe;

   printf ("Bitte geben Sie die Zahlen ein und schliessen ");
   printf ("Sie die Eingabe mit dem Dateiende-Zeichen ab!\n");

   Summe = 0;
   Anzahl = 0;
   while (scanf ("%f", &Wert) != EOF)
   {
      Anzahl++;
      Summe += Wert;
   }

   if (Anzahl == 0)
   {
```

---

[5]Offensichtlich: Stimmt der Funktionswert nicht mit der Anzahl der Werte überein, die gelesen werden sollten, so muß etwas „schiefgegangen" sein.

[6]Um dieses zu erreichen, könnte man auf die Idee kommen, vom Benutzer als erstes die Anzahl der zu lesenden Werte zu erfragen. Der erfahrene Programmierer würde das aber geradezu als „Todsünde" betrachten.

```
        printf ("Wenn Sie keine Zahlen eingeben, kann auch ");
        printf ("kein Mittel gebildet werden!\n");
    }
    else
        printf ("Das Mittel der %d Zahlen ist %f\n",
                Anzahl, Summe / Anzahl);

    return 0;
}
```

Viel mußte gegenüber dem letzten Beispiel nicht verändert werden.

Zunächst ist die **#define**-Direktive entfallen – eine durchaus wünschenswerte Änderung.

Neu sind die Vergleichsoperatoren != und ==. Der Vergleichsoperator != liefert „wahr",
wenn seine Operanden *nicht* übereinstimmen, sonst „falsch". Er wird hier zur Prüfung
verwendet, ob **scanf** Daten oder die Kennzeichnung des Dateiendes gefunden hat.[7] Der
Vergleichsoperator == ist die Umkehrung von !=: Er liefert für übereinstimmende Operanden „wahr", sonst „falsch".

Die wesentlichste Neuerung ist die **if-Anweisung** (**if-statement**), mit der entschieden
wird, ob ein Mittelwert gebildet werden kann oder nicht. Die allgemeine Form dieser
Anweisung ist

```
    if (Bedingung)
        Anweisung1
    else
        Anweisung2
```

Sie wirkt so: Der Ausdruck *Bedingung* wird ausgewertet. Je nachdem, ob er „wahr" oder
„falsch" ist, wird *entweder* die Anweisung *Anweisung1 oder* die Anweisung *Anweisung2*
ausgeführt. In beiden Fällen wird anschließend mit der Anweisung fortgefahren, die der
if-Anweisung folgt. Erneut können, wie das Beispiel zeigt, *Anweisung1* und *Anweisung2*
wahlweise einfache oder zusammengesetzte Anweisungen sein.

1.5   Speicherung von Werten

Die letzten beiden Beispiele unterstellten, daß die gelesenen Werte nur summiert werden
mußten, um später ihren Mittelwert berechnen zu können. In vielen Fällen wird man
die Werte selbst aber auch aufbewahren müssen, weil man sie später noch braucht. Um
beim Beispiel der Mittelwert-Berechnung zu bleiben: Wenn der Mittelwert berechnet ist,
sollen nicht nur der Mittelwert und die Anzahl der Werte, sondern auch die Werte selbst
ausgegeben werden.

Mit den bisherigen Mitteln läßt sich diese Aufgabe nicht lösen. Abhilfe schaffen jedoch
die **Felder**.

Erneut zunächst das Programm:

---

[7]Sicher ist diese Konstruktion so nicht: Wenn der Benutzer Unsinn eingibt, zum Beispiel den
Buchstaben **A**, „hängt" das Programm in einer Endlosschleife.

```c
/*****************************************************************\
*                                                               *
*    Speicherung von Zahlen in einem Feld   ---   Version 1     *
*                                                               *
\*****************************************************************/

#include <stdio.h>

#define MAXZAHL 10

int main (void)
{
    int Anzahl, i;
    float Wert, Summe, Zahlen[MAXZAHL];

    printf ("Bitte geben Sie die Zahlen ein und schliessen ");
    printf ("Sie die Eingabe mit dem Dateiende-Zeichen ab!\n");

    Summe = 0;
    Anzahl = 0;
    while (scanf ("%f", &Wert) != EOF)
    {
        Zahlen[Anzahl] = Wert;
        Anzahl++;
        Summe += Wert;
    }

    if (Anzahl == 0)
    {
        printf ("Wenn Sie keine Zahlen eingeben, kann auch ");
        printf ("kein Mittel gebildet werden!\n");
    }
    else
    {
        printf ("Das Mittel der %d Zahlen ", Anzahl);
        i = 0;
        while (i < Anzahl)
        {
            printf ("%f ", Zahlen[i]);
            i++;
        }
        printf ("ist %f.\n", Summe / Anzahl );
    }

    return 0;
}
```

Mit der Zeile

```
float Wert, Summe, Zahlen[MAXZAHL];
```

wird der Speicher zur Aufbewahrung der gelesenen Zahlen definiert. Eine Angabe

    name[*laenge*]

in einer Variablendeklaration bewirkt, daß ein (eindimensionales) Feld („Vektor") mit dem Namen *name* bereitgestellt wird, das insgesamt *laenge* Komponenten besitzt. *laenge* muß dabei ein „konstanter Ausdruck" sein – im einfachsten Fall eine explizit angegebene Konstante oder, wie hier, eine benannte Konstante.

Jede Komponente eines Feldes kann einen Wert mit dem angegebenen Typ aufnehmen, hier also einen `float`-Wert. Ansprechen lassen sich die Komponenten, wie im Beispiel geschehen, durch

    name[*index*]

wobei *index* ein beliebiger (ganzzahliger) Ausdruck sein kann. Allerdings: C numeriert die Komponenten von Feldern stets bei Null beginnend. Im Beispiel stehen, weil die benannte Konstante `MAXZAHL` den Wert 10 repräsentiert, also gerade die Komponenten `Zahlen[0]`, `Zahlen[1]`, ..., `Zahlen[9]` zur Verfügung. Entsprechend muß ein Ausdruck, der zu Indizierung verwendet wird, einen Wert zwischen Null und Neun besitzen.

Was passiert, wenn ein Index einen anderen Wert besitzt? Die einzige mögliche Voraussage ist, daß keine Voraussage möglich ist! Es kann sein, daß (scheinbar) nichts passiert, es kann aber auch sein, daß das Programm „ausflippt" – ein Standard kann immer nur festlegen, wie ein standardkonformes Programm arbeitet, nie jedoch das Verhalten eines Programms, das gegen den Standard verstößt.

Entsprechend ist das letzte Beispiel ein *schlechtes* Programm: Es stellt nicht sicher, daß auf das Feld `Zahlen` nur mit zulässigen Indizes zugegriffen wird. Das Lesen darf nicht nur dann beendet werden, wenn keine Daten mehr vorhanden sind, sondern muß ggf. vorzeitig beendet werden, wenn im Feld `Zahlen` kein Platz für einen weiteren Eingabewert ist. Die korrigierte Version des Programms kann so aussehen:

```
/*********************************************************************\
*                                                                   *
*    Speicherung von Zahlen in einem Feld  ---   Version 2          *
*                                                                   *
\*********************************************************************/

#include <stdio.h>

#define MAXZAHL 10

int main (void)
{
    int Anzahl, i;
    float Wert, Summe, Zahlen[MAXZAHL];

    printf ("Bitte geben Sie die Zahlen ein und schliessen ");
    printf ("Sie die Eingabe mit dem Dateiende-Zeichen ab!\n");
```

```
    Summe = 0;
    Anzahl = 0;
    while ((Anzahl < MAXZAHL) && (scanf ("%f", &Wert) != EOF))
    {
        Zahlen[Anzahl] = Wert;
        Anzahl++;
        Summe += Wert;
    }

    if (Anzahl == 0)
    {
        printf ("Wenn Sie keine Zahlen eingeben, kann auch ");
        printf ("kein Mittel gebildet werden!\n");
    }
    else
    {
        printf ("Das Mittel der %d Zahlen ", Anzahl);
        i = 0;
        while (i < Anzahl)
        {
            printf ("%f ", Zahlen[i]);
            i++;
        }
        printf ("ist %f.\n", Summe / Anzahl );
    }

    return 0;
}
```

Gegenüber dem letzten Programm ist nur eine einzige, allerdings entscheidende Zeile
verändert: Werden zwei (logische) Operanden durch den (logischen) Operator **&&** verknüpft, so ist das Resultat genau dann „wahr", wenn *beide* Operanden „wahr" sind;
immer sonst ist das Resultat „falsch".

1.6 Strukturierung des Programms

Die bisherigen Beispiele enthielten bereits Funktionsaufrufe, nämlich Aufrufe der Funktionen `printf` und `scanf`. Jetzt soll untersucht werden, wie man selbst Funktionen **ver-
einbaren** kann.

Das Konzept der Funktionen ist, wiederkehrende Aktionen auszugliedern und mit einem
Namen zu versehen. Dort, wo diese Aktionen nötig sind, wird ein Aufruf der Funktion
eingesetzt. Dabei bleiben die Details der Berechnung für die rufende Funktion verborgen.
Die beiden Funktionen `printf` und `scanf` aus der Standardbibliothek sind hierfür typische
Beispiele: Der Programmierer weiß und muß wissen, *was* die Funktionen tun, er braucht
jedoch nicht zu wissen, *wie* sie es tun.

Der Datentransfer zwischen den Funktionen erfolgt zum einen durch die Argumente im
Funktionsaufruf und zum anderen durch den Funktionswert, den die Funktion beim Rück-

sprung liefert.

Jede Funktion kann in C mit oder ohne Parameter vereinbart werden; sie kann einen Funktionswert liefern, braucht es aber nicht.[8]

Die Vereinbarung einer Funktion erfolgt in C üblicherweise in zwei Schritten:

- Im ersten Schritt wird die Funktion **deklariert**, d.h. es wird dem Compiler mitgeteilt, wie die Funktion heißt, was für einen Funktionswert sie liefert und welche Parameter sie besitzt.

- Im zweiten Schritt wird die Funktion **definiert**, d.h. es wird festgelegt, welche Arbeiten beim Aufruf der Funktion auszuführen sind.

Der Typ des Funktionswertes wird festgelegt, indem in Deklaration und Definition dem Namen der Funktion die entsprechende Typbezeichnung vorangestellt wird. Entsprechend werden in der Parameterliste den Namen der Parameter die Typbezeichnungen vorangestellt.

Das Hauptprogramm hat ebenfalls die Syntax einer Funktion. Es ist letztlich nur daran zu erkennen, daß es den Namen `main` besitzt. Die Namen anderer Funktionen können frei gewählt werden, dürfen aber natürlich nicht mit den Namen von Funktionen aus der Standardbibliothek übereinstimmen, die man verwenden möchte.

Das letzte Beispiel wird nun etwas erweitert: Erneut soll eine Zahlenfolge (von der Tastatur) in die Komponenten eines Feldes eingegelesen werden, dann ihr Mittel berechnet und anschließend sie selber und das Mittel (auf den Bildschirm) ausgegeben werden. Das Ende einer Zahlenfolge soll wie bislang dem Programm durch die Eingabe des Dateiende–Zeichens angezeigt werden. Allerdings soll das Lesen und Bearbeiten von Zahlenfolgen jetzt so lange wiederholt werden, wie es der Benutzer wünscht. Als Endkriterium für das Programm soll die „leere" Zahlenfolge verwendet werden, d.h. das Programm wird beendet, wenn der Benutzer die Eingabeanforderung für eine Zahlenfolge sofort mit dem Dateiende–Zeichen beantwortet, ohne zuvor mindestens eine Zahl eingegeben zu haben.

Das Programm, das diese Aufgabe lösen soll, wird in drei Teile untergliedert:

- Das Hauptprogramm besteht aus einer `while`–Schleife: In jedem Schleifendurchlauf wird eine Zahlenfolge angefordert und ggf. verarbeitet. Die Anforderung einer Zahlenfolge und ihre Verarbeitung werden jeweils als Funktion formuliert.

- Die Funktion `Eingabe` liest eine Zahlenfolge. Sie hat als Parameter das Feld, in dessen Komponenten die gelesenen Zahlen zu speichern sind, und dessen Länge. Als Funktionswert liefert sie die Anzahl der gelesenen Werte.

- Die Funktion `Ausgabe` berechnet das Mittel und schreibt das Feld sowie das Mittel. Sie hat als Parameter ebenfalls das Feld, in dessen Komponenten die Zahlen stehen, dazu die Anzahl der gelesenen Zahlen. Einen Funktionswert liefert sie nicht.

Die Realisierung kann so aussehen:

---

[8]Viele andere Programmiersprachen unterscheiden Funktionen, die einen Funktionswert liefern, und andere (eigentliche) Unterprogramme, die keinen Funktionswert liefern. So kennt FORTRAN die `function` und die `subroutine`, Pascal die `function` und die `procedure`.

```c
/*****************************************************************\
 *                                                               *
 *    Strukturierung des Programms                               *
 *                                                               *
 \*****************************************************************/

#include <stdio.h>

#define MAXZAHL 10

/***  Deklaration der Funktionen  ******************************/

int Eingabe (float Zahl[], int Max);
void Ausgabe (float Zahl[], int Anz);

/***  Hauptprogramm  *******************************************/

int main (void)
{
   int Anzahl;
   float Zahlen[MAXZAHL];

   while ((Anzahl = Eingabe (&Zahlen, MAXZAHL)) > 0)
      Ausgabe (Zahlen, Anzahl);
   return 0;
}

/***  Definition der Funktion 'Eingabe'  ***********************/

int Eingabe (float Zahl[], int MAX)
{
   float Wert;
   int Anz;

   printf ("Bitte geben Sie die Zahlen ein und schliessen ");
   printf ("Sie die Eingabe mit dem Dateiende-Zeichen ab!\n");

   Anz = 0;
   while ((Anz < MAX) && (scanf ("%f", &Wert) != EOF))
   {
      Zahl[Anz] = Wert;
      Anz++;
   }
   return Anz;
}

/***  Definition der Funktion 'Ausgabe'  ***********************/
```

```c
void Ausgabe (float Zahl[], int Anz)
{
    int i;
    float Summe;

    printf ("Das Mittel der %d Zahlen ", Anz);
    Summe = 0;
    i = 0;
    while (i < Anz)
    {
        printf ("%f ", Zahl[i]);
        Summe += Zahl[i];
        i++;
    }
    printf ("ist %f.\n", Summe / Anz);
}
```

Wie zuvor wird eine benannte Konstante deklariert, mit der das Feld im Hauptprogramm dimensioniert wird.

Neu gegenüber den bislang betrachteten Beispielen sind die Zeilen

```c
int Eingabe (float Zahl[], int Max);
void Ausgabe (float Zahl[], int Anz);
```

durch die die Funktionen Eingabe und Ausgabe deklariert werden, und die sich weiter unten bei der Definition der Funktionen noch einmal wiederholen. Bemerkenswert hieran sind die leeren eckigen Klammern hinter dem Namen des ersten Parameters: Sie zeigen dem Compiler an, daß der Parameter ein Feld ist, lassen dessen Größe aber offen. Die Länge des Feldes ist hier auch tatsächlich nicht relevant: Beide Funktionen sollen ja auf das Feld zugreifen, das im Hauptprogramm definiert wird – und in dieser Definition wird die Länge in der bereits bekannten Form festgelegt.

Die Art des Zugriffs der beiden Funktionen auf die Komponenten des Feldes ist durchaus verschieden: Eingabe soll Werte in die Komponenten schreiben, Ausgabe benötigt nur die Werte der Komponenten. Die Funktionen entsprechen damit scanf, das Werte in seine Argumente schreibt, und printf, das nur die Werte der Argumente benötigt. Entsprechend wird Eingabe mit &Zahlen als erstem Argument und Ausgabe mit Zahlen als erstem Argument aufgerufen.[9]

Die return-Anweisung in Eingabe sorgt dafür, daß die Anzahl der gelesenen Werte als Funktionswert zurückgeliefert wird. Die Funktion Ausgabe benötigt dagegen keine return-Anweisung, da sie mit dem Typ void vereinbart ist und entsprechend keinen Funktionswert liefert.

---

[9]Der Leser, der schon etwas Erfahrung mit C besitzt, mag sich über die unterschiedliche Übergabe wundern. In der Tat würde es auch ausreichen, in beiden Aufrufen Zahlen als erstes Argument einzusetzen. Die Hintergründe hierfür werden in Kapitel 5 behandelt. Allerdings: Der Standard erlaubt die hier verwendete Übergabe ausdrücklich.

1.7 Die Darstellung von Programmen

Der Zeichensatz, der zum Schreiben von C–Programmen benötigt wird, entspricht fast genau dem Standard–ASCII–Code[10], zumindest bei den druckbaren Zeichen: Benötigt werden folgende 92 **druckbare** Zeichen:

- 26 Großbuchstaben des (englischen) Alphabets

```
A  B  C  D  E  F  G  H  I  J  K  L  M
N  O  P  Q  R  S  T  U  V  W  X  Y  Z
```

- 26 Kleinbuchstaben des (englischen) Alphabets

```
a  b  c  d  e  f  g  h  i  j  k  l  m
n  o  p  q  r  s  t  u  v  w  x  y  z
```

- 10 Ziffern

```
0  1  2  3  4  5  6  7  8  9
```

- 30 Sonderzeichen, nämlich das Leerzeichen und

```
!  "  #  %  &  '  (  )  *  +  ,  -  .  /  :
;  <  =  >  ?  [  \  ]  ^  _  {  |  }  ~
```

Hinzu kommen vier Steuerzeichen, die **nicht druckbar** sind:

- horizontaler Tabulator (horizontal tab)

- vertikaler Tabulator (vertical tab)

- Seitenvorschub (formfeed)

- Zeilenvorschub oder Zeilenende (linefeed)

Diese Steuerzeichen und das Leerzeichen werden zusammengenommen als „**white spaces**" bezeichnet, weil sie beim Schreiben auf den Bildschirm oder beim Drucken (leere) Zwischenräume ergeben. Vom C–Compiler, wie auch von vielen anderen Programmen, werden „white spaces" wie Leerzeichen behandelt.

Nicht auf jedem Rechner steht dieser Zeichensatz vollständig zur Verfügung. Um auch auf solchen Rechnern C–Programme eingeben zu können, definiert der Standard für 9 Zeichen mit den **Trigraphen** Ersatzzeichen. Diese Trigraphen beginnen jeweils mit zwei Fragezeichen, denen die Kennung für das zu ersetzende Zeichen folgt. Zum Beispiel ist als Ersatz für das Nummernzeichen (#) der Trigraph ??= definiert. Damit könnte man eine Präprozessor–Direktive auch so schreiben:

```
??=define ZAHLEN 5
```

Trigraphen im Quellcode werden bei der Übersetzung des Programms als erstes durch die Zeichen ersetzt, die sie repräsentieren. Eine Liste der verfügbaren Trigraphen ist in Anhang A enthalten.

Zur Bildung der Namen, die der Programmierer zur Bezeichnung von Funktionen, Variablen, Konstanten und anderen Sprachkonstrukten deklariert, können die 52 Buchstaben, die 10 Ziffern und das Zeichen **Underscore** (_) verwendet werden. Dabei gilt die übliche Restriktion, daß das erste Zeichen *keine* Ziffer sein darf.

---

[10]ASCII = American Standard Code for Information Interchange

C unterscheidet **lokale** und **globale** Namen. Lokal sind zum Beispiel die Namen der Parameter von Funktionen, global in der Regel die Namen der Funktionen selbst. Wichtig ist die Unterscheidung für die erlaubte Länge von Namen:

- Zwei lokale Namen müssen als verschieden erkannt werden, wenn sie sich in mindestens einem der ersten 31 Zeichen unterscheiden. Dabei werden Klein- und Großbuchstaben als verschieden angesehen.

- Für globale Namen sind die Regeln sehr viel restriktiver: Es müssen nur die ersten 6 Zeichen unterschieden werden; Klein- und Großbuchstaben dürfen als gleich interpretiert werden.[11]

Anhang B enthält eine Liste der 32 **Schlüsselwörter** von C. Diese haben die Form von Namen, dürfen im Programm jedoch nur mit ihrer speziellen Bedeutung verwendet werden.

Der Quellcode kann in „freiem Format" aufgeschrieben werden, d.h. der Programmierer kann sein Programm so auslegen, wie es dessen logischer Struktur und Lesbarkeit am besten dient. Insbesondere können zwischen je zwei Symbolen eines Programms „white spaces" (Leerzeichen, Tabulatoren, Zeilenenden, usw.) beliebig eingestreut werden. Es sollte klar sein, daß man in die Zeichenfolge eines Schlüsselwortes, eines Namens oder einer Zahl *keine* „white spaces" einschieben darf – dadurch würde die Zeichenfolge in zwei voneinander unabhängige Zeichenfolgen zerlegt. Symbole, deren Zeichen nicht durch „white spaces" voneinander getrennt werden dürfen, sind daneben aber auch die kombinierten Zuweisungsoperatoren wie +=.

So kann man, wie in einigen der Beispiele bereits geschehen, die Argumentliste eines Funktionsaufrufs auf mehrere Zeilen verteilen oder auch eine längere Formel über das Ende einer Zeile hinaus fortsetzen, ohne daß das besonders markiert werden müßte:

```
x = sin (y) * 2.0 * PI - 1.4155e10 *
    cos (z) * exp (u) + 1.0;
```

Anders sind nur die Regeln für die Präprozessor-Direktiven: Der Präprozessor arbeitet **zeilenorientiert**, im Gegensatz zum Compiler. Entsprechend bedeutet ein Zeilenende für ihn das Ende einer Direktive.

Um längere Präprozessor-Direktiven zu erlauben, muß das Zeilenende für den Präprozessor „unsichtbar" gemacht werden. Dieses geschieht, indem *unmittelbar vor* das Zeilenende-Zeichen ein **Backslash** (\) gesetzt wird. Die Direktive

```
#define ZAHLEN 5
```

könnte man also auch als

```
#define ZAHLEN \
5
```

---

[11]Der Hintergrund hierfür: Globale Namen werden an den Linker „weitergegeben", der die verschiedenen Objektdateien eines Programms zusammenbindet. Der Linker ist jedoch in der Regel ein unabhängiges Programm – und hat seine eigenen Regeln für Namen. Allerdings kann man davon ausgehen, daß inzwischen die meisten Linker auch längere Namen unterscheiden können. Und so sieht der Standard auch vor, daß diese Restriktion in absehbarer Zeit entfällt.

schreiben. Daß man diese Möglichkeit nur nutzen sollte, wenn es unumgänglich ist, steht auf einem anderen Blatt.

Verkettung von Zeilen durch einen Backslash unmittelbar vor dem Zeilenende ist nicht auf die Präprozessor–Direktiven beschränkt, sondern kann auch sonst im Programm vorgenommen werden. Allerdings besitzt sie keinerlei Bedeutung, so daß auch nicht weiter darauf eingegangen werden soll. Nur eine Restriktion ist noch zu erwähnen: Der Standard garantiert, daß eine Quellzeile bis zu 509 Zeichen lang sein darf. Diese Schranke gilt auch für Zeilen, die durch Verkettung entstehen.

Zusammenfassend noch einmal die verschiedenen Ersetzungen, die im Quellcode im Zuge der Übersetzung vorgenommen werden, in der Reihenfolge, in der sie vorgenommen werden:

1. Ersetzung von Trigraphen

2. Zeilenverknüpfung

3. Ersetzung der Kommentare durch Leerzeichen

4. Überarbeitung des Code durch den Präprozessor; wenn durch `#include` der Inhalt einer anderen Datei einkopiert wird, werden für ihren Inhalt zunächst die ersten drei Schritte ausgeführt

Erst wenn alle diese Ersetzungen erfolgt sind, beginnt die eigentliche Übersetzung des Programms.

Kapitel 2

Numerische Datentypen und Ausdrücke

C erlaubt eine Vielzahl verschiedener Datentypen.

Allerdings gibt es nur wenige Bausteine, aus denen der Programmierer diese Datentypen selbst aufbauen kann, nämlich die **Standardtypen**

- ganze Zahlen mit verschiedenen Wertebereichen,
- Gleitkommazahlen mit verschiedenen Wertebereichen und Genauigkeiten und
- Zeiger.

Einen speziellen Typ „Zeichen" kennt C im Gegensatz zu vielen anderen Programmiersprachen *nicht*. Zeichen werden vielmehr als „kleine" ganze Zahlen behandelt.

In diesem Abschnitt werden nur die numerischen Standardtypen besprochen.

2.1 Definitionen

Zunächst müssen einige Begriffe eingeführt werden.

Unter einem **Objekt** versteht man eine Bitfolge bestimmter Länge zusammen mit einer Vorschrift zu ihrer Interpretation. Durch Interpretation der Bitfolge eines Objekts erhält man den **Wert des Objekts**. Objekte werden auch als **Daten** bezeichnet.

Die Vorschrift zur Interpretation der Bitfolge eines Objekts wird kurz als **Typ** des Objekts bezeichnet. Vom Typ eines Objekts hängen die (sinnvollen) Operationen ab, die man mit ihm ausführen kann.

Eine **Variable** ist ein Speicherbereich, der gerade alle verschiedenen Objekte mit gleichem Typ aufnehmen kann, allerdings zu jedem Zeitpunkt jeweils nur eines dieser Objekte (eine konkrete Bitfolge). Der **Wert einer Variablen** ist der Wert des in ihr enthaltenen Objekts; er kann sich während des Programmablaufs ändern.

Objekte, die im Programm explizit angegeben werden, heißen **Konstanten**. Der Wert einer Konstanten kann sich also, im Gegensatz zum Wert einer Variablen, während des Programmablaufs *nicht* ändern.

2.2 Standardtypen

Die beiden numerischen Grundobjekte von C wurden bereits angesprochen, nämlich die ganzen Zahlen und die Gleitkommazahlen.

Aus Gründen der Effizienz ist es allerdings nicht zweckmäßig, nur mit zwei Standardtypen zu arbeiten: Betragsmäßig kleine ganze Zahlen können mit weniger Ziffern dargestellt werden als große. Verzichtet man auf negative ganze Zahlen, kann man bei gleicher Anzahl der Bits mehr nicht–negative ganze Zahlen darstellen. Bei Gleitkommazahlen benötigt man je nach gewünschter Genauigkeit der Rechenoperationen weniger oder mehr Mantissenstellen. Entsprechend ist es zweckmäßig, verschiedene Typen von ganzen Zahlen und Gleitkommazahlen zu definieren, die sich in ihren Wertebereichen bzw. Genauigkeiten voneinander unterscheiden.

C unterscheidet aus diesem Grunde vier Standardtypen ganzer Zahlen mit Vorzeichen mit den Typbezeichnungen

```
signed char
signed short int
signed int
signed long int
```

und vier Standardtypen ganzer Zahlen ohne Vorzeichen mit den Typbezeichnungen

```
unsigned char
unsigned short int
unsigned int
unsigned long int
```

Die drei Gleitkomma–Standardtypen besitzen die Typbezeichnungen

```
float
double
long double
```

Die Typbezeichnungen sind hier jeweils „aufsteigend" angegeben. Das ist zum Beispiel für die Gleitkommatypen so zu verstehen: Der Wertebereich von `float` ist Teilmenge des Wertebereichs von `double`, dieser wiederum Teilmenge des Wertebereichs von `long double`. Allerdings: Es muß sich keineswegs um echte Teilmengen handeln. Zum Beispiel können (und werden auf vielen Rechnern) die Typen `double` und `long double` identische Wertebereiche besitzen.

Welche Wertebereiche die einzelnen Typen besitzen, legt der Standard im Detail nicht fest. Das wäre auch völlig unmöglich, weil die Wertebereiche in starkem Maße von der Speicher– und Prozessorarchitektur der einzelnen Rechner abhängen. Was der Standard tun kann und auch tut, ist, *Mindestschranken* für die Wertebereiche festzulegen. Konkrete Implementationen dürfen größere Wertebereiche vorsehen.

Ganzzahlige Typen werden durch ihren kleinsten und größten Wert vollständig beschrieben. Der Standard verlangt für sie mindestens die folgenden Wertebereiche:

Typ	größtes Minimum	kleinstes Maximum
`signed char`	$-127 \ (= -2^7 + 1)$	$127 \ (= 2^7 - 1)$
`unsigned char`	0	$255 \ (= 2^8 - 1)$
`signed short int`	$-32767 \ (= -2^{15} + 1)$	$32767 \ (= 2^{15} - 1)$
`unsigned short int`	0	$65535 \ (= 2^{16} - 1)$
`signed int`	$-32767 \ (= -2^{15} + 1)$	$32767 \ (= 2^{15} - 1)$
`unsigned int`	0	$65535 \ (= 2^{16} - 1)$
`signed long int`	$-2147483647 \ (= -2^{31} + 1)$	$2147483647 \ (= 2^{31} - 1)$
`unsigned long int`	0	$4294967295 \ (= 2^{32} - 1)$

Nicht ganz so einfach ist die Beschreibung der Gleitkommatypen. Bei ihnen benötigt man ebenfalls den zulässigen Wertebereich, dazu aber auch ihre „Dichte", die wahlweise durch die Anzahl der Mantissenstellen oder durch den Abstand der Zahl 1 von der nächstgelegenen, größeren Zahl beschrieben werden kann.

Nach Standard muß der Wertebereich aller drei Gleitkommatypen mindestens den Wertebereich

$$[-10^{37}, -10^{-37}] \cup \{0\} \cup [10^{-37}, 10^{37}]$$

umfassen. Die verlangten minimalen „Dichten" sind

Typ	Genauigkeit	Mantissenstellen
float	10^{-5}	6
double	10^{-9}	10
long double	10^{-9}	10

Konkrete, implementations–spezifische Werte findet man für die ganzzahligen Typen in der Datei `<limits.h>` und für die Gleitkommatypen in der Datei `<float.h>` in der Form benannter Konstanten (vgl. Abschnitt 8.6). Die Konstanten kann und soll man verwenden, um zum Beispiel bei der Ausführung eines Programms zu prüfen, ob ein Resultat einer numerischen Rechnung bereits hinreichende Genauigkeit besitzt, oder ob die Berechnung fortgesetzt werden muß, um die Genauigkeit zu verbessern. Zur Entscheidung, welchen Datentyp man einer Variablen gibt, sollte man diese Konstanten, wenn überhaupt, nur mit äußerster Vorsicht verwenden, wenn die Programme portabel bleiben sollen.

Für die Typbezeichnungen der ganzzahligen Typen gibt es eine Reihe von Auslassungsregeln:

- `short` ist gleichbedeutend mit `short int`.

- `long` ist gleichbedeutend mit `long int`.

- Wenn weder `signed` noch `unsigned` angegeben ist, werden die Typen `short`, `int` und `long` als vorzeichenbehaftet angesehen.

- `char` kann, je nach Implementation, entweder als `signed char` oder als `unsigned char` betrachtet werden.[12]

2.3　Konstanten

Die einfachsten Sprachelemente von C sind die verschiedenen Konstanten:

- ganzzahlige Konstanten (integer constant)

- Gleitkommakonstanten (floating constant)

- Zeichenkonstanten (character constant)

- Aufzählungskonstanten (enumeration constant)

- Stringkonstanten (string literal)

---

[12]Welches von beidem der Fall ist, kann man ebenfalls der Datei `<limits.h>` entnehmen. Zweckmäßiger ist es allerdings, stets explizit `signed` oder `unsigned` anzugeben, weil nur so die Portabilität des Programms sichergestellt wird.

Konstanten werden durch ihr bloßes Hinschreiben im Programm definiert. Sie besitzen einen Typ, der sich aus der Form ergibt, in der sie geschrieben werden. Konstanten können geeigneten Variablen zugewiesen oder als Operanden der für ihren Typ definierten Operatoren verwendet werden.

2.3.1 Ganzzahlige Konstanten

Die einfachsten Konstanten sind die **ganzzahligen Konstanten**. Sie können wahlweise dezimal, oktal oder hexadezimal geschrieben werden.

In welcher Schreibweise eine konkrete ganzzahlige Konstante vorliegt, sieht man ihrem ersten oder ihren ersten beiden Zeichen an: Dezimale Konstanten beginnen mit einer Ziffer ungleich Null, oktale und hexadezimale Konstanten beginnen mit der Ziffer Null. Bei hexadezimalen Konstanten muß der Null der Kennbuchstabe x oder X und mindestens eine weitere Ziffer folgen.

Weitere Ziffern können nach Belieben folgen, sofern sie zur gewählten Darstellung „passen". Bei hexadezimalen Konstanten dürfen die Buchstaben-Ziffern A, B, C, D, E und F wahlweise groß oder klein geschrieben werden.

Folgendes sind alles zulässige ganzzahlige Konstanten:

```
0            oktal (!)
1234         dezimal
01234        oktal
0x12AF2      hexadezimal
0X12af2      hexadezimal
```

C kennt nicht nur einen ganzzahligen Typ, sondern acht verschiedene. Welchen von diesen Typen besitzen Konstanten? Der Compiler richtet sich bei der Entscheidung nach Darstellung und Wert:

- Eine dezimal geschriebene Konstante erhält den ersten möglichen Typ aus `int`, `long` und `unsigned long`.

- Eine oktal oder hexadezimal geschriebene Konstante erhält den ersten möglichen Typ aus `int`, `unsigned int`, `long` und `unsigned long`.

Der Programmierer kann aber auch den Typ explizit festlegen, indem er einer Konstanten die Buchstaben u oder U (`unsigned`) und/oder l oder L (`long`) nachstellt:

```
1234567891       dezimal, long
123456789L       dezimal, long
123456789u       dezimal, unsigned
1234567891u      dezimal, unsigned long
123456789UL      dezimal, unsigned long
```

Die automatische Wahl des Typs wird nur für den angegebenen Anteil außer Kraft gesetzt. Im Beispiel hängt es also vom implementations-spezifisch verfügbaren Wertebereich ab, ob die ersten beiden Konstanten `signed` oder `unsigned` sind und ob die dritte Konstante `int` oder `long` ist.

2.3.2 Gleitkommakonstanten

Gleitkommakonstanten können wahlweise **halblogarithmisch** oder ohne Exponententeil geschrieben werden.

Wenn sie ohne Exponententeil geschrieben werden, bestehen sie aus einer Ziffernfolge, vor, in oder hinter der ein Dezimalpunkt steht:

```
0.
.0
1.0
123.456
```

Bei halblogarithmischer Darstellung besteht eine Gleitkommakonstante aus einer Ziffernfolge mit oder ohne Dezimalpunkt, gefolgt vom Kennbuchstaben **e** oder **E** und einer weiteren Ziffernfolge mit oder ohne Vorzeichen. Die Gleitkommakonstante **1e5** repräsentiert so den Wert $1 \cdot 10^5$.

Weitere Beispiele:

```
1.0e1
1.0e-4
12.3456e+1
.123456e+3
123456e-3
123456.e-3
```

Gleitkommakonstanten erhalten den Typ `double`, wenn der Programmierer nicht ausdrücklich anderes bestimmt. `f` und `F` bezeichnen, der Konstanten nachgestellt, den Typ `float`; `l` und `L` bezeichnen den Typ `long double`:

```
.123456e+3f      float
0.F              float
123.456L         long double
12.3456e+1l      long double
```

Es ist zweckmäßig, oft verwendete Gleitkommakonstanten zu benennen und im Programm ausschließlich unter diesem Namen anzusprechen, um die Lesbarkeit des Programms zu verbessern:

```
#define PI 3.14159
...
Umfang = 2 * PI * Radius;
```

2.3.3 Zeichenkonstanten

Eine **Zeichenkonstante** ist ein einzelnes Zeichen, eingeschlossen in Apostrophe ('), zum Beispiel '+', 'A' oder '}'.

Zeichenkonstanten repräsentieren einen Wert mit dem Typ `int`. Welches Zeichen welchen Wert repräsentiert, hängt vom Zeichencode ab, den der Rechner verwendet und *darf* (!!) den Programmierer in der Regel nicht interessieren.

Einige Zeichen können nicht ohne weiteres angegeben werden, zum Beispiel weil sie, wie der Apostroph, zur Definition der Zeichenkonstanten verwendet werden, oder weil es auf der Tastatur keine entsprechende Taste gibt. Für 11 solche Zeichen stellt C Escapesequenzen bereit:

\a   Piepen (alert)

\b   Versetzen um eine Position nach links (backspace)

\f   Seitenvorschub (formfeed)

\n   Zeilenvorschub oder Zeilenende (linefeed bzw. new line)

\r   Positionierung auf Zeilenanfang (carriage return)

\t   Horizontaler Tabulator (horizontal tab)

\v   Vertikaler Tabulator (vertical tab)

\'   Apostroph, nicht Begrenzung einer Zeichenkonstante

\"   Anführungszeichen, nicht Begrenzung einer Stringkonstante

\?   Fragezeichen, nicht Bestandteil eines Trigraphen

\\   Backslash, nicht Einleitung einer Escapesequenz

Die Zeichenkonstante '\n' zum Beispiel ergibt das Zeilenvorschub– bzw. Zeilenende–Zeichen.

In seltenen Fällen kann es sinnvoll sein, die Codes von Zeichen anstelle der Zeichen selbst anzugeben. Auch dieses ist mit Escapesequenzen möglich. Eine Zeichenkonstante, die durch eine **oktale Escapesequenz** definiert wird, hat die Form

```
'\ooo'
```

wobei ooo für eine Folge von ein bis drei Oktalziffern steht. Eine Zeichenkonstante, die durch eine **hexadezimale Escapesequenz** definiert wird, hat die Form

```
'\xhh'
```

wobei hh für eine oder mehrere Hexadezimalziffern steht.

Wann ist es sinnvoll, diese Möglichkeit zu nutzen? Teilweise verwenden externe Geräte andere Zeichencodes als der Rechner, an den sie angeschlossen sind, oder zusätzliche Steuerzeichen, die der Standard nicht vorsieht. Um in solchen Fällen sicherzustellen, daß die richtigen Zeichen an das externe Gerät geschickt werden, wird man die entsprechenden Zeichen als benannte Konstanten definieren und dann nur diese verwenden, zum Beispiel

```
#define BELL '\x07'        /*  ASCII-Zeichen 'Klingel/Piepen'  */
#define CR   '\x0D'        /*  ASCII-Zeichen 'Wagenruecklauf'  */
#define ESC  '\x1B'        /*  ASCII-Zeichen 'Escape'          */
```

Der Standard erlaubt auch Zeichenkonstanten aus mehr als einem Zeichen, zum Beispiel 'abc' oder 'xyzuv'. Dabei darf jedes Zeichen auch eine Escapesequenz sein. Da der Wert einer solchen Zeichenkonstanten der jeweiligen Implementation überlassen bleibt, sind Zeichenkonstanten mit mehr als einem Zeichen allgemein von geringem Interesse.

Alle Zeichenkonstanten können das Präfix L erhalten. Dadurch wird angezeigt, daß es sich um ein Zeichen eines erweiterten Zeichensatzes handelt und nicht um ein „normales“

Zeichen. Zur Darstellung „normaler" Zeichen reicht der Wertebereich des Typs `char` aus. Für erweiterte Zeichensätze ist der Typ `wchar_t` vorgesehen, der in der Datei `<stddef.h>` definiert wird. In der Praxis besitzen erweiterte Zeichensätze hierzulande und heute noch keine Bedeutung.

2.3.4   Aufzählungskonstanten

Aufzählungskonstanten sind letztlich benannte ganzzahlige Konstanten. Allerdings werden sie nicht in `#define`-Direktiven definiert, sondern in `enum`-Deklarationen.

Eine solche Deklaration beginnt mit dem Schlüsselwort `enum`. Es folgt ein Name, der Namen des **Aufzählungstyps**, und dann, in geschweifte Klammern eingeschlossen, die Liste der zu deklarierenden Konstanten, voneinander jeweils durch ein Komma getrennt:

```
enum Monate
{
    Januar, Februar, Maerz, April, Mai
};
```

Hier erhält die erste Konstante (`Januar`) den Wert 0, die zweite (`Februar`) den Wert 1, die dritte (`Maerz`) den Wert 2, usw.. Ist man mit dieser Numerierung nicht zufrieden, so kann man den Konstanten ein Gleichheitszeichen und einen Wert nachstellen. Im Beispiel könnte man etwa schreiben

```
enum Monate
{
    Januar = 1, Februar, Maerz, April, Mai
};
```

um den Konstanten die naheliegenden Werte `Januar` = 1, `Februar` = 2, `Maerz` = 3, usw. zuzuordnen. Für Konstanten, für die kein Wert explizit angegeben ist, wird, wie gehabt, vom vorhergehenden Wert aus weitergezählt. Zum Beispiel könnte man auch

```
enum Monate
{
    Januar = 6, Februar = 1, Maerz = 3, April = 15, Mai = 0
};
```

schreiben, um allen Konstanten individuell Werte zu geben (was in diesem konkreten Beispiel allerdings in der Sache ziemlich unsinnig wäre).

Die Werte der verschiedenen Konstanten müssen nicht unbedingt verschieden sein.[13] Umgekehrt darf der Name einer Aufzählungskonstante selbstverständlich nicht in einem weiteren Aufzählungstyp genannt werden.

In gewissem Sinne sind Aufzählungskonstanten, wie bereits angesprochen, den benannten Konstanten äquivalent, die in `#define`-Direktiven definiert werden. Das mittlere der drei Beispiele könnte man etwa auch so realisieren:

---

[13]Offenbar sind die Aufzählungstypen von C keine „echten" Aufzählungstypen, wie sie etwa Pascal kennt, bei denen der Programmierer die Werte der Aufzählungskonstanten weder beeinflussen kann noch zu wissen braucht.

```
#define JANUAR 1
...
#define MAI 5
```

Allerdings gibt es – natürlich – auch Unterschiede: Zum einen muß man in den `#define`-Direktiven stets die Werte der Konstanten explizit angeben, während in `enum`-Deklarationen ggf. automatisch weitergezählt wird. Wesentlicher ist ein anderer Unterschied: Die Konstanten sind nicht in gleichem Umfang innerhalb einer Quelldatei verfügbar. Hierauf wird in Kapitel 4 näher eingegangen.

2.3.5 Stringkonstanten

Stringkonstanten (auch: Zeichenketten–Konstanten) stehen in engem Zusammenhang mit Feldern und werden deshalb dort behandelt (vgl. Abschnitt 5.6).

2.4 Deklaration von Variablen, Anfangswerte

Die Variablen wurden bereits in der Einführung angesprochen. Hier noch einmal eine Zusammenfassung der Regeln:

- Alle Variablen müssen deklariert werden, bevor sie benutzt werden können.
- Die Namen der Variablen können, mit gewissen Einschränkungen, frei gewählt werden (keine Schlüsselwörter, `main` bezeichnet das Hauptprogramm).
- Die erlaubten Zeichen für Variablennamen sind die 52 Buchstaben des (englischen) Alphabets, die 10 Ziffern und das Zeichen Underscore (_)[14].
- Ein Name darf nicht mit einer Ziffer beginnen. (Das erlaubt die Unterscheidung von Namen und numerischen Konstanten!)

Als Typbezeichnungen, mit denen eine Variablendeklaration beginnt, stehen (unter anderem) alle Standardtypen (vgl. Abschnitt 2.2) und zuvor deklarierte Aufzählungstypen zur Verfügung. Die Reihenfolge der Deklarationen ist beliebig. Insbesondere können Variablen mit gleichem Typ wahlweise in einer oder mehreren Deklarationen vereinbart werden:

```
int x;
float y;
int i, j, k, l;
float u, w;
char c, d;
enum Monate m;
```

Klar oder zumindest einleuchtend sollte sein, daß jeder Variablenname in einer Folge von Deklarationen nur einmal auftreten darf.

---

[14]Das Zeichen Underscore ist sehr nützlich, um die Lesbarkeit längerer Namen zu verbessern. Es darf auch das erste Zeichen eines Namens sein – nur sollte man diese Möglichkeit nicht nutzen, um nicht mit Namen in Konflikt zu geraten, die in der Standardbibliothek für interne Zwecke verwendet werden.

Welchen Wert hat eine Variable anfangs, bevor ihr erstmals ein Wert zugewiesen wird?
Das hängt in erster Linie von der Stelle ab, an der sie im Programm deklariert wird (vgl.
Abschnitt 5.7). Auf jeden Fall ist es möglich, einer Variablen gleich bei der Deklaration
einen wohldefinierten Wert zu geben, sie also zu **initialisieren**. Dazu werden dem Namen
der Variablen in der Deklaration ein Gleichheitszeichen (=) und der gewünschte Wert
nachgestellt:

```
int x = 1;
float y = 1.0e-6f;
int i, j = 20, k, l;
float u, w = .3.14159f;
char c = '\n', d;
enum Monate m = Januar;
```

Hier erhalten die Variablen x, y, j, w, c und m Anfangswerte, während die Variablen i, k,
l, u und d nicht initialisiert werden.

2.5   Benennung von Typen

Die Beispiele eben zeigten, daß der Name eines Aufzählungstyps eine andere syntaktische Bedeutung besitzt als die Namen der Standardtypen: Nur in Kombination mit dem
Schlüsselwort **enum** bezeichnet er wirklich den Typ.

Typnamen, die den Namen der Standardtypen syntaktisch gleichwertig sind, kann man
in **typedef**-Deklarationen festlegen:

```
typedef typ name;
```

Dabei ist *typ* ein bereits zuvor deklarierter oder ein neu zu deklarierender Typ und *name*
der Name, der ihn bezeichnen soll.

Den Aufzählungstyp **enum Monate** von oben können wir also alternativ durch

```
enum Monate
{
    Januar, Februar, Maerz, April, Mai
};
typedef enum Monate MONATE;
```

oder

```
typedef enum
{
    Januar, Februar, Maerz, April, Mai
} MONATE;
```

mit dem Namen MONATE versehen. Eine Variable mit diesem Typ kann jetzt zum Beispiel
durch

```
MONATE m = Januar;
```

deklariert werden.

Nutzen kann man **typedef** auch, um Rechenaufwand zu sparen und Programme trotzdem
portabel zu halten: Je größer der Wertebereich eines Typs ist, desto größer ist in der Regel

der Aufwand für seine Verarbeitung. Deklariert man jetzt eigene (abgeleitete) Typen,
so braucht man bei der Portierung allenfalls noch die Deklarationen der Typnamen zu
ändern: Durch

```
typedef int INT;
```

wird der Name `INT` als Synonym für den Standardtyp `int` definiert. Soll das Programm
auf einem Rechner laufen, auf dem der Wertebereich des Standardtyps `int` nicht ausreicht
und auf dem der Standardtyp `long int` einen größeren Wertebereich besitzt, kann man
die Zeile einfach durch

```
typedef long int INT;
```

ersetzen.

2.6   Arithmetische Operatoren

C verfügt über die verschiedensten Operatoren zur Bildung von Ausdrücken. Hier sollen
zunächst die arithmetischen Operatoren behandelt werden.

2.6.1   Die Grundrechenarten

Die geläufigsten Operatoren dürften die **binären arithmetischen** Operatoren sein, + für
die Addition, - für die Subtraktion, * für die Multiplikation und / für die Division. Die
Operanden aller vier Operatoren können wahlweise, auch gemischt, beliebige ganzzahlige
Typen oder Gleitkommatypen besitzen. Ob es sich dabei um Konstanten oder Variablen
(oder auch Funktionswerte) handelt, spielt keine Rolle. Zulässige Ausdrücke sind zum
Beispiel

```
i + 1
a * 17.5 + b * 3
9 + i + a - 2.333 * exp (x)
```

Wenn beide Operanden eines Operators denselben Typ besitzen, besitzt das Resultat
wieder diesen Typ. Dieses scheint selbstverständlich, ist es aber keineswegs, wie man bei
kurzer Überlegung feststellt:

- Dividiert man ganze Zahlen, so ist das Resultat nur ausnahmsweise wieder eine ganze
  Zahl. Was passiert bei der Division von Werten mit ganzzahligen Typen?

- Die Differenz von zwei positiven ganzen Zahlen kann negativ sein. Was passiert bei
  der Subtraktion von Werten mit **unsigned**-Typen?

Zunächst zur Division. Dividiert man zwei Werte durcheinander, die denselben ganzzahligen Typ besitzen, so besitzt das Resultat in der Tat ebenfalls diesen ganzzahligen Typ.
Die Stellen hinter dem Komma gehen dabei verloren.

Ganzzahlige Division ist in vielen Fällen eine nützliche Möglichkeit. Man muß nur aufpas-
sen, daß man sie nicht versehentlich erwischt – was auch dem erfahrenen Programmierer
immer mal wieder passiert und dann in der Regel eine längere Suche nach dem Fehler
auslöst.

In engem Zusammenhang mit der ganzzahligen Division steht der fünfte binäre arithmetische Operator, nämlich % für den Rest bei ganzzahliger Division. Seine Operanden
müssen beide einen ganzzahligen Typ besitzen.

Beispiele:

Ausdruck	Wert		Ausdruck	Wert
7 / 3	2		7 % 3	1
8 / 3	2		8 % 3	2
9 / 3	3		9 % 3	0

Ganzzahlige Division und ganzzahliger Divisionsrest sind nur für positive Operanden eindeutig definiert. Wenn a / b berechnet werden kann, dann muß zwar stets

```
a == (a / b) * b + a % b
```

gelten. Da aber der Divisionsrest implementations–spezifisch positiv *oder* negativ sein
darf, wenn ein Operand negativ ist, muß auch der ganzzahlige Quotient bei einem negativen Operanden in verschiedenen Implementationen verschieden sein können.

Auch im zweiten Fall, der Differenz, wird die allgemeine Regel ohne Ausnahme eingehalten: Die Differenz von zwei Werten mit unsigned–Typen besitzt den Typ unsigned –
selbst wenn man einen größeren Wert von einem kleineren abzieht!

Nun könnte man es sich leicht machen und sagen: „Wer mit unsigned–Werten rechnet,
muß darauf achten, daß das nicht vorkommt. Und wer nicht aufpaßt, ist selber schuld!"

Ganz so einfach geht es allerdings – leider – nicht: Für unsigned–Werte sieht der Standard
nämlich grundsätzlich nicht „normale" Arithmetik vor, sondern **Modulo–Arithmetik**.
Wie die funktioniert, soll zunächst für zweistellige Dezimalarithmetik betrachtet werden.
Zur Verfügung hat man dann den Wertebereich 0,...,99. Gerechnet wird allerdings so, als
ob man einen unendlichen Wertebereich zur Verfügung hätte, in dem die Zahlen 0,...,99
immer wieder aufeinanderfolgen. So ergibt zum Beispiel 99 + 1 den Wert 0, 99 + 2 den
Wert 1, usw.. Hierher kommt auch die Bezeichnung: Die Berechnung erfolgt so, als ob
das Resultat zunächst mit beliebiger Stellenzahl berechnet und dann, im Beispiel, modulo
100 gerechnet wird (bzw. allgemein: modulo größte darstellbare Zahl plus 1). Bei der
Subtraktion funktioniert das genauso. Im Beispiel ergibt 0 − 1 den Wert 99, 0 − 2 den
Wert 98, usw..

Genau so rechnet C mit unsigned–Werten – nur daß dem Rechnen nicht die dezimale
Darstellung der Werte zugrunde liegt, sondern die binäre. Und das macht die Sache für
den Menschen ziemlich unanschaulich, weil er in der Regel im Dezimalsystem rechnet und
denkt. Hinzu kommt, daß verschiedene Rechner durchaus verschiedene Wertebereiche für
die verschiedenen Typen haben können. Die Differenz

```
0LU - 1LU
```

kann so auf einem Rechner 4294967295 ergeben (long–Werte mit 32 Bit), auf einem
anderen 68719476735 (long–Werte mit 36 Bit).

Das Fazit bleibt also: unsigned–Typen sollte man nur dann verwenden, wenn man sicher
ist, daß nichts Schlimmes passieren kann.

2.6.2 „mixed mode"

Es wurde bereits angesprochen: Die beiden Operanden eines binären arithmetischen Operators dürfen beliebige, auch verschiedene Typen besitzen („mixed mode"). Welchen Typ hat dann das Resultat?

Zunächst sollen nur Ausdrücke betrachtet werden, in denen zwei Operanden durch einen der fünf binären arithmetischen Operatoren miteinander verknüpft werden.

Erster Grundsatz: Mit Werten der Typen `char` und `short`, mit oder ohne Vorzeichen, wird nicht gerechnet. Solche Werte, zu denen auch Aufzählungskonstanten gehören, werden zunächst in `int` bzw. `unsigned int` umgewandelt. Die Auswahl eines der beiden Typen wird so getroffen, daß er den Wertebereich des umzuwandelnden Typs vollständig umfaßt. Der Standard bezeichnet diese Umwandlung als „**integral promotion**".

Zweiter Grundsatz: Jeder Ausdruck hat den „höherwertigen" der Typen seiner Operanden. Was unter „höherwertig" zu verstehen ist, legt die folgende Hierarchie der Typen fest:

long und int ungleich	long und int gleich
7. long double	5. long double
6. double	4. double
5. float	3. float
4. unsigned long	2. unsigned int/long
3. long	1. int/long
2. unsigned int	
1. int	

Die weiteren ganzzahligen Typen (`char`, `short`) kommen in der Hierarchie nicht vor, weil sie durch die „integral promotion" verschwinden.

Bei der Auswertung eines Ausdrucks wird zunächst bei Bedarf der Operand mit dem „niederwertigen" Typ in den höherwertigen Typ umgewandelt, danach die Verknüpfung ausgeführt.

Beispiele:

```
7 / 3.F          float (=2.333...)
1L + 3.14159     double
3.0 + 0.0L       long double
25 % 07ul        unsigned long
'Z' - 'A'        int (!!)
```

In den Beispielen wurden nur Konstanten als Operanden verwendet, um sie anschaulicher zu machen. Die Typen (und Resultate) sind natürlich dieselben, wenn man die Konstanten durch Variablen mit gleichem Typ (und Wert) ersetzt.

2.6.3 Kompliziertere Ausdrücke

Ausdrücke, die nur aus zwei Operanden und einem binären arithmetischen Operator bestehen, sind eher die Ausnahme. Meistens werden die Ausdrücke komplizierter sein.

Hier stellt sich die Frage: In welcher Weise werden solche Ausdrücke ausgewertet?

Zunächst zur Reihenfolge der Auswertung.

Gäbe es nur die arithmetischen Operatoren, so käme man mit der einfachen Regel „Punktrechnung geht vor Strichrechnung" aus. Da es aber noch eine Vielzahl weiterer Operatoren gibt, formalisiert der Standard die Beschreibung: Es gibt eine **Hierarchie** der Operatoren, durch die die **Präzedenz** der Operatoren festgelegt wird. So kann man für die binären arithmetischen Operatoren sagen: Die Multiplikationsoperatoren *, / und % stehen auf einer Hierarchiestufe (besitzen gleiche Präzedenz). Diese ist höher als die Hierarchiestufe, auf der die beiden Additionsoperatoren + und - gemeinsam stehen.

Will man von der so festgelegten Reihenfolge abweichen, so kann man (runde) Klammern setzen.

Beispiele:

```
1 + a * b            entspricht 1 + (a * b)
(1 + a) * b
a * b + x / y        entspricht (a * b) + (x / y)
```

Der Typ eines solchen Ausdrucks ergibt sich nach den bereits untersuchten Regeln. Dabei ist allerdings ganz wichtig: Der Typ „entwickelt" sich im Laufe der Auswertung. Es werden also *nicht* erst der Typ des Resultats bestimmt, dann alle Operanden entsprechend umgewandelt und dann die Rechnungen ausgeführt. Vielmehr wird jeder Teilausdruck mit dem einfachsten möglichen Typ ausgewertet und erst sein Resultat bei Bedarf in einen anderen Typ umgewandelt. So erfordert die Auswertung des Ausdrucks

```
1.F + 2 * 3u
```

vier Schritte:

- Der `int`-Wert 2 wird in `unsigned int` umgewandelt.
- Die Multiplikation wird ausgeführt.
- Das Resultat der Multiplikation wird in den Typ `float` umgewandelt.
- Die Addition wird ausgeführt.

Diese „Entwicklung" des Typs macht die Gefahr unbeabsichtigter ganzzahliger Divisionen besonders groß: Der Ausdruck

```
1 / 2 * a
```

mit einer `float`-Variablen a besitzt zum Beispiel stets den Wert 0, unabhängig vom Wert von a! Zunächst wird die Division ganzzahlig ausgeführt und liefert den Wert 0; die nachfolgende Multiplikation kann an diesem Wert dann offensichtlich nichts mehr ändern.

2.6.4 Die Vorzeichenoperatoren

Auffällig bei der Einführung der Konstanten war, daß dort nur von vorzeichenlosen Konstanten gesprochen wurde. Das war (natürlich) kein Versäumnis, sondern hat seinen Grund darin, daß C eventuelle Vorzeichen als (unäre) Operatoren betrachtet.

Da die Vorzeichenoperatoren + und - höhere Präzedenz als die Additionsoperatoren haben, ist diese Tatsache für den Programmierer letztlich aber ohne Bedeutung: Ob man die Zeichenfolge

```
-1
```

als negative Konstante oder als Ausdruck (mit konstantem Wert) betrachtet, bleibt sich
gleich – der Wert ist auf jeden Fall -1.

2.6.5   Operatoren gleicher Präzedenz

Die Hierarchie der Operatoren legt fest, in welcher Reihenfolge Operationen mit unterschiedlicher Präzedenz ausgeführt werden. In welcher Reihenfolge werden jedoch aufeinanderfolgende Operationen mit gleicher Präzedenz ausgeführt? In dem Beispiel

```
1 / 2 * a
```

wurde zum Beispiel unterstellt, daß erst die Division und dann die Multiplikation ausgeführt wird. Das ist in der Tat auch so.

Allgemein ist für jede Stufe der Operator–Hierarchie eine Richtung der Auswertung festgelegt. Für alle binären arithmetischen Operatoren ist so festgelegt, daß die Auswertung
von „links nach rechts" erfolgt.

Beispiele:

```
a + b + c        entspricht (a + b) + c
a * b * c        entspricht (a * b) * c
a / b / c        entspricht (a / b) / c
a % b % c        entspricht (a % b) % c
```

Bei Addition, Subtraktion und Multiplikation kann man sich auf den Standpunkt stellen,
daß die Operatoren assoziativ sind und deshalb die Reihenfolge der Auswertung uninter-
essant ist; bei Divison und Divisionsrest ist das aber keinesfalls der Fall.

Allerdings sind auch die theoretisch assoziativen Operatoren in der Praxis auf einem
Rechner durchaus nicht notwendig assoziativ. Das liegt daran, daß die Theorie beliebige
Wertebereiche und beliebige Genauigkeit unterstellt – was auf keinem Rechner realisiert
werden kann. Das kleine Programm

```c
/***********************************************************************\
*                                                                     *
*    Pruefung des Assoziativgesetzes                                  *
*                                                                     *
\***********************************************************************/

#include <stdio.h>

int main (void)
{
    float a = 1e10f, b = 1e10f, c = 1e-10f;
    printf ("%.2e * (%.2e - %.2e + %.2e) = %f\n",
            a, a, b, c, a * (a - b + c));
    printf ("%.2e * (%.2e + %.2e - %.2e) = %f\n",
            a, a, c, b, a * (a + c - b));
    return 0;
}
```

liefert so auf einem IBM–kompatiblen PC mit Microsoft–C oder Turbo–C das folgende
Resultat:

```
1.00e+010 * (1.00e+010 - 1.00e+010 + 1.00e-010) = 1.000000
1.00e+010 * (1.00e+010 + 1.00e-010 - 1.00e+010) = 0.000000
```

Bei „geeigneter" Wahl der Werte lassen sich solche Ergebnisse auf *allen* Rechnern erzielen.

In vielen Programmiersprachen war es traditionell so, daß runde Klammern nicht nur
für Operatoren verschiedener Präzedenz sondern auch für Operatoren gleicher Präzedenz
die „normale" Reihenfolge der Auswertung durchbrachen. C hat lange anders gearbeitet,
indem es scheinbar redundante Klammern schlichtweg vollständig ignorierte. Dem hat
der Standard ein Ende gesetzt.[15]

2.6.6 Explizite Typumwandlung

In manchen Fällen wird man explizit die Umwandlung eines Wertes in einen bestimmten Typ erzwingen wollen. Dazu steht der **Typumwandlungs–Operator (cast)** zur
Verfügung. Er hat die Form

(Typbezeichnung)

wobei *Typbezeichnung* die Bezeichnung eines beliebigen Typs sein darf. Richtiger muß
man also von „den Typumwandlungs-Operatoren" sprechen. Die Typumwandlungs-
Operatoren sind unäre Operatoren und besitzen dieselbe Präzedenz wie die Vorzeichenoperatoren. Beispiele:

```
(int) 'A'
(double) 5
(long double) 3 * x - 5 * y    entspricht 3.L * x - 5 * y
(float) 1 / 2                   entspricht 1.f / 2 (ungleich Null!)
```

Auch hier gilt wieder: Werden die Konstanten durch Variablen mit gleichem Typ ersetzt,
ändert sich in der Sache nichts.

2.7 Zuweisungsoperatoren

Die meisten Programmiersprachen kennen „Wertzuweisungen" als spezielle Anweisungen.
In C ist das anders: Der **Zuweisungsoperator (assignment operator)** = ist ein „ganz
normaler" binärer Operator – mit der Zuweisung des Wertes des Ausdrucks auf seiner
rechten Seite an die Variable auf seiner linken Seite als **Nebeneffekt**. So bewirkt der
Ausdruck

```
x = y
```

zwar, wie man das aus anderen Programmiersprachen kennt, daß der Wert von y in die
Variable x übertragen wird. Gleichzeitig hat der Ausdruck selbst aber auch einen Wert,
nämlich den Wert des Ausdrucks auf seiner rechten Seite, hier also den Wert von y.

---

[15]Zu dieser – begrüßenswerten – Änderung scheint man sich erst sehr spät entschlossen zu haben. Bücher, die bereits während der Arbeit am Standard erschienen sind, beschreiben teilweise
noch den alten Zustand.

Der Wert eines Zuweisungsausdrucks kann seinerseits ohne weiteres als Operand eines
weiteren Ausdrucks verwendet werden:

```
z = x = y
```

Hier wird der Wert von y nicht nur in die Variable x, sondern auch in die Variable z
übertragen.

Dabei wird eine Eigenschaft der Zuweisungsoperatoren bereits genutzt: Sie werden „von
rechts nach links" ausgewertet, wenn sie aufeinanderfolgen. Wenn man kurz darüber
nachdenkt, wird klar, daß das für sie die „natürliche" Reihenfolge ist.

Und eine weitere „natürliche" Eigenschaft der Zuweisungsoperatoren wird bei kurzem
Überlegen klar: Sie stehen in der Operator–Hierarchie auf sehr niedriger Stufe, insbesondere unterhalb aller arithmetischen Operatoren. So leistet etwa der Ausdruck

```
x = y * 7 + z / 4 - q
```

gerade das, was man erwartet: Erst wird der Ausdruck rechts vom Gleichheitszeichen
ausgewertet, danach das Resultat in die Variable x übertragen.

Auch bei der Zuweisung werden unter Umständen Typumwandlungen erforderlich. Allerdings besteht hier nicht, wie bei den arithmetischen Verknüpfungen, die Möglichkeit, in
einen „geeigneten" Typ umzuwandeln, so daß keine Information verlorengeht. Vielmehr
muß in den Typ der Variablen auf der linken Seite umgewandelt werden!

Dabei sind einige grundsätzliche Regeln zu beachten:

- Bei der Umwandlung aus einem höherwertigen in einen niederwertigen Gleitkommatyp kann Genauigkeit verlorengehen.

- Bei der Umwandlung aus einem Gleitkommatyp in einen ganzzahligen Typ gehen die
  Stellen hinter dem Komma verloren. (Es wird *nicht* gerundet!)

- Bei der Umwandlung „großer" ganzer Zahlen in einen Gleitkommatyp kann Genauigkeit verlorengehen.

Beispiel:

```
int x, y;
char a, b, c;
...
x = 3.14159 * y;
a = b + c;
```

Hier wird der Wert der Variablen y zunächst in den Typ `double` umgewandelt, dann die
Multiplikation ebenfalls in `double` ausgeführt und anschließend das Resultat wieder in `int`
umgewandelt, wobei die Stellen hinter dem Komma abgeschnitten werden. Entsprechend
werden die Werte von b und c zunächst in `int` umgewandelt („integral promotion"!), die
Summe in `int` berechnet und das Resultat vor der Zuweisung wieder in `char` zurückver-
wandelt.

Die Überschrift „Zuweisungsoperator*en*" wurde nicht versehentlich verwendet. Während
die meisten Programmiersprachen nur eine Anweisung für die Wertzuweisung kennen,
verfügt C neben dem (einfachen) Zuweisungsoperator = über eine ganze Reihe weiterer
kombinierter Zuweisungsoperatoren (compound assignment operator).

Diese Operatoren setzen sich aus einem binären Operator und dem nachfolgenden Gleichheitszeichen zusammen. Dabei müssen die Zeichen unmittelbar aufeinanderfolgen, durch nichts getrennt.

Aus allen fünf binären arithmetischen Operatoren können kombinierte Zuweisungsoperatoren gebildet werden: +=, -=, *=, /= und %=. Die Wirkung der Operatoren ist diese: Zunächst wird der Ausdruck auf der rechten Seite des Operators ausgewertet, dann das Resultat mit dem Wert der Variablen auf der linken Seite verknüpft und schließlich dieser Wert in die Variable auf der linken Seite übertragen. Der übertragene Wert ist gleichzeitig auch der Wert des gesamten Ausdrucks. Wenn bei der Auswertung Typumwandlungen nötig sind, erfolgen sie nach den üblichen Regeln. So sind die beiden Ausdrücke

```
x += 10
x = x + 10
```

in der Sache äquivalent, ebenso wie die beiden Ausdrücke

```
x *= a + 10
x = x * (a + 10)
```

Hier muß man sich daran erinnern, daß die kombinierten Zuweisungsoperatoren wie der einfache Zuweisungsoperator geringere Präzedenz haben als die arithmetischen Operatoren!

Ein Vorteil der kombinierten Zuweisungsoperatoren ist, daß sie häufig dem Denken besser entsprechen. Die Vorschrift „erhöhe den Wert von x um 10" wird gerade durch

```
x += 10
```

realisiert. Die äquivalente Anweisung

```
x = x + 10
```

müßte man dagegen so beschreiben: „Erhöhe den Wert von x um 10 und speichere das Resultat wieder in x".

Daß die kombinierten Zuweisungsoperatoren auch weitere Vorteile haben oder zumindest haben können, sieht man erst, wenn auf der linken Seite kompliziertere Ausdrücke stehen (vgl. Abschnitt 5.1).

2.8   Inkrementierung und Dekrementierung

In der Praxis, vor allem in Schleifen, kommt es häufig vor, daß der Wert einer Variablen um 1 zu erhöhen oder zu verringern ist. Hierfür kennt C mit dem **Inkrementoperator** ++ und dem **Dekrementoperator** -- zwei spezielle Operatoren. Beide können obendrein wahlweise als Postfix- oder Präfixoperatoren geschrieben werden, so daß es insgesamt vier Möglichkeiten gibt, den Wert einer Variablen um 1 zu erhöhen oder zu verringern. Wenn hier nur der Inkrementoperator betrachtet wird, ist das reine Willkür – die aber keine Einschränkung ist, da für den Dekrementoperator identische Regeln gelten.

```
x++;
++x;
x += 1;
x = x + 1;
```

So, wie die vier Möglichkeiten hier stehen, sind sie in der Sache wirklich gleichwertig.[16] Anders sieht es aus, wenn die Ausdrücke Operanden komplexerer Ausdrücke oder Argumente in Funktionsaufrufen sind:

- In der Postfix–Schreibweise hat der Inkrementationsoperator unmittelbar keine Wirkung. Als Operand wird der bisherige Wert der Variablen verwendet; erst nach der Berechnung des gesamten Ausdrucks hat die betroffene Variable (sicher) den erhöhten Wert.

- In der Präfix–Schreibweise wird der bereits inkrementierte Wert als Operand verwendet. Allerdings hat auch hier die betroffene Variable erst dann (sicher) den neuen Wert, wenn der Ausdruck vollständig berechnet ist.

- Die beiden anderen Möglichkeiten entsprechen der Präfix–Schreibweise.

Zur Demonstration ein mehr formales Beispiel: Das Programm

```
/*****************************************************************\
*                                                               *
*    Demonstration der Inkrementierung                          *
*                                                               *
\*****************************************************************/

#include <stdio.h>

int main (void)
{
    int n, i1 = 0, i2 = 0, i3 = 0, i4 = 0;
    for (n = 0; n < 5; n++)
        printf ("%d: i1 = %d, i2 = %d, i3 = %d, i4 = %d\n",
                n, i1++, ++i2, i3 += 1, i4 = i4 + 1);
    return 0;
}
```

liefert als Ergebnis die Zeilen

```
0: i1 = 0, i2 = 1, i3 = 1, i4 = 1
1: i1 = 1, i2 = 2, i3 = 2, i4 = 2
2: i1 = 2, i2 = 3, i3 = 3, i4 = 3
3: i1 = 3, i2 = 4, i3 = 4, i4 = 4
4: i1 = 4, i2 = 5, i3 = 5, i4 = 5
```

die die Beschreibung bestätigen.

Das Wesen der Inkrement– und Dekrementoperatoren ist, daß sie Nebeneffekte in Variablen erzeugen. Entsprechend dürfen sie nur auf Variablen, *nicht* jedoch auf Konstanten oder Ausdrücke angewendet werden. Die Ausdrücke

```
5++
--2
(x + y)++
```

sind also *keinesfalls* erlaubt.

---

[16]Daß der Compiler sie unterschiedlich realisieren mag, ist eine andere Sache.

2.9   Nebeneffekte

An verschiedenen Stellen war bereits von „Nebeneffekten" die Rede.

Bei vielen Programmiersprachen wird ausdrücklich vor Nebeneffekten gewarnt, weil sie ein Programm undurchschaubar machen (können). Grundsätzlich müssen dort zwei Bedingungen eingehalten werden, wenn keine Nebeneffekte eintreten sollen:

- Das Hauptprogramm darf allen globalen Variablen und seinen lokalen Variablen Werte zuweisen.

- Eine Funktion darf nur ihren lokalen Variablen Werte zuweisen und einen Funktionswert zurückliefern.

- Ein anderes Unterprogramm darf nur seinen lokalen Variablen und seinen Parametern Werte zuweisen.

Dieses ist auch in C möglich und sollte in der Regel eingehalten werden. Allerdings lassen sich Nebeneffekte in C nicht vollständig vermeiden – jede Veränderung des Wertes einer Variablen ist letztlich der Nebeneffekt der Auswertung eines Ausdrucks. Der Programmierer darf weitgehend machen, was er will – ist dafür aber auch alleine für das verantwortlich, was er macht.

Wann werden die Nebeneffekte von Ausdrücken wirksam? C schreibt keineswegs vor, daß das sofort sein muß: Nebeneffekte eines Ausdrucks dürfen (natürlich) nicht eintreten, bevor die Auswertung des Ausdrucks beginnt; sie müssen eingetreten sein, wenn die Auswertung des Ausdrucks beendet ist. Detaillierter werden die Regeln in Abschnitt 4.5 beschrieben.

Die Folge: Wenn der Wert einer Variablen innerhalb eines Ausdrucks mehrfach angesprochen wird und gleichzeitig Nebeneffekte für die Variable eintreten, ist *nicht* definiert, was passiert. Beispiel:

```
int a, b;
...
a = 4;
b = a++ + a;
```

Ob hier b den Wert 8 oder 9 erhält, ist nicht klar, sondern hängt von der jeweiligen Implementation ab. Ein weiteres, komplizierteres Beispiel:

```
int a = 1;
...
a *= a + (a *= 2);
```

Zumindest zwei verschiedene Resultate sind denkbar: Wenn die Nebeneffekte sofort wirksam werden, kommt 8 heraus, wenn die Nebeneffekte erst am Ende der Auswertung wirksam werden, ist das Resultat 3.

Gefährlich sind auch die Aufrufe von Funktionen mit Nebeneffekten, da der Standard die Reihenfolge der Auswertung der Aufrufe innerhalb eines Ausdrucks nicht festlegt. In dem Ausdruck

```
a = f () + g ();
```

ist klar, daß die beiden Funktionen ausgewertet werden müssen, *bevor* die Addition ausgeführt werden kann. Allerdings ist nicht klar, ob erst f oder erst g aufgerufen wird. Sollten beide Funktionen Nebeneffekte für ein und dieselbe globale Variable haben, so *kann* das nicht gut gehen. Man könnte dem zum Beispiel vorzubeugen versuchen, indem man schreibt

```
a = f ();
a += g ();
```

Allerdings kann auch dieses wieder schiefgehen, wenn g Nebeneffekte für a besitzt.

Ungefährlich ist dagegen eine Anweisung wie

```
a = a + 2;
```

Hier *kann* der Nebeneffekt erst eintreten, nachdem die beabsichtigte Summe berechnet wurde.

Fazit: Man sollte sehr sorgfältig darauf achten, daß keine unkontrollierten Nebeneffekte entstehen. Einige Grundsätze:

- Eine Variable, die inkrementiert oder dekrementiert wird, sollte innerhalb eines Ausdrucks nur an der Stelle vorkommen, an der sie inkrementiert bzw. dekrementiert wird.

- Eine Variable, der ein Wert zugewiesen wird, sollte, wenn überhaupt, nur in den Teilen des Ausdrucks als Operand vorkommen, die notwendig bereits ausgewertet werden müssen, bevor die Zuweisung erfolgen kann.

- Funktionen mit Nebeneffekten auf globale Variablen sollten nicht in komplizierten Ausdrücken aufgerufen werden.

2.10   Konstante Ausdrücke

Eine besondere Bedeutung besitzen die **konstanten Ausdrücke**.

Als konstant bezeichnet der Standard letztlich alle Ausdrücke, die bereits vom Compiler ausgewertet werden können und nicht erst bei der Ausführung des Programms. Hieraus ergeben sich auch die Restriktionen:

- Alle Operanden müssen Konstanten sein (benannt oder unbenannt).

- Funktionen dürfen nicht aufgerufen werden.

- Operatoren mit Nebeneffekten (Zuweisung, Inkrement, Dekrement) sind *nicht* erlaubt.

Beispiel:

```
#define PI 3.14159
...
1 + 3
'9' - '0'
2 * PI - 3
```

Interessant werden die konstanten Ausdrücke dadurch, daß sie in einem Programm überall dort stehen dürfen, wo auch eine Konstante stehen darf. Die größte Bedeutung besitzen sie für die Deklaration von Feldern. Erlaubt ist zum Beispiel diese Deklaration:

```
#define MAXZAHL 10
...
float Zahlen[2 * MAXZAHL - 1];
```

Eine andere Stelle sind die Aufzählungstypen: Die Werte der Aufzählungskonstanten müssen ja durch Konstanten festgelegt werden.

Eine dritte Stelle sind die Definitionen von Anfangswerten für Variablen. Hier bestehen allerdings teilweise weitergehende Möglichkeiten (vgl. Abschnitt 5.7).

2.11 Overflow und Underflow

Ein Standard kann immer nur festlegen, wie ein korrektes Programm arbeitet. Das gilt insbesondere auch für die Auswertung von Ausdrücken.

So unterstellt der Standard, daß bei allen Ausdrücken der Wertebereich des Typs, in dem gerade gerechnet wird, nicht überschritten wird. Dieses sicherzustellen überläßt er allerdings ausschließlich dem Programmierer. Und wie auf Verstöße zu reagieren ist, ist ebenfalls nicht festgelegt.

Bei allen arithmetischen Typen kann **Overflow** eintreten, d.h. ein Wert kann (dem Betrage nach) für den Typ zu groß werden. Eine übliche, wenn auch keineswegs vorgeschriebene Reaktion, ist diese:

- Bei ganzzahligen Werten wird Modulo–Arithmetik verwendet, so daß ein Overflow ohne Folgen bleibt – wenn man von den unerwarteten Resultaten einmal absieht.

- Wenn bei Gleitkommawerten ein Overflow eintritt, wird ein spezieller Wert als Resultat geliefert, den man als Markierung für „unendlich" ansehen kann (vgl. Abschnitt 8.8).

- Division durch Null wird wie ein Overflow behandelt.

Nur bei Gleitkommatypen kann **Underflow** eintreten, d.h. ein Wert kann (dem Betrage nach) kleiner als die kleinste darstellbare Zahl ungleich Null werden. In solchen Fällen ist es üblich, wenn auch wieder nicht vorgeschrieben, mit Null weiterzuarbeiten.

Man muß erneut beachten, daß nicht der Typ und das (theoretische) Gesamtresultat eines komplexen Ausdrucks maßgeblich sind, sondern daß kein einzelnes Zwischenresultat außerhalb des Wertebereichs seines Typs liegen darf.

Kapitel 3

Anweisungen

Anweisungen beschreiben die Operationen, die ein Programm bzw. eine Funktion ausführt.

C kennt 4 verschiedene Anweisungstypen:

- Ausdruckanweisungen
- Schleifenanweisungen
- Auswahlanweisungen
- Sprunganweisungen

Hinzu kommen, wenn man so will, mit den **zusammengesetzten Anweisungen** und den **markierten Anweisungen** zwei weitere Typen. In beiden Fällen handelt es sich um Anweisungen der zunächst genannten 4 Typen, jeweils mit bestimmten Zusätzen.

3.1 Ausdruckanweisungen

Die einfachste Anweisung ist die **Ausdruckanweisung (expression statement)**. Jeder Ausdruck wird zu einer Anweisung, indem ihm ein Semikolon nachgestellt wird. Ist zum Beispiel i als Variable mit dem Typ `int` vereinbart, so sind

```
i + 1;
++i;
```

zwei zulässige Anweisungen. Die Wirkung dieser beiden Anweisungen ist jedoch völlig unterschiedlich, obwohl die Ausdrücke i + 1 und ++i denselben Wert repräsentieren:

- Die Anweisung i + 1; bewirkt letztlich *nichts*! Zwar wird der Wert des Ausdrucks i + 1 berechnet, da aber mit diesem Wert nichts weiter passiert, hat die Anweisung keine nachhaltige Wirkung.

- Anders ist das bei der Anweisung ++i;. Auch hier wird der Wert des Ausdrucks ++i berechnet. Zusätzlich wird jedoch, als Nebeneffekt, dieser Wert in der Variablen i gespeichert – und in diesem Nebeneffekt besteht die Wirkung der Anweisung.

Die Definition der Ausdruckanweisung ist also etwas zu erweitern: Jeder Ausdruck wird formal zu einer Anweisung, indem ihm ein Semikolon nachgestellt wird. Sinnvoll ist das jedoch nur bei Ausdrücken, die Nebeneffekte erzeugen, die also zumindest einen Zuweisungsoperator, Inkrementoperator oder Dekrementoperator enthalten, oder die Aufrufe von Funktionen mit Nebeneffekten sind.

Man beachte: Das Semikolon ist in C ein *Abschlußsymbol* u.a. für Anweisungen, nicht ein Trennsymbol!

3.2   Zusammengesetzte Anweisungen

An vielen Stellen eines Programms darf formal jeweils nur eine einzelne Anweisung stehen,
etwa als Anweisungsteil einer Funktion oder einer Schleife.

Da man an diesen Stellen in der Regel ganze Folgen von Anweisungen ausgeführt haben
möchte, muß es eine Möglichkeit geben, Folgen von Anweisungen formal zu einer einzigen
Anweisung zu machen. Diese Möglichkeit bietet die **zusammengesetzte Anweisung**

```
{
    Anweisung
    Anweisung
    Anweisung
    ...
}
```

Solch eine zusammengesetzte Anweisung gilt als eine einzelne Anweisung und darf entsprechend überall stehen, wo C eine einzelne Anweisung verlangt. Insbesondere darf jede
der Anweisungen, die zu einer zusammengesetzten Anweisung zusammengefaßt werden,
ihrerseits wieder eine zusammengesetzte Anweisung sein.

Die Anzahl der Anweisungen, die zu einer zusammengesetzten Anweisung gemacht werden, ist beliebig und darf auch Null sein.

Die zusammengesetzten Anweisungen bieten aber noch eine weitergehende Möglichkeit:
Vor ihrer ersten Anweisung dürfen lokale Deklarationen stehen. Die vollständige Syntax
ist also

```
{
    lokale Deklarationen
    Anweisungsfolge
}
```

Welchen Zweck solche lokalen Deklarationen haben, wird in den Abschnitten 4.2 und 4.3
behandelt.

3.3   Leere Anweisungen

An manchen Stellen im Programm, zum Beispiel in `if`-Anweisungen (vgl. Abschnitt
3.6.2), können Anweisungen nützlich sein, die nichts tun. Solche Anweisungen werden
als **leere Anweisungen** bezeichnet.

In C hat man zwei Möglichkeiten, eine leere Anweisung zu schreiben:

- Man kann ein einzelnes Semikolon schreiben:

```
;
```

- Man kann ein leeres Paar geschweifte Klammern schreiben:

```
{
}
```

3.4 Logische Ausdrücke

Ein besonderer Typ von Ausdrücken sind die **logischen Ausdrücke**. Sie sollen hier behandelt werden, da sie in erster Linie im Zusammenhang mit den weiteren Anweisungen benötigt werden. Wenn in den folgenden Abschnitten von einer *Bedingung* die Rede ist, ist damit stets gemeint, daß es sich um einen Ausdruck handelt, dessen Wert im hier beschriebenen Sinne als logischer Wert zu interpretieren ist.

Einen speziellen Typ „logischer Wert" kennt C im Gegensatz zu vielen anderen Programmiersprachen nicht. Dafür erlaubt C, beliebige Werte bei Bedarf auch als logische Werte zu interpretieren. Der Wert Null wird dann mit „falsch", jeder Wert ungleich Null mit „wahr" identifiziert.

Für Vergleiche stehen sechs Operatoren zur Verfügung: <, <=, >, >=, == und !=. Wenn die beiden Operanden a und b eines Vergleichsausdrucks a *vop* b in der Relation zueinander stehen, die der Vergleichsoperator *vop* beschreibt, dann ist das Resultat 1, sonst 0. Bei Bedarf kann man es auch als „wahr" bzw. „falsch" interpretieren.

Die Operanden der Vergleichsoperatoren können arithmetische Ausdrücke sein oder, mit gewissen Einschränkungen, Zeiger (vgl. Abschnitt 5.4).

Zusätzlich stehen drei weitere Operatoren, ein unärer und zwei binäre, zur Bildung logischer Ausdrücke zur Verfügung:

- Der unäre Operator ! **negiert** seinen Operanden, d.h. aus „wahr" wird „falsch" und umgekehrt. Interpretiert als numerischer Wert ist das Resultat stets 0 oder 1, unabhängig davon, welchen Wert der Operand besitzt.

- Der binäre Operator && bildet das **logische Produkt** seiner Operanden, d.h. sein Resultat ist genau dann „wahr" (1), wenn beide Operanden „wahr" (ungleich Null) sind, sonst „falsch" (0).

- Der binäre Operator || bildet die **logische Summe** seiner Operanden, d.h. sein Resultat ist genau dann „falsch" (0), wenn beide Operanden „falsch" (gleich Null) sind, sonst „wahr" (1).

In der Hierarchie der Operatoren stehen die Vergleichsoperatoren[17] und die binären logischen Operatoren niedriger als die arithmetischen Operatoren und höher als die Zuweisungsoperatoren. Der Negationsoperator steht auf derselben Hierarchiestufe wie alle anderen unären Operatoren auch. Im einzelnen gilt

Klammern (usw.)
Unäre Operatoren, darunter der Negations–Operator (!)
Binäre arithmetische Operatoren

. . .

Vergleiche auf kleiner oder größer (<, <=, > und >=)
Prüfung von Gleichheit (==) und Ungleichheit (!=)

. . .

Logisches Produkt (&&)
Logische Summe (||)

. . .

---

[17]Man beachte: Die sechs Vergleichsoperatoren stehen auf zwei Stufen und *nicht* auf einer Stufe wie in der Regel in anderen Programmiersprachen.

Zuweisungsoperatoren

...

Eine Besonderheit der logischen Ausdrücke von C gegenüber den logischen Ausdrücken anderer Sprachen ist, daß C Optimierung vorschreibt: Die Berechnung eines logischen Ausdrucks wird sofort beendet, wenn sein Gesamtresultat feststeht. Gerade bei logischen Ausdrücken ist es vielfach einfach, das Gesamtresultat zu bestimmen, ohne alle Teilausdrücke auszuwerten: Für den Ausdruck

```
a < b && b < c && c < d
```

ist zum Beispiel klar: Das Resultat ist nur dann „wahr", wenn alle drei Vergleichsausdrücke „wahr" sind. Oder umgekehrt: Wenn a < b „falsch" ist, ist das Gesamtresultat auch „falsch" – unabhängig davon, welche Werte die beiden anderen Vergleichsausdrücke besitzen. In gleicher Weise ist für den Ausdruck

```
a < b || b < c || c < d
```

klar: Das Resultat ist immer dann „wahr", wenn mindestens einer der drei Vergleichsausdrücke wahr ist. Ist also zum Beispiel a < b „wahr", so haben die Werte der beiden anderen Vergleichsausdrücke auf das Gesamtresultat keinen Einfluß mehr, brauchen also nicht berechnet zu werden.

So nützlich diese Optimierung in vielen Fällen ist, so gefährlich kann sie in anderen Fällen sein. In dem Ausdruck

```
a < b || b < c || c < d++
```

wird, wie bereits gesehen, der letzte Vergleichsausdruck und damit auch die Inkrementierung von d, nur dann ausgewertet, wenn die beiden ersten Vergleichsausdrücke den Wert „falsch" besitzen. Der Wert von d nach Auswertung des Ausdrucks hängt also nicht nur vom Wert von d vor der Auswertung des Ausdrucks, sondern auch von den Werten von a, b und c ab.

In logischen Ausdrücken sollte man deshalb nie Teilausdrücke verwenden, die Nebeneffekte haben, seien es Funktionsaufrufe, Zuweisungsoperatoren, Inkrementoperatoren oder Dekrementoperatoren, weil es vom Umfeld abhängt, ob die Nebeneffekte eintreten oder nicht.

3.5   Schleifen

Wie bereits in der Einführung aufgezeigt wurde, ist die Bildung von Schleifen eine der elementaren Programmiertechniken. C kennt mit der `while`-, `do`- und `for`-Anweisung drei verschiedene Anweisungen zur Bildung von Schleifen, die sich in der Sache letztlich nur in Nuancen voneinander unterscheiden. Für welche der drei Anweisungen man sich im konkreten Fall entscheidet, ist vor allem eine Frage des Programmierstils und nicht eine Frage des Ablaufs der Anweisungen.

3.5.1   `while`- und `do`-Anweisung

Die `while`-Anweisung wurde bereits in der Einführung vorgestellt. Deshalb hier nur zur Erinnerung: Sie hat die Form

```
while (Bedingung)
    Anweisung
```

und bewirkt, daß zunächst der Ausdruck *Bedingung* ausgewertet wird. Ist, bei Interpretation als logischer Wert, sein Wert „wahr", wird die Anweisung *Anweisung* ausgeführt, danach die Auswertung und Prüfung des Ausdrucks *Bedingung* wiederholt, usw..

Der while–Anweisung sehr ähnlich ist die do–Anweisung

```
do
    Anweisung
while (Bedingung);
```

Bei ihr wird zunächst die Anweisung *Anweisung* ausgeführt und erst danach der Ausdruck *Bedingung* ausgewertet. Ist, bei Interpretation als logischer Wert, sein Wert „wahr", wird die Anweisung *Anweisung* erneut ausgeführt, danach der Ausdruck *Bedingung* erneut ausgewertet, usw..

Der einzige, logisch allerdings wesentliche Unterschied dieser beiden Schleifenanweisungen ist also:

- Bei einer while–Schleife wird der Ausdruck zum erstenmal ausgewertet, *bevor* die Anweisung der Schleife zum erstenmal ausgeführt wird. Entsprechend wird die Anweisung der Schleife *überhaupt nicht* ausgeführt, wenn der Wert des Ausdrucks von vornherein „falsch" (0) ist.

- Bei einer do–Schleife wird der Ausdruck zum erstenmal ausgewertet, *nachdem* die Anweisung der Schleife zum erstenmal ausgeführt wurde. Entsprechend wird die Anweisung der Schleife *mindestens einmal* ausgeführt, selbst wenn der Wert des Ausdrucks von vornherein „falsch" (0) ist.

Beide Schleifen lassen sich ohne weiteres durcheinander ersetzen. Die while–Schleife

```
while (Bedingung)
    Anweisung
```

ist in ihrer Wirkung identisch mit der Anweisung

```
if (Bedingung)
    do
        Anweisung
    while (Bedingung);
```

Umgekehrt ist die do–Schleife

```
do
    Anweisung
while (Bedingung);
```

in ihrer Wirkung identisch mit der Anweisungsfolge

```
    Anweisung
while (Bedingung)
    Anweisung
```

In der Praxis kommen **while**–Schleifen weitaus häufiger vor als **do**–Schleifen oder sollten
es zumindest. Immer dann, wenn man nicht auf Anhieb eine stichhaltige Begründung
geben kann, warum ein Teilproblem nur mit einer **do**–Schleife und nicht mit einer **while**–
Schleife gelöst werden kann, sollte man sich *gegen* die **do**–Schleife und *für* die **while**–
Schleife entscheiden.

Beispiele für die sachgerechte Verwendung der **do**–Schleife lassen sich entsprechend nicht
ohne weiteres angeben. Deshalb soll ein etwas konkreteres Beispiel für eine **do**–Schleife
auch erst etwas später im Zusammenhang mit den Anweisungen **break** und **continue**
folgen.

3.5.2   **for**–Anweisung

Sehr häufig sind Schleifen der Art „wiederhole 20–mal" oder „wiederhole für alle Komponenten eines (eindimensionalen) Feldes". Mit der **for**–Anweisung verfügt C, wie die
meisten anderen Programmiersprachen, über eine spezielle Anweisung zur Bildung von
Schleifen dieses Typs:

```
for (Ausdruck1; Bedingung; Ausdruck2)
    Anweisung
```

Der Ablauf der Anweisung entspricht vollständig der Anweisungsfolge

```
Ausdruck1;
while (Bedingung)
{
    Anweisung
    Ausdruck2;
}
```

Zum Beispiel kann man die Berechnung der Fakultät $n!$ einer nicht–negativen, ganzen
Zahl n

$$n! = 1 \cdot 2 \cdot \ldots \cdot (n-1) \cdot n$$

mit einer **for**–Anweisung so formulieren:

```
int i, n, Fakultaet;
...
Fakultaet = 1;
for (i = 1; i <= n; i++)
    Fakultaet *= i;
```

Die Variable **i**, die hier verwendet wird, um die Schleifendurchläufe zu zählen, wird vielfach als **Laufvariable (control variable)** bezeichnet.

Alternativ kann man die Fakultät unter Verwendung einer **while**–Anweisung berechnen:

```
int i, n, Fakultaet;
...
i = Fakultaet = 1;
while (i <= n)
    Fakultaet *= i++;
```

Das Resultat ist in beiden Fällen dasselbe. Der Vorteil der `for`-Anweisung gegenüber der `while`-Anweisung liegt in der besseren Lesbarkeit der `for`-Anweisung. Zur Verwaltung einer Schleife dieses Typs sind drei Arbeitsschritte nötig:

1. Initialisierung (der Laufvariablen)
2. Prüfung der Abbruchbedingung
3. Inkrementierung (der Laufvariablen)

Bei einer `for`-Anweisung stehen diese drei Arbeitsschritte unmittelbar beieinander und sind deshalb viel besser zu überschauen als bei einer `while`-Anweisung, bei der je einer der Schritte vor, am Anfang und (irgendwo) im Inneren der Schleife steht.

Alle drei Ausdrücke in einer `for`-Anweisung sind optional, können also auch weggelassen werden. Nur die Semikolons, die die Ausdrücke voneinander trennen, müssen stets geschrieben werden. Im Extremfall kann eine `for`-Anweisung also die Form

```
for ( ; ; )
```

annehmen – was eine Endlosschleife ergibt, weil das nicht explizit angegebene Abbruchkriterium durch „wahr" ersetzt wird.

Unter Berücksichtigung dieser Auslassungsregeln kann *jede* `while`-Anweisung durch eine `for`-Anweisung ersetzt werden. Vollständig gleichwertig sind

```
while (Bedingung)
    Anweisung
```

und

```
for ( ; Bedingung; )
    Anweisung
```

Es ist eine Frage des Programmierstils, daß man `for`-Anweisungen nur dann verwenden sollte, wenn auch tatsächlich alle drei Ausdrücke oder zumindest der zweite und dritte Ausdruck angegeben werden.

Umgekehrt sollte man die drei Ausdrücke, die bei einer `for`-Anweisung eingesetzt werden, auf die Steuerung der Schleife beschränken, auch wenn man weitere Aktionen mit hineinpacken kann. Die Berechnung der Fakultät von oben könnte man zum Beispiel auch so formulieren:

```
int i, n, Fakultaet;
...
for (i = Fakultaet = 1; i <= n; Fakultaet *= i++)
    ;
```

Der Code wird dadurch zwar sehr kurz und kompakt, aber keineswegs besser lesbar.

3.5.3 `break` und `continue`, Endlosschleifen

Nachzutragen bleibt das angekündigte Beispiel für die Verwendung der do-Anweisung: Es sind Daten zu verarbeiten, die im Dialog vom Benutzer abgefragt werden. Der Vorgang ist so lange zu wiederholen, bis der Benutzer eingibt, daß er keine weiteren Daten verarbeitet haben möchte.

Die Realisierung dieser Aufgabe besteht aus mehreren Schritten, die in einer Schleife auszuführen sind. Hinzu kommen einige Entscheidungen.

1. Der Benutzer wird aufgefordert, entweder die Daten einzugeben, die verarbeitet werden sollen, oder einzugeben, daß er keine Daten mehr hat. Wenn er keine Daten mehr hat, muß die Schleife beendet werden.

2. Die Daten werden gelesen.

3. Die Daten müssen überprüft werden, ob sie verarbeitet werden können. Ist das nicht der Fall, muß eine Meldung geschrieben, anschließend die Datenanforderung wiederholt werden.

4. Die Daten müssen verarbeitet, das Resultat ausgegeben werden.

Zumindest der erste Schritt, die Eingabe–Anforderung, muß auf jeden Fall ausgeführt werden. Entsprechend muß auf jeden Fall die Schleife begonnen werden, ohne daß eine Prüfung erfolgt bzw. erfolgen kann. Erst das Resultat dieser Abfrage liefert das Kriterium für die Wiederholung bzw. Beendigung der Schleife: Wenn ein Datensatz verarbeitet wurde, gleichgültig ob mit oder ohne Erfolg, muß der Benutzer erneut befragt werden; wenn der Benutzer keine Daten mehr hat, muß die Schleife beendet werden.

Im Programmschema sieht dieser Ablauf so aus:

```
int weitermachen;
...
do
{
    Daten_anfordern
    if (weitermachen = Daten_vorhanden)
    {
        Daten_einlesen
        if (Daten_verarbeitbar)
            Daten_verarbeiten
    }
} while (weitermachen);
```

Zwei Dinge hieran sind unschön:

- Das logische Ende der Schleife liegt in ihrer Mitte! Der erste Teil, die Abfrage, muß bei jedem Schleifendurchlauf ausgeführt werden, während der zweite Teil, die Bearbeitung der Daten, nur dann ausgeführt werden darf, wenn der erste Teil erfolgreich abgeschlossen wurde.

  Eine zusätzliche Variable wird benötigt, um die Entscheidung, die am logischen Ende der Schleife bereits feststeht, am formalen Ende der Schleife erneut treffen zu können. Man beachte: Der Ausdruck in der äußeren `if`-Anweisung ist ein Zuweisungsausdruck, kein Vergleichsausdruck!

- Die beiden Entscheidungen (Sind noch Daten zu bearbeiten? Sind die eingegebenen Daten korrekt?) behandeln nur Ausnahmefälle. Trotzdem bestimmen sie durch die von ihnen erzwungenen geschachtelten `if`-Anweisungen optisch die Struktur des Ablaufs.

Zwei weitere Anweisungen erlauben eine Beseitigung dieser Mängel.

Die Anweisung

```
break;
```

bewirkt, daß mit ihrer Ausführung die Abarbeitung der Schleife sofort beendet wird,
unabhängig davon, ob das Abbruchkriterium der Schleife erfüllt ist oder nicht. Steht die
`break`-Anweisung im Inneren geschachtelter Schleifen, wird nur die innerste der Schleifen
beendet, während die umgebenden Schleifen normal weiter abgearbeitet werden. Die
Anweisung

```
continue;
```

beendet zwar den momentanen Schleifendurchlauf, nicht jedoch ohne weiteres die Schleife
insgesamt: Bei `for`-Schleifen wird zunächst *Ausdruck2* ausgewertet, d.h. ein eventuell
erforderlicher weiterer Schleifendurchlauf vorbereitet, und dann die Abbruchbedingung
geprüft; bei andern Schleifen wird sofort die Abbruchbedingung geprüft. Je nach Resultat
der Prüfung wird danach die Schleife beendet oder ein neuer Schleifendurchlauf begonnen.
Wie bei der `break`-Anweisung gilt auch hier: Im Inneren geschachtelter Schleifen bezieht
sich die `continue`-Anweisung nur auf die innerste der Schleifen, während die Abarbeitung
der umgebenden Schleifen nicht betroffen wird.

Mit diesen beiden Anweisungen kann das Programmschema jetzt so formuliert werden:

```
do
{
    Daten_anfordern
    if (! Daten_vorhanden)
        break;
    Daten_einlesen
    if (! Daten_verarbeitbar)
        continue;
    Daten_verarbeiten
} while (1);
```

Hierzu ist eine weitere Anmerkung zu machen: Durch den Eintrag

```
while (1)
```

wird die Schleife formal zu einer Endlosschleife. Das spielt hier allerdings keine Rolle, da
der Benutzer irgendwann eingeben wird, daß keine Daten mehr vorhanden sind, und da
in diesem Fall die Schleife durch die `break`-Anweisung beendet wird.

Formale Endlosschleifen sollten allerdings nur in Ausnahmefällen und auch dann nur
mit äußerster Vorsicht verwendet werden. In den meisten Fällen lassen sich Schleifen in
natürlicher Weise so formulieren, daß ihr logisches Ende mit dem formalen übereinstimmt
– und diese Formulierung sollte man dann auch im Programm verwenden.

Wenn man eine formale Endlosschleife benötigt, bietet sich die `do`-Anweisung zu ihrer
Realisierung besonders an, auch wenn sich sowohl mit `while`- als auch `for`-Anweisungen
ebenfalls Endlosschleifen bilden lassen.

3.6 Auswahl von Alternativen

Die zweite grundlegende Programmiertechnik, die Auswahl von Alternativen, wurde ebenfalls bereits in der Einführung angesprochen. Neben der `if`-Anweisung, die dort ein-

geführt wurde, kennt C mit der `switch`-Anweisung eine weitere Auswahlanweisung, die dem Programmierer in vielen Fällen die Arbeit erheblich erleichtert.

3.6.1   `if`-Anweisung

Die „vollständige" (balancierte) Form der `if`-Anweisung

```
if (Bedingung)
    Anweisung1
else
    Anweisung2
```

wurde bereits in der Einführung vorgestellt. Sie bewirkt: Der Ausdruck *Bedingung* wird ausgewertet. Je nachdem, ob sein Resultat bei Interpretation als logischer Wert „wahr" oder „falsch" ist, wird *entweder* die Anweisung *Anweisung1 oder* die Anweisung *Anweisung2* ausgeführt.

Erlaubt ist auch die „kurze" Form

```
if (Bedingung)
    Anweisung
```

Sie bewirkt: Der Ausdruck *Bedingung* wird ausgewertet. Je nachdem, ob sein Resultat bei Interpretation als logischer Wert „wahr" oder „falsch" ist, wird *entweder* die Anweisung *Anweisung* ausgeführt *oder nichts* getan. Sie ist logisch also einer balancierten `if`-Anweisung äquivalent, bei der dem `else` eine leere Anweisung folgt.

3.6.2   Geschachtelte `if`-Anweisungen

C kennt bei der Schachtelung von Anweisungen keine grundsätzlichen Einschränkungen. So dürfen auch bei den `if`-Anweisungen die Anweisungen *Anweisung* bzw. *Anweisung1* und *Anweisung2* beliebige Anweisungen sein – insbesondere selbst wieder `if`-Anweisungen.

Beispiel: Zu einem Koordinatenpaar (x, y) der Ebene soll gemeldet werden, in welchem Quadranten es liegt (vgl. Abb. 2). Punkte auf einer Achse sollen zum Quadranten rechts oberhalb zählen.

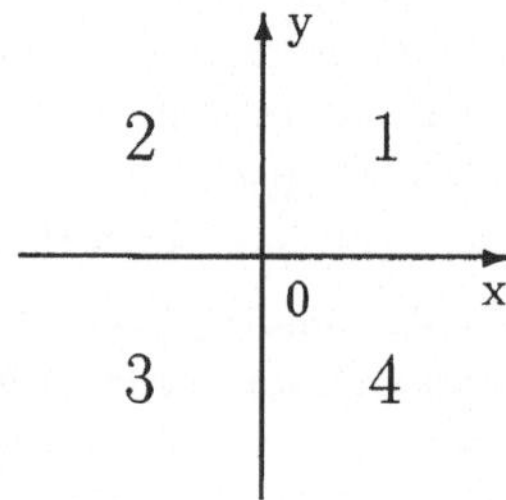

Abbildung 2: Quadranten

Realisieren läßt sich das so:

```
float x, y;
int Quadrant;
...
if (x >= 0)
   if (y >= 0)
      Quadrant = 1;
   else
      Quadrant = 4;
else
   if (y >= 0)
      Quadrant = 2;
   else
      Quadrant = 3;
   printf ("Der Punkt (%f,%f) liegt in Quadrant %d\n", x, y, Quadrant);
```

Probleme ergeben sich bei dieser Formulierung nicht.

Jetzt wird die Aufgabe leicht modifiziert: Der Quadrant soll nur gemeldet werden, wenn der Punkt auf oder oberhalb der x–Achse liegt. Auf den ersten Blick liegt es nahe, in der bereits vorhandenen Lösung nur die jetzt überflüssigen Zeilen zu streichen:

```
if (x >= 0)
   if (y >= 0)
      printf ("Der Punkt (%f,%f) liegt in Quadrant 1\n", x, y);
else
   if (y >= 0)
      printf ("Der Punkt (%f,%f) liegt in Quadrant 2\n", x, y);
```

Allerdings leistet dieser Programmausschnitt nicht das, was er soll! Zum Beispiel für den Punkt $(-3.0, 2.5)$ erscheint die zu erwartende Meldung *nicht*.

Der Grund hierfür ist die Zuordnung des `else` zu einem `if`: Die Schreibweise des Programms suggeriert zwar, daß das `else` dem `if (x >= 0)` zuzuordnen ist – für den Compiler ist das aber nicht maßgeblich. Er ordnet ein `else` immer dem letzten vorhergehenden `if` zu, das noch nicht vollständig beendet ist, hier also dem ersten `if (y >= 0)`!

Grundsätzlich gibt es in solchen Fällen drei Möglichkeiten der Abhilfe:

1. Das fehlende `else` zumindest der ersten geschachtelten `if`–Anweisung wird ergänzt, diese `if`–Anweisung damit vollständig abgeschlossen. Das zusätzliche `else` erhält eine leere Anweisung.

```
   if (x >= 0)
      if (y >= 0)
         printf ("Der Punkt (%f,%f) liegt in Quadrant 1\n", x, y);
      else
            ;
   else
      if (y >= 0)
         printf ("Der Punkt (%f,%f) liegt in Quadrant 2\n", x, y);
```

Ob man hier die zweite geschachtelte `if`–Anweisung ebenfalls vervollständigt oder nicht, spielt keine Rolle. Da kein weiteres `else` folgt, kann es auch keine Zuordnungsprobleme geben.

2. Zumindest die erste geschachtelte `if`-Anweisung wird zu einer zusammengesetzten Anweisung gemacht. Wenn eine `if`-Anweisung Bestandteil einer zusammengesetzten Anweisung ist, endet sie spätestens mit dem Ende der zusammengesetzten Anweisung, auch wenn ihr noch kein `else` zugeordnet ist.

```
if (x >= 0)
{
    if (y >= 0)
        printf ("Der Punkt (%f,%f) liegt in Quadrant 1\n", x, y);
}
else
    if (y >= 0)
        printf ("Der Punkt (%f,%f) liegt in Quadrant 2\n", x, y);
```

Auch hier spielt es wieder keine Rolle, ob man die zweite geschachtelte `if`-Anweisung gleichfalls modifiziert oder unverändert beläßt.

3. Die Schachtelung der `if`-Anweisungen wird verändert.

```
if (y >= 0)
    if (x >= 0)
        printf ("Der Punkt (%f,%f) liegt in Quadrant 1\n", x, y);
    else
        printf ("Der Punkt (%f,%f) liegt in Quadrant 2\n", x, y);
```

Vom speziellen Problem hängt es ab, ob sich diese Lösung realisieren läßt oder nicht.

Der Programmierer hat die Wahl, für welche der drei Möglichkeiten er sich entscheidet. Es lohnt sich allerdings stets, bei geschachtelten `if`-Anweisungen von vornherein mit besonderer Aufmerksamkeit zu prüfen, ob die Zuordnung wirklich der Programmlogik entspricht, da die nachträgliche Suche nach ungeplanten Zuordnungen in der Regel viel Zeit kostet.

3.6.3 Bedingte Ausdrücke

`if`-Anweisungen der Form

```
if (Bedingung)
    x = Ausdruck1 ;
else
    x = Ausdruck2 ;
```

sind durchaus nicht selten. Bei ihnen liegt es nahe, die Variable `x` und den Zuweisungsoperator `=` „auszuklammern“, wodurch die bedingte Anweisung zu einem **bedingten Ausdruck** wird. C kennt bedingte Ausdrücke in der Form

Bedingung ? Ausdruck1 : Ausdruck2

Der Wert des gesamten Ausdrucks ist der Wert von *Ausdruck1* bzw. *Ausdruck2*, je nachdem, ob der Wert des Ausdrucks *Bedingung* „wahr“ oder „falsch“ ist.

Das Beispiel von oben kann man damit kurz auch so formulieren:

```
float x, y;
int Quadrant;
...
Quadrant = x >= 0 ? y >= 0 ? 1 : 4 : y >= 0 ? 2 : 3;
printf ("Der Punkt (%f,%f) liegt in Quadrant %d\n", x, y, Quadrant);
```

Bedingte Ausdrücke sind allerdings nicht nur auf der rechten Seite eines Zuweisungsoperators erlaubt, sondern überall dort, wo Ausdrücke stehen dürfen; im Beispiel wurde das auch bereits genutzt: Bedingte Ausdrücke sind Operanden eines bedingten Ausdrucks. Ja, man könnte dort sogar noch einen Schritt weiter gehen und den bedingten Ausdruck direkt in den Aufruf von `printf` einsetzen.

In der Hierarchie der Operatoren steht der Operator zu Bildung bedingter Ausdrücke zwar über den Zuweisungsoperatoren, aber unter allen anderen Operatoren, so daß man auf Klammerung in der Regel verzichten kann.

Wenn, wie im Beispiel, ein Teilausdruck eines bedingten Ausdrucks seinerseits ein bedingter Ausdruck ist, werden Fragezeichen und Doppelpunkte einander wie öffnende und schließende Klammern oder wie `if`'s und `else`'s zugeordnet, erfolgt die Auswertung von rechts nach links. Aus diesem Grunde entspricht der Ausdruck im Beispiel gerade den früher betrachteten geschachtelten `if`-Anweisungen.

Der Typ eines bedingten Ausdrucks ist der Typ von *Ausdruck1* oder *Ausdruck2*, je nachdem welcher von beiden „höherwertig" ist, und zwar unabhängig davon, ob das Resultat der Wert von *Ausdruck1* oder *Ausdruck2* ist. So sind zum Beispiel die beiden Ausdrücke

```
x > 0 ? 2 : 1.0
x > 0 ? (double) 2 : 1.0
```

vollständig gleichwertig: Das Resultat besitzt immer den Typ `double`.

Gelegentlich wird man sicher bedingte Ausdrücke verwenden, um lange `if`-Konstruktionen zu vermeiden. Wer auf Lesbarkeit seiner Programme Wert legt, wird sich bei ihrem Einsatz aber ebenso sicher sehr zurückhalten. Schon der Ausdruck im Beispiel erfordert ja einige Überlegung, um hinter seine Bedeutung zu kommen.

3.6.4 `switch`-Anweisung

Mit geschachtelten `if`-Anweisungen lassen sich grundsätzlich *alle* Entscheidungsfolgen realisieren.

Ein Beispiel für eine längere Entscheidungsfolge: In einem Programm ist zu Terminen der entsprechende Wochentag zu berechnen. Realisieren wird man dieses, indem man die Wochentage mit den Zahlen 0 (Sonntag) bis 6 (Sonnabend) identifiziert und dann zu einem Termin die entsprechende Kennzahl berechnet. Andererseits wird man, wenn der Wochentag auszugeben ist, seinen Namen und nicht die Kennzahl schreiben wollen. Mit geschachtelten `if`-Anweisungen läßt sich die Ausgabe so realisieren:

```
#define SONNTAG 0
#define MONTAG 1
...
#define SONNABEND 6
...
```

```
int Tageskennzahl;
...
if (Tageskennzahl == SONNTAG)
   printf ("Sonntag");
else if (Tageskennzahl == MONTAG)
   printf ("Montag");
...
else if (Tageskennzahl == FREITAG)
   printf ("Freitag");
else
   printf ("Sonnabend");
```

Besonders gut lesbar ist dieser Programmausschnitt allerdings nicht – und auch in der Sache ist er keineswegs optimal: Wenn `Sonntag` zu schreiben ist, wird zwar nur ein Vergleich ausgeführt. Bevor jedoch `Freitag` oder `Sonnabend` geschrieben werden kann, müssen zunächst 6 Vergleichsoperationen ausgeführt werden.

Da Entscheidungsfolgen dieser Art keineswegs selten vorkommen, kennt C mit der `switch`-Anweisung eine spezielle Anweisung zu ihrer Realisierung:

> `switch` (*Ausdruck*)
> *Anweisung*

Für sich allein hat die `switch`-Anweisung überhaupt keinen Sinn. Im Zusammenhang mit ihr benötigt man vielmehr stets eine oder sogar zwei weitere Anweisungen, nämlich einmal oder mehrfach

> `case` *konstanter-Ausdruck* :
> *Anweisungen*

und ggf. einmal

> `default` :
> *Anweisungen*

aus denen sich der Anweisungsteil einer `switch`-Anweisung zusammensetzt. Das logisch vollständige Schema einer `switch`-Anweisung ist dann

> `switch` (*Ausdruck*)
> {
>   `case` *konstanter-Ausdruck1* :
>   *Anweisungen1*
>   `case` *konstanter-Ausdruck2* :
>   *Anweisungen2*
>   ...
>   `case` *konstanter-AusdruckN* :
>   *AnweisungenN*
>   `default` :
>   *Anweisungen*
> }

Der Ablauf ist wesentlich komplizierter als bei allen anderen Anweisungen: Der Ausdruck *Ausdruck* wird ausgewertet und mit den Werten der konstanten Ausdrücke *konstanter-Ausdruck1* bis *konstanter-AusdruckN* verglichen. Wenn Gleichheit festgestellt wird, wird

die Abarbeitung mit der Anweisung fortgesetzt, vor der der entsprechende konstante
Ausdruck steht; wenn keine Gleichheit festgestellt wird, gibt es zwei Möglichkeiten:

- Falls es eine Anweisung gibt, die mit `default` markiert ist, wird die Abarbeitung mit
  dieser Anweisung fortgesetzt.

- Falls es keine Anweisung gibt, die mit `default` markiert ist, wird die Abarbeitung
  sofort mit der Anweisung fortgesetzt, die dem Anweisungsteil der `switch`–Anweisung
  folgt; der Anweisungsteil der `switch`–Anweisung wird in diesem Fall vollständig ignoriert.

Zusätzlich sind drei weitere Regeln zu beachten:

- Sowohl der (beliebige) Ausdruck in der `switch`–Anweisung als auch die konstanten
  Ausdrücke in den `case`–Anweisungen müssen ganzzahlige Typen besitzen.

- Die Werte der konstanten Ausdrücke, die in einer `switch`–Anweisung steuern, wo die
  Abarbeitung fortgesetzt wird, müssen sämtlich verschieden sein.

- Die Reihenfolge, in der die `case`–Marken und auch die `default`–Marke mit ihren Anweisungen eingetragen werden, ist grundsätzlich beliebig. Insbesondere braucht die
  `default`–Marke nicht notwendig als letzte zu stehen. Für die Lesbarkeit eines Programms ist es allerdings günstig, wenn man die verschiedenen Fälle nach Möglichkeit
  (aufsteigend) sortiert nennt.

Mit einer `switch`–Anweisung läßt sich die Klarschrift–Umsetzung der Wochentage jetzt
so formulieren:

```
switch (Tageskennzahl)
{
    case SONNTAG:
        printf ("Sonntag");
    case MONTAG:
        printf ("Montag");
    ...
    case FREITAG:
        printf ("Freitag");
    case SONNABEND:
        printf ("Sonnabend");
}
```

Leider weist diese Realisierung noch einen schwerwiegenden Fehler auf: Nachdem die
Anweisung für einen Fall ausgeführt ist, werden die Anweisungen für die nachfolgenden
Fälle nicht automatisch übersprungen, sondern ebenfalls ausgeführt. Wenn im Beispiel
etwa `Tageskennzahl` den Wert `DONNERSTAG` besitzt, werden nacheinander die Wörter
`Donnerstag`, `Freitag` und `Sonnabend` geschrieben.

Abhilfe bringt die `break`–Anweisung: Bei Schleifen diente sie dazu, die Schleife (vorzeitig)
zu beenden. Hier erlaubt sie, die Anweisungen für nachfolgende Fälle zu überspringen.
Die korrekte Formulierung des Beispiels sieht damit so aus:

```
switch (Tageskennzahl)
{
    case SONNTAG:
```

```c
        printf ("Sonntag");
        break;
    case MONTAG:
        printf ("Montag");
        break;
    ...
    case FREITAG:
        printf ("Freitag");
        break;
    case SONNABEND:
        printf ("Sonnabend");
}
```

Die Anweisungsfolge, die in einem bestimmten Fall auszuführen ist, hier jeweils ein Aufruf von `printf` und eine `break`-Anweisung, kann einfach hintereinander hingeschrieben werden und braucht nicht zu einer zusammengesetzten Anweisung gemacht zu werden. Der prinzipielle Ablauf der `switch`-Anweisung, der die `break`-Anweisungen nötig machte, macht dieses möglich.

Zum Abschluß noch zwei Anmerkungen:

- In der Beschreibung war die Rede davon, daß der Wert des Auswahlausdrucks der `switch`-Anweisung nacheineinder mit den Werten der verschiedenen konstanten Ausdrücke „verglichen" wird. Wenn ein Compiler die Auswahl wirklich so realisieren würde, bestünde praktisch kein Unterschied zu einer Folge von `if`-Anweisungen oder zu geschachtelten `if`-Anweisungen. In der Regel wird der Compiler allerdings ein anderes, geschickteres Verfahren verwenden, das ohne Vergleiche auskommt. Dieses Vorgehen ist auch der Grund dafür, daß in den `case`-Marken nur konstante Ausdrücke angegeben werden dürfen, die bereits vom Compiler ausgewertet werden können, während beliebige Ausdrücke, deren Werte erst während der Ausführung des Programms bestimmt werden können, *nicht* zulässig sind. Auf Einzelheiten kann im Rahmen dieses Buches nicht eingegangen werden.

- Eine Restriktion ist zu beachten, die zwar nicht formal besteht, sich aber unmittelbar aus der Logik der Abarbeitung einer `switch`-Anweisung ergibt: Im Anweisungsteil einer `switch`-Anweisung *muß* die erste Marke *vor* der ersten Anweisung stehen. In der `switch`-Anweisung

```c
int Zahl;
...
switch (Zahl)
{
    printf ("Dieses wird nie geschrieben!");
  case 0:
    ...
}
```

passiert mit dem Text im Aufruf von `printf` genau das, was er aussagt: Er wird nie geschrieben, da `printf` nie aufgerufen wird. Nach der Auswertung des Auswahlausdrucks `Zahl` wird ja *entweder* bei einer markierten Anweisung fortgefahren *oder* der Anweisungsteil der `switch`-Anweisung vollständig ignoriert.

3.7 Sprünge

Sprünge, d.h. Unterbrechungen des linearen Ablaufs, kommen an den verschiedensten Stellen in jedem Programm vor. Einige Beispiele:

- Funktionsaufrufe

  Jeder Aufruf einer Funktion bewirkt einen Sprung zur ersten Anweisung der Funktion. Umgekehrt muß am Ende jeder Funktion wieder an die Stelle ihres Aufrufs zurückgesprungen werden.

- Schleifen

  Bei einer `while`-Schleife muß vom Ende des Anweisungsteils wieder an den Anfang der Schleife zurückgesprungen werden, um die Fortsetzungsbedingung der Schleife erneut zu prüfen. Wenn die Fortsetzungsbedingung nicht erfüllt ist, muß ein Sprung hinter den Anweisungsteil der Schleife ausgeführt werden.

  Bei `do`- und `for`-Schleifen sind entsprechende Sprünge auszuführen.

- Auswahl von Alternativen

  Bei einer vollständigen `if`-Anweisung muß, in Abhängigkeit von der Bedingung, entweder die Anweisung hinter dem `if` selbst oder die Anweisung hinter dem `else` übersprungen werden.

All dieses sind „implizite" Sprünge, d.h. sie stecken in der Struktur der Anweisungen.

Drei „explizite" Sprunganweisungen wurden auch bereits eingeführt:

- Die `continue`-Anweisung erlaubt es, einen Schleifendurchlauf abzubrechen, ohne die Schleife insgesamt zu beenden (vgl. Abschnitt 3.5.3).

- Die `break`-Anweisung erlaubt es zum einen, eine Schleife vorzeitig zu beenden (vgl. Abschnitt 3.5.3), und zum anderen, den linearen Ablauf des Anweisungsteils einer `switch`-Anweisung zu durchbrechen (vgl. Abschnitt 3.6.4).

- Die `return`-Anweisung bewirkt den Rücksprung aus einer Funktion an die Stelle des Aufrufs der Funktion.

Diese drei Anweisungen kann man als „strukturbezogene" Sprunganweisungen bezeichnen, weil das jeweilige Sprungziel sich aus der Struktur des Code ergibt.

Nachzutragen bleibt eine weitere explizite Sprunganweisung, die `goto`-Anweisung

> `goto` *Name*;

die einen Sprung zu der Anweisung bewirkt, die mit dem Namen *Name* markiert ist. Das Markieren einer Anweisung mit einem Namen erfolgt in der Form

> *Name*: *Anweisung*

In den ersten Programmiersprachen war man oft gezwungen, Schleifen und die Auswahl von Alternativen mit entsprechenden Sprunganweisungen zu programmieren, weil diese Sprachen über spezielle Anweisungen gar nicht oder nur in sehr simpler Form verfügten. In C sollte man die `goto`-Anweisung mehr als Kuriosum aus der Rubrik „was es sonst noch so gibt" betrachten - und nicht verwenden. Aus diesem Grunde soll auf sie nicht weiter eingegangen und auch kein Beispiel angegeben werden.

Kapitel 4

Funktionen und Programmstruktur

Es ist eine grundlegende Programmiertechnik, wiederkehrende Berechnungen eines Programms oder auch logisch zusammenhängende Programmabschnitte als Unterprogramme auszugliedern. Ein Unterprogramm ist letztlich eine zusammengesetzte, benannte Anweisung, deren Abarbeitung bei Bedarf durch den **Aufruf** des Unterprogramms, d.h. die Nennung ihres Namens, veranlaßt werden kann.

Mit dem Konzept der Unterprogramme lassen sich komplexe Probleme in kleinere Probleme zerlegen, die einzeln viel leichter, auch von mehreren Programmierern, programmiert werden können.

An der Stelle, an der ein Unterprogramm aufgerufen wird, braucht man nur zu wissen, *was* das Unterprogramm leistet, nicht *wie* es seine Arbeit tut. Zum „was" gehört auch: Welche Werte benötigt das Unterprogramm, welche Werte liefert es?

4.1 Funktionen

C bezeichnet Unterprogramme grundsätzlich als **Funktionen (function)**. Das legt die Erwartung nahe, daß jede C–Funktion einen **Funktionswert** liefert, der an der Stelle des Aufrufs eben durch den Aufruf repräsentiert wird. Ganz so ist es in C aber nicht: Da C, im Gegensatz zu vielen anderen Programmiersprachen, keine weitere Art von Unterprogrammen kennt, bleibt es dem Programmierer überlassen, ob eine Funktion einen Funktionswert liefert oder nicht.[18]

Die Namen der Funktionen können im wesentlichen vom Programmierer nach eigenem Belieben gewählt werden. Allerdings: In jedem Programm *muß* es eine Funktion mit dem Namen `main` geben. Diese ist das Hauptprogramm.

4.1.1 Vereinbarung von Funktionen

Bereits in der Einführung wurde angesprochen: Die Vereinbarung von Funktionen erfolgt in C üblicherweise in zwei Schritten:

- Im ersten Schritt wird die Funktion **deklariert (function declaration)**, d.h. dem Compiler wird mitgeteilt, wie die Funktion heißt, welche Parameter sie besitzt und was für einen Funktionswert sie liefert.

- Im zweiten Schritt wird die Funktion **definiert (function definition)**, d.h. die Operationen werden festgelegt, die beim Aufruf der Funktion auszuführen sind.

---

[18]Auch steht es dem Programmierer natürlich frei, den Funktionswert einer Funktion zu ignorieren und nur die Wirkung des Aufrufs auf Parameter und externe Variablen zu nutzen.

Dieses Vorgehen entspricht der „top–down"–Entwicklung eines Programms: Man beginnt mit dem Hauptprogramm und legt dessen Operationen fest. Diese Operationen sind, zumindest bei komplexeren Programmen, weitgehend Aufrufe von Unterprogrammen. Im nächsten Schritt werden diese Unterprogramme realisiert, wobei die Operationen erneut teilweise Unterprogramme sein können. Ein Beispiel für dieses Vorgehen wurde in Abschnitt 3.5.3 bereits betrachtet – dort allerdings unter anderen Aspekten.

Die Deklaration einer Funktion kann die Form

> *Typ Funktionsname (Parameterliste);*

haben. Dabei ist *Parameterliste* eine Liste von Namen, die jeweils durch ein Komma voneinander getrennt werden, und in der jedem Namen sein Typ vorangestellt wird:

> *Typ1 Parametername1 , ... , TypN ParameternameN*

Eine Funktionsdeklaration in dieser Form wird als **Prototyp (prototype)** bezeichnet.

Die Definition einer Funktion beginnt wie ihre Deklaration. Jedoch steht anstelle des Semikolon die zusammengesetzte Anweisung, die die Operationen der Funktion beschreibt:

> *Typ Funktionsname (Parameterliste)*
> *{*
>
> >   *lokale Deklarationen*
> >   *Anweisungsfolge*
>
> *}*

Die zusammengesetzte Anweisung wird auch als **Rumpf** der Funktion bezeichnet.

Der Aufruf einer Funktion hat die Form

> *Funktionsname (Argumentliste)*

und ist ein Ausdruck. Er kann entsprechend Operand eines komplexeren Ausdrucks sein oder auch als Ausdruckanweisung für sich stehen. Erfolgt der Aufruf einer Funktion als Ausdruckanweisung, wird ein eventueller Funktionswert ignoriert. Umgekehrt ist klar: Liefert eine Funktion *keinen* Funktionswert, so kann sie nicht als Operand eines anderen Ausdrucks, sondern nur als Ausdruckanweisung aufgerufen werden.

Die *Argumentliste* ist eine Liste von Ausdrücken[19], deren Einträge jeweils durch ein Komma voneinander getrennt sind:

> *Ausdruck1 , ... , AusdruckN*

Es ist klar: Die Anzahl der Argumente in einem Funktionsaufruf und ihre Typen müssen mit der Anzahl der Parameter des Prototyps und ihren Typen übereinstimmen.

Ob bzw. welchen Funktionswert eine Funktion liefert, wird durch ihre `return`–Anweisung

> `return` *Ausdruck;*

festgelegt. Wenn ein Ausdruck angegeben ist, wird sein Wert als Funktionswert zurückgeliefert; fehlt der Ausdruck, liefert die Funktion keinen (bzw. einen undefinierten) Funktionswert. Erneut ist klar: Der Prototyp legt fest, ob ein Ausdruck anzugeben ist und welchen Typ er ggf. besitzen muß.[20]

---

[19]Man beachte: Der Name einer Variablen kann immer auch als – besonders einfacher – Ausdruck betrachtet werden

[20]Funktionen ohne Funktionswert brauchen auch gar keine `return`–Anweisung zu enthalten: Wird das Ende des Rumpfs einer Funktion erreicht, erfolgt automatisch der Rücksprung. Bei

4.1.2   Beispiel

Es sind Gallonen in Liter umzurechnen. Das folgende Programm erstellt eine entsprechende Tabelle nach der Formel $Liter = 4.55 * Gallone$.

```c
/****************************************************************\
*                                                              *
*    Umrechnung 'Gallonen -> Liter'  ---  Version 1            *
*                                                              *
\****************************************************************/

#include <stdio.h>

double ginl (double x);              /* Deklaration von 'ginl' */

int main (void)
{
   double Gallone, Liter;
   for (Gallone = 1.; Gallone <= 10.; Gallone++)
   {
      Liter = ginl (Gallone);           /* Aufruf von 'ginl' */
      printf ("%f g = %f l\n", Gallone, Liter);
   }
   return 0;                            /* 'main' liefert 0 */
}

double ginl (double x)               /* Definition von 'ginl' */
{
   double y;
   y = 4.55 * x;
   return y;                         /* 'ginl' liefert ber. Wert */
}
```

Wenn eine Funktion keinen Wert liefert oder keine Parameter hat, wird dieses dem Compiler mit dem Schlüsselwort `void` mitgeteilt. Zur Demonstration wird das letzte Beispiel umformuliert: Das Schreiben der Tabelle wird aus dem Hauptprogramm ausgegliedert und als besondere Funktion `Tabelle` formuliert. Diese Funktion hat weder Parameter noch liefert sie einen Funktionswert:

```c
/****************************************************************\
*                                                              *
*    Umrechnung 'Gallonen -> Liter'  ---  Version 2            *
*                                                              *
\****************************************************************/

#include <stdio.h>
```

Funktionen mit Funktionswert ist das Fehlen der `return`-Anweisung oder auch nur ihres Ausdrucks in der Regel ein schwerwiegender Fehler, weil sie in diesem Fall einen undefinierten Funktionswert liefern.

```c
    double ginl (double x);              /*  Deklaration von 'ginl'  */
    void Tabelle (void);                 /*  Deklaration von 'Tabelle'  */

    int main (void)
    {
      Tabelle ();
      return 0;                                  /*  'main' liefert 0  */
    }

    void Tabelle (void)
    {
      double Gallone, Liter;
      for (Gallone = 1.; Gallone <= 10.; Gallone++)
      {
        Liter = ginl (Gallone);                /*  Aufruf von 'ginl'  */
        printf ("%f g = %f l\n", Gallone, Liter);
      }
      return;                                 /*  kein Funktionswert  */
    }

    double ginl (double x)                   /*  Definition von 'ginl'  */
    {
      double y;
      y = 4.55 * x;
      return y;                          /*  'ginl' liefert ber. Wert  */
    }
```

4.1.3 Prototypen

In der eingeführten Form stimmt die Deklaration einer Funktion mit der ersten Zeile ihrer Definition überein. Das muß aber keineswegs so sein. Dazu muß man sich klar machen, was Deklaration und Definition bedeuten.

Die Deklaration dient nur dazu, den Namen der Funktion, ihren Typ und die Typen der Parameter festzulegen. Hier reicht es also aus, die Typen zu benennen ohne gleichzeitig Parameternamen anzugeben. Der Prototyp der Funktion ginl hätte also auch

```c
    double ginl (double);
```

lauten können. In der Definition der Funktion ist diese Verkürzung dagegen nicht möglich: Die Namen der Parameter erlauben es ja gerade, bei der Ausführung der Funktion auf die Werte der Argumente zuzugreifen, die in ihrem Aufruf genannt sind.

Der Compiler verwendet die Prototypen, um die Korrektheit der Aufrufe der Funktionen zu überprüfen: Zum einen prüft er, ob die Anzahl der Argumente mit der Anzahl der Parameter übereinstimmt. Zum anderen wandelt er den Wert eines Arguments bei Bedarf in den Typ des entsprechenden Parameters um. Diese Umwandlung erfolgt nach denselben Regeln wie bei den Zuweisungsoperatoren.

Weggelassen werden kann im Prototyp auch der Typ der Funktion. Der Compiler setzt dann von sich aus **int** ein.

Prinzipiell können in der Deklaration auch die Typen der Parameter weggelassen werden. Solch eine Deklaration ist *kein* Prototyp und sie bedeutet auch *nicht*, wie man meinen könnte, daß die Funktion keine Parameter besitzt. Diese Form entspricht vielmehr den Regeln des „alten" C, das keine Prototypen kannte, und besagt: Die Funktion besitzt eine beliebige Anzahl von Parametern, unter Umständen auch von Aufruf zu Aufruf eine andere; die Typen der Argumente sind ebenfalls beliebig. Die Konsequenz ist, daß der Compiler keine Möglichkeit hat, die Korrektheit der Aufrufe zu prüfen und auch keine Umwandlungen in den Typ des Parameters vornehmen kann.[21] Wenn der Standard Deklarationen in der alten Form noch erlaubt, so soll damit nur sichergestellt werden, daß alte Programme auch mit den neuen Compilern übersetzt werden können, ohne daß Änderungen vorzunehmen sind. An eine Verwendung der alten Form in neuen Programmen ist *sicher nicht* gedacht!

Es kommt übrigens noch schlimmer: Wenn der Compiler etwas findet, das wie der Aufruf einer Funktion aussieht, unterstellt er schlichtweg, daß es sich dabei um den Aufruf einer Funktion mit einem **int**-Funktionswert handelt, auch wenn der Name zuvor **überhaupt nicht** deklariert ist – ob das in der Absicht des Programmierers liegt oder ob er nur die Deklaration vergessen hat, ist dem Compiler gleichgültig. Auch dieses ist ein Relikt des „alten" C und sollte keinesfalls vorsätzlich genutzt werden.[22]

Die Prototypen sind eine der wesentlichsten Änderungen des Standards gegenüber dem „alten" C und können dem Programmierer die Arbeit gewaltig erleichtern.

Auch in der Funktionsdefinition kann die Angabe des Funktionstyps fehlen. Der Compiler setzt dann, wie in der Deklaration, **int** ein. Und in einer Funktionsdefinition entspricht eine leere Parameterliste dem, was man erwartet: Die Funktion besitzt keine Parameter. Bedenkt man dann noch, daß eine zusammengesetzte Anweisung aus einem leeren Paar geschweifter Klammern bestehen darf, so erhält man die „einfachste" Funktion, die es geben kann:

```
nichts ()
{
}
```

Sie erwartet keine Werte, tut nichts und liefert einen undefinierten Funktionswert.[23]

---

[21]Wenn die Typen der Parameter nicht bekannt sind, erfolgt für Argumente mit ganzzahligen Typen die „integral promotion" (vgl. Abschnitt 2.6.2), werden **float**-Werte in **double** umgewandelt.

[22]So ergibt zum Beispiel ein Schreibfehler in einem Funktionsaufruf die implizite Deklaration einer neuen Funktion – wenn man Glück hat, gibt es keine Funktion mit dem falsch geschriebenen Namen, so daß der Linker den Fehler merkt.

[23]Solche Funktionen mögen sinnlos erscheinen, sind es in der Praxis aber durchaus nicht: Bei der „top-down"-Entwicklung eines Programms kann es durchaus zweckmäßig sein, bestimmte Teile des Programms zunächst durch solche „dummy"-Funktionen zu realisieren, um andere Teile testen zu können, die bereits fertig sind.

4.1.4 Parameter und Argumente

In den letzten Abschnitten wurden bereits die Begriffe „Parameter" und „Argument"
verwendet.

- Die Parameter einer Funktion werden in ihrer Definition festgelegt. Sie stehen innerhalb der Funktionen als Variablen des entsprechenden Typs zur Verfügung. Vielfach
  werden sie auch als **formale Parameter** bezeichnet.

- Argumente sind die Werte, die im Aufruf der Funktion stehen. Sie werden beim
  Aufruf in die Parameter kopiert. Vielfach werden die Argumente auch als **aktuelle
  Parameter** bezeichnet.

Diese Beschreibung impliziert eines: Eine Funktion kann nicht direkt auf die Werte der
sie rufenden Funktion zugreifen – sie erhält ja nur Kopien der Werte! Man bezeichnet das
als „**call by value**".

Für den Programmierer hat dieses eine wesentliche Konsequenz: Ändert eine Funktion die
Werte ihrer Parameter, so hat das keine Auswirkungen auf die rufende Funktion. Ganz
im Gegenteil – man wird häufig auf die Definition von lokalen Variablen innerhalb von
Funktionen verzichten und an ihrer Stelle die Parameter verwenden. Die Funktion ginl
aus den letzten beiden Beispielen könnte man etwa auch so definieren, ohne daß sich am
Programm etwas ändert:

```
double ginl (double x)              /* Definition von 'ginl' */
{
    x = 4.55 * x;
    return x;                       /* 'ginl' liefert ber. Wert */
}
```

Die beiden bisherigen Formulierungen von **ginl** sollte man allerdings nur als Demonstration betrachten. In der Praxis wird man sicher die noch kürzere Definition

```
double ginl (double x)              /* Definition von 'ginl' */
{
    return 4.55 * x;                /* 'ginl' liefert ber. Wert */
}
```

verwenden. Der Ausdruck in der **return**-Anweisung wird übrigens bei Bedarf in den Typ
der Funktion umgewandelt.

4.2 Die Struktur des Programms

Alle Funktionen, aus denen sich ein C–Programm zusammensetzt, stehen gleichberechtigt
nebeneinander. Ob sie alle in einer Quelldatei stehen oder auf mehrere Quelldateien
verteilt werden, spielt keine Rolle (vgl. auch Abbildung 1, Seite 15). Eine Quelldatei[24]
wird auch als **Modul** bezeichnet.

Struktur erhält ein C–Programm unter anderem durch seine Funktionen und deren Aufteilung auf verschiedene Module. Dieses hat Auswirkungen auf die Gültigkeitsbereiche
der Namen, die in einem Programm deklariert werden, und soll hier untersucht werden.

---

[24]Eine Quelldatei besteht letztlich nicht nur aus dem explizit angegebenen Quellcode, sondern
zusätzlich auch aus allem Quellcode, der durch **#include**-Direktiven einkopiert wird.

4.2.1   Gültigkeitsbereiche von Namen

Welche Gültigkeitsbereiche besitzen Namen? Oder anders formuliert: Welche Namen
kennt der Compiler wo innerhalb eines Moduls?

Grundsätzlich kennt der Compiler nur Namen, die im gerade in Arbeit befindlichen Modul
deklariert sind.[25] Dabei geht er linear vor: Namen sind nicht überall im Modul bekannt,
sondern erst von der Stelle an, an der sie deklariert werden.

Wie lange ein Name bekannt ist, hängt von der Stelle ab, an der er deklariert wird:

- Namen, die außerhalb der Funktionen deklariert werden, sind von dieser Stelle an bis
  zum Ende des Moduls bekannt. Hierzu zählen insbesondere die Namen der Funktionen, die in einem Modul definiert werden.

- Namen, die innerhalb einer zusammengesetzten Anweisung deklariert werden, sind
  nur innerhalb dieser zusammengesetzten Anweisung bekannt, verlieren an deren Ende
  wieder ihre Bedeutung.

- Die Namen der formalen Parameter einer Funktion sind nur innerhalb der Funktion
  bekannt, verlieren mit dem Ende der Funktion ihre Bedeutung.

- Die Namen der Parameter in Funktionsprototypen sind nur innerhalb der Deklaration
  bekannt.

Ein Name muß nicht durchgehend dasselbe Objekt bezeichnen. C kennt vielmehr das
Prinzip der **Verschattung**:

- Der Name eines formalen Parameters einer Funktion kann mit einem Namen übereinstimmen, der außerhalb der Funktion deklariert ist. Innerhalb der Funktion bezeichnet dieser Name dann stets den formalen Parameter, während auf die gleichnamige
  Größe, die außerhalb der Funktion deklariert ist, nicht zugegriffen werden kann.

- Namen, die in einer zusammengesetzten Anweisung definiert werden, verdecken in
  gleicher Weise eventuelle gleichnamige Größen außerhalb der zusammengesetzten Anweisung.

Dazu ein mehr formales Beispiel:

```
/* A ** Beginn des Quellcode *************************************/
/* B */     ...
/* C */     int i;
/* D */     ...
/* E */     void f1 (float i)
/* F */     {
/* G */         ...
/* H */         {
/* I */             char i;
/* J */             ...
/* K */         }
```

---

[25] Man beachte: Der Compiler beginnt eine Arbeit erst, wenn alle Textersetzungen durch den
Präprozessor abgeschlossen sind! Auch für den Präprozessor gilt: Er kennt nur Macronamen, die
im Modul definiert sind. Allerdings berücksichtigt er bei seinen Textersetzungen die Struktur
des Programms *überhaupt* nicht.

```
/* L */        ...
/* M */        }
/* N */        ...
/* O */        void f2 (void)
/* P */        {
/* Q */        ...
/* R */        }
/* S */        ...
/* T ** Ende des Quellcode ************************************/
```

Hier gilt für den Namen i, wenn der Code keine weiteren Deklarationen für ihn enthält:

- Vor Zeile C ist der Name i nicht bekannt.

- In den Zeilen C und D bezeichnet i eine int-Variable.

- In den Zeilen E bis H bezeichnet i den float-Parameter der Funktion f1.

- In den Zeilen I bis K bezeichnet i eine char-Variable.

- In den Zeilen L und M bezeichnet i wieder den Parameter der Funktion f1.

- In den Zeilen N bis T bezeichnet i wieder dieselbe int-Variable wie in den Zeilen C und D.

Die unterschiedlichen Typen, die der Name i hier erhielt, dienten nur zur Verdeutlichung, daß der Name an den verschiedenen Stellen Verschiedenes bezeichnet. Wenn an allen drei Stellen int i stünde, würde sich im Prinzip nichts ändern: Zwischen den drei int-Variablen bestünden über den Namen und den Typ hinaus keine Gemeinsamkeiten; insbesondere würden sie unterschiedliche Speicherplätze belegen.

Darüber hinaus gibt es verschiedene Arten von Größen, die eigene „Namenräume" besitzen. So kann zum Beispiel, ohne Berücksichtigung der Verschattungsregeln, der Name einer Variablen zwar mit dem Namen einer Sprungmarke übereinstimmen, nicht aber mit dem Namen einer anderen Variablen oder einer Funktion.

Daß es der Lesbarkeit eines Programms nicht gerade zuträglich ist, wenn ein Name an verschiedenen Stellen eines Moduls für verschiedene Dinge verwendet wird, steht auf einem ganz anderen Blatt.

4.2.2 Lokale und globale Größen

Eben wurden die Gültigkeitsbereiche der Namen innerhalb eines Moduls untersucht. Es stellt sich eine weitere Frage: Welche Namen aus verschiedenen Moduln bezeichnen dieselbe Variable oder Funktion?

Dazu vorab einige Bezeichnungen:

- Eine Größe heißt **intern** oder **extern**, je nachdem, ob ihre Definition innerhalb einer Funktion oder außerhalb der Funktionen steht.

- Eine **lokale** Größe steht nur innerhalb des Moduls zur Verfügung, in der sie definiert wird. **Globale** Größen stehen dagegen potentiell auch in anderen Moduln zu Verfügung. Global können nur Variablen und Funktionen sein, während zum Beispiel benannte Konstanten stets lokal sind.

Mit diesen Bezeichnungen gilt: Grundsätzlich global sind alle Funktionen und alle externen Variablen; grundsätzlich lokal sind nur interne Variablen. Allerdings hat der Programmierer die Möglichkeit, explizit anderes zu bestimmen.

Es kommt häufig vor, daß bestimmte Variablen und Funktionen nur innerhalb eines einzigen Moduls benötigt werden. Solche Variablen und Funktionen wird man nach Möglichkeit im Modul „verstecken", ihre Namen also gar nicht als globale Namen nach außen dringen lassen.

Der Grund hierfür ist ein elementares Prinzip des Programmierens, dessen Einhaltung umso wichtiger wird, je umfangreicher die Programme werden: Je enger man Information begrenzt, desto weniger Fehler kann man machen! Eine Variable, die nur in einem Modul bekannt ist, kann außerhalb dieses Moduls nicht verändert werden – und insbesondere *nicht versehentlich* verändert werden. Auf Namen, die innerhalb eines Moduls „versteckt" sind, braucht man in den anderen Moduln des Programms keine Rücksicht zu nehmen.

Umgekehrt ist extensive Verwendung globaler Variablen das sicherste Mittel, „Spaghetti"–Programme zu schreiben: Man „zupft" an einer Stelle, etwa indem man einen Fehler korrigiert oder eine Erweiterung anbringt – und schon beginnt das ganze Programm zu „wackeln", weil sich überhaupt nicht absehen läßt, welche Auswirkungen die Änderung auf andere Module hat.

Externe Größen (Variablen *und* Funktionen) eines Moduls werden zu lokalen Größen, wenn in ihrer Deklaration das **Speicherklassen–Attribut** static zusätzlich angegeben wird.

Beispiel: Als selbständiger Modul soll eine **Warteschlange (Queue)** realisiert werden.[26] Der Einfachheit halber sollen hier die zu speichernden Objekte ganze Zahlen sein. Für die Realisierung der Speicherung bieten sich zwei Verfahren an:

- Die Werte werden in einem Feld gespeichert. Dazu benötigt man das Feld selbst sowie zwei Variablen, in denen vermerkt wird, an welchen Indexpositionen der erste und der letzte Wert der Warteschlange stehen.

- Die Werte werden in einer verketteten Liste gespeichert. Dazu benötigt man zwei Variablen, die Zeiger auf das erste und das letzte Element der Liste enthalten.

Die Module, die die Warteschlange benutzen, benötigen nur drei Informationen: Wie kann ein Wert an die Warteschlange angehängt werden? Befindet sich ein Wert in der Warteschlange? Wie kann der nächste Wert aus der Warteschlange herausgeholt werden?

Einfügen und Entfernen von Werten werden in der Regel durch Funktionen realisiert sein, die Prüfung kann mit einer Statusvariablen oder einer Funktion erfolgen. Diese drei Funktionen bzw. Variablen müssen also auf jeden Fall global sein.

Innerhalb des Warteschlangen-Moduls werden zumindest die beiden Variablen, die über aktuellen Anfang und aktuelles Ende der Warteschlange informieren, von mehr als einer Funktion benötigt. Da nur externe Variablen aus verschiedenen Funktionen heraus angesprochen werden können, müssen diese Variablen also extern deklariert werden. Für die Module, die die Warteschlange verwenden, sind diese Variablen allerdings völlig irre-

---

[26] Eine Warteschlange ist eine Liste von Objekten, die auf ihre Verarbeitung „warten". In eine Warteschlange dürfen neue Objekte immer nur am Listenende eingefügt werden. Umgekehrt dürfen aus ihr Objekte immer nur am Listenanfang entnommen werden.

levant, zumal es von der Realisierung der Warteschlange abhängt, welche Variablen das
sind. Entsprechend ist zweckmäßig, diese Variablen lokal zu deklarieren.

Hier soll das erste Verfahren, die Speicherung in einem Feld, realisiert werden. Dazu vorab
noch zwei Anmerkungen:

- Beim Einfügen eines neuen Wertes muß geprüft werden, ob für den Wert überhaupt
  noch Platz in der Warteschlange ist. Die Funktion, die einen Wert in die Warteschlange einträgt, muß also durch ihren Funktionswert melden, ob noch Platz vorhanden war oder nicht.

- In der Regel kommt man mit einem deutlich kleineren Feld aus, wenn man es „zyklisch" benutzt, d.h. wenn man an den Anfang des Feldes zurückspringt, sooft sein
  Ende überschritten wird. Die zyklische Inkrementierung der Indizes soll durch eine
  Funktion realisiert werden. Wie die Variablen, die die aktuellen Indizes für das Feld
  enthalten, besitzt diese Funktion außerhalb des Moduls keinerlei Relevanz und braucht
  deshalb nur lokal verfügbar zu sein.

Nun der Modul:

```c
/***********************************************************************\
*                                                                     *
*    Verwaltung einer Warteschlange ganzer Zahlen                     *
*    (Realisierung als Feld)                                          *
*                                                                     *
\***********************************************************************/

#define QUEUELAENGE 32             /* 31 Eintraege moeglich   */

static int Queue[QUEUELAENGE];     /* Speicher Warteschlange  */
static int Einfuegposition = 0;    /* zuletzt eingef. Element */
static int Entnahmeposition = 0;   /* zuerst eingef. Element  */

int Queue_leer = 1;                /* Status der Warteschlange */

/*** erhoehe zyklisch einen Index  ***************************/

static int naechster_Index (int Index)
{
   Index++;                        /* erhoehe den Index       */
   if (Index >= QUEUELAENGE)       /* springe ggf. auf den An- */
      Index = 0;                   /*   fang zurueck          */
   return Index;
}

/*** fuege ein Element in die Warteschlange ein  **************/

int Element_eingefuegt (int Wert)
{
   int h;
   h = naechster_Index (Einfuegposition);
```

```
    if (h == Entnahmeposition)      /* Warteschlange voll: Zu-  */
       return 0;                     /*    rueck mit Fehlerstatus */
    Einfuegposition = h;             /* Platz vorhanden: Wert    */
    Queue[Einfuegposition] = Wert;   /*    einfuegen             */
    Queue_leer = 0;
    return 1;
}


/*** hole den naechsten Wert aus der Warteschlange  ***********/
/*** der rufende Modul muss durch Pruefung von 'Queue_leer'  */
/*** sicherstellen, dass ein Wert vorhanden ist             */

int naechster_Wert (void)
{
    Entnahmeposition = naechster_Index (Entnahmeposition);
    Queue_leer = Entnahmeposition == Einfuegposition;
    return Queue[Entnahmeposition];
}
```

4.2.3   Das Attribut extern

Innerhalb eines Gesamtprogramms muß jede globale Größe in genau einem Modul definiert
sein; die übrigen Module, in denen die globale Größe ebenfalls verwendet werden soll,
dürfen bzw. müssen nur eine Deklaration der Größe enthalten.

Bei Funktionen gibt das keine Probleme: Ein Funktionsprototyp ist immer eine Deklaration. Die Definition der Funktion, in der ihre Operationen festgelegt werden, kann
wahlweise weiter unten im selben Modul folgen oder auch in einem anderen Modul enthalten sein.

Bei Variablen fallen Deklaration und Definition in der Regel zusammen. Falls allerdings
das Speicherklassen–Attribut extern angegeben ist, handelt es sich nur um eine Deklaration und nicht gleichzeitig um eine Definition. Die Definition kann dann im selben Modul
weiter unten folgen oder auch in einem anderen Modul stehen.

Ein Modul, der die Warteschlangen–Verwaltung des letzten Abschnitts verwendet, muß
also Deklarationen der Variablen Queue_leer sowie der Funktionen Wert_eingefuegt
und naechster_Wert enthalten, zum Beispiel explizit in der Form

```
    extern int Queue_leer;           /* Status der Warteschl.   */

    int Element_eingefuegt (int);    /* Einfuegen eines Wertes  */
    int naechster_Wert (void);       /* Entfernen eines Wertes  */
```

Die explizite Deklaration externer Größen in den sie benutzenden Moduln ist allerdings
keineswegs zu empfehlen, da sie sehr leicht zu Fehlern führt, die nachträglich nur schwer
zu finden sind: Es ist ausschließlich in die Verantwortung des Programmierers gestellt, daß
globale Größen in allen Moduln eines Programms identisch deklariert sind; falls verschiedene Module unterschiedliche Deklarationen für ein und dieselbe globale Größe enthalten,
kann das vom Compiler nicht bemerkt werden, sondern wirkt sich erst bei der Ausführung
des Programms aus, dann in der Regel als katastrophaler Fehler.

Allerdings stellt C dem Programmierer mit den Header–Dateien ein Werkzeug zur Verfügung, das derartige Fehler vermeiden hilft: Die Deklarationen globaler Größen werden nicht explizit in jeden Modul hineingeschrieben, der sie benötigt, sondern nur einmal in eine besondere Datei, die als **Header–Datei** bezeichnet wird. Auf diese eine Header–Datei greifen, mittels `#include`, die Module zu. Man braucht jetzt nur noch sicherzustellen, daß nach jeder Änderung einer Header–Datei alle Module neu übersetzt werden, die diese Header–Datei verwenden. Dann kann man sicher sein, daß in allen Moduln alle globalen Größen identisch deklariert sind. (In der Regel stellt das Betriebssystem ein Hilfsprogramm zur Verfügung, mit dem man sicherstellen kann, daß nach einer Änderung an einer Quelldatei alle davon betroffenen Module neu übersetzt werden.)

Eine Header–Datei zum Warteschlangen–Modul aus dem letzten Abschnitt muß zum Beispiel gerade die eben bereits betrachteten Deklarationen enthalten:

```
/********************************************************************\
*                                                                  *
*     Verwaltung einer Warteschlange ganzer Zahlen                 *
*     (Globale Variablen und Eingangspunkte)                       *
*                                                                  *
\********************************************************************/


extern int Queue_leer;                  /* Status der Warteschl.   */


int Element_eingefuegt (int);           /* Einfuegen eines Wertes  */
int naechster_Wert (void);              /* Entfernen eines Wertes  */
```

Zweckmäßig und auch zulässig ist es, diese Header–Datei nicht nur in die Module einzubinden, die die in ihr deklarierten Größen benutzen, sondern auch in den Modul, in dem die Größen definiert werden. Im Warteschlangen–Modul sollte also vor der ersten `#define`-Direktive eine `#include`-Direktive für die Header–Datei eingefügt werden. Daß der Modul dann zunächst die Zeile

```
extern int Queue_leer;
```

und weiter unten die Zeile

```
int Queue_leer = 1;
```

enthält, stört den Compiler überhaupt nicht, weil er die erste Zeile als Deklaration, die zweite Zeile als Definition der Variablen `Queue_leer` interpretiert.

4.3 Verfügbarkeit von Variablen

Aus der Struktur des Programms ergibt sich, wo der Compiler welche Namen kennt. Zu klären bleibt: Wann stehen bei der Ausführung des Programms welche Variablen zur Verfügung?

4.3.1 Automatische und statische Variablen

Grundsätzlich stehen alle externen Variablen eines Moduls während der gesamten Dauer der Ausführung eines Programms zu Verfügung. Man bezeichnet diese Variablen deshalb auch als **statische** Variablen. Dagegen stehen interne Variablen jeweils nur zur Verfügung, während die zusammengesetzte Anweisung ausgeführt wird, die ihre Deklaration enthält. Man bezeichnet die internen Variablen deshalb auch als **automatische** Variablen.

In der Warteschlangen–Verwaltung oben steht zum Beispiel die Variable `Queue` als externe Variable permanent zur Verfügung. Dagegen existiert die Variable h, die in der Funktion `Element_eingefuegt` deklariert wird, jeweils nur für die Dauer der Ausführung der Funktion.

Der Begriff der statischen Variablen darf nicht mit der Bedeutung des Speicherklassen–Attributs `static` verwechselt werden: `static`-Variablen sind zwar stets statische Variablen, aber nicht die einzigen; vielmehr sind alle externen Variablen ebenfalls statische Variablen. Interne Variablen können durch das Speicherklassen–Attribut `auto` explizit als automatische Variablen gekennzeichnet werden. Da allerdings jede interne Variable, für die nichts anderes festgelegt ist, ohnehin eine automatische Variable ist, wird man in der Praxis in der Regel darauf verzichten.

In engem Zusammenhang mit der Klassifizierung von Variablen als statische bzw. automatische Variablen stehen die Fragen: Welchen Wert besitzt eine Variable, bevor ihr zum ersten Mal, durch Lesen oder Wertzuweisung, explizit ein Wert zugewiesen wurde? Wie lange behalten Variablen ihre Werte? C regelt dieses so:

- Jede statische Variable besitzt beim Start des Programms den Wert Null, sofern der Programmierer nicht explizit anderes bestimmt. Der Wert einer statischen Variablen ändert sich im Verlauf des Programms nur dann, wenn ein entsprechender Ausdruck ausgewertet wird.

  Im Warteschlangen–Modul wurde dieses bereits ausgenutzt: Die Warteschlangen–Verwaltung kann nur funktionieren, wenn die Werte des Feldes und der beiden Indexvariablen nur durch die Operationen der Funktionen verändert werden, ansonsten unverändert erhalten bleiben.

- Jedes Mal, wenn die Ausführung einer zusammengesetzten Anweisung beginnt, besitzen die in ihr definierten automatischen Variablen zunächst zufällige Werte, sofern der Programmierer nicht explizit anderes bestimmt hat.

  So besitzt zum Beispiel die Variable h, die in der Funktion `Wert_eingefuegt` des Warteschlangen–Moduls definiert wird, beim zweiten Aufruf der Funktion allenfalls durch Zufall wieder den Wert, der ihr im Verlauf des ersten Aufrufs zuletzt zugewiesen wurde.

Der Hintergrund für diese Unterschiede ist die Zuordnung des Speichers zu den Variablen: Für statische Variablen nimmt der Compiler bereits die Zuordnung vor, die dann für die gesamte Ausführung des Programms erhalten bleibt. Für automatische Variablen erfolgt die Speicherzuordnung jeweils neu, wenn die Ausführung der sie enthaltenden zusammengesetzten Anweisung beginnt.

4.3.2   Interne Variablen

Einige Eigenschaften, die nur interne Variablen besitzen können, sind nachzutragen.

Variablen, die in einer zusammengesetzten Anweisung deklariert werden, können das Attribut `extern` oder das Attribut `static` erhalten. Beide Attribute bringen allerdings nichts wirklich neues, sondern erlauben nur die Begrenzung von Information: In der Sache wirken die Attribute wie für externe Variablen – nur ist der Gültigkeitsbereich der Namen auf die zusammengesetzte Anweisung beschränkt, die die Deklaration enthält.

Interessant sind in manchen Fällen interne Variablen mit dem Attribut `static`: Obwohl eine so deklarierte Variable eine interne Variable bleibt, behält sie von Aufruf zu Aufruf der Funktion ihren Wert; auch wird ein eventuell angegebener Anfangswert nur beim ersten Aufruf wirksam.

Beispiel: Die Funktion

```
void Zahl_schreiben (void)
{
    int i = 0;
    i++;
    printf ("%d\n", i);
}
```

schreibt bei jedem Aufruf den Wert 1. Versieht man jedoch die Deklaration von i mit dem Zusatz `static`

```
void Zahl_schreiben (void)
{
    static int i = 0;
    i++;
    printf ("%d\n", i);
}
```

so erhält man nacheinander die Zahlen 1, 2, 3, usw.. Diesen Effekt hätte man auch erzielen können, indem man die Variable i extern (außerhalb der Funktion) deklariert. Das hätte dann allerdings die (unerwünschte) Folge, daß der Gültigkeitsbereich des Namens i nicht wie im Beispiel auf die Funktion beschränkt wäre, sondern bis zum Ende des Moduls reichte.

4.4 Rekursion

C erlaubt Rekursion, sowohl direkt als auch indirekt.

- Unter **direkter Rekursion** versteht man, daß eine Funktion sich selbst aufruft.
- Unter **indirekter Rekursion** versteht man, daß sich zwei (oder mehr) Funktionen wechselseitig aufrufen.

Ausgenommen von Rekursion ist nur das Hauptprogramm (`main`).

Als Beispiel für Rekursion soll das „Problem der acht Damen" betrachtet werden: Auf einem Schachbrett sind acht Damen so aufzustellen, daß keine eine andere schlagen kann.[27] Eine Lösung zeigt Abbildung 3; es ist übrigens die erste Lösung, die das später angegebene Programm liefert.

---

[27]Diese Aufgabe wurde bereits 1850 von C. F. Gauss untersucht – allerdings gelang es ihm nicht, alle 92 Lösungen zu finden.

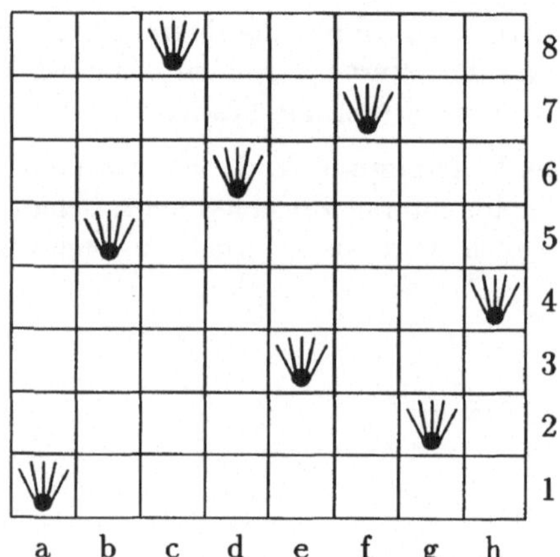

Abbildung 3: Eine Lösung des „Problem der acht Damen"

Wie kann man die Lösung angehen? Klar ist: In jeder Zeile und Spalte des Schachbretts muß genau eine Dame stehen. Zusätzlich muß man sicherstellen, daß in jeder /–Diagonalen und jeder \–Diagonalen höchstens eine Dame steht.

Vorgehen kann man so: Man stellt die erste Dame in die linke untere Ecke des Schachbretts. Danach geht man in die zweite Spalte und sucht dort, von unten nach oben, den ersten freien Platz und setzt die Dame dorthin. Jetzt geht man zur nächsten Spalte weiter, verfährt dort genauso, usw..

Zwei „Sonderfälle" sind zu beachten. Der erste ist erfreulich: Wenn man beim Weitergehen um eine Spalte feststellt, daß man über den rechten Rand des Brettes hinausgekommen ist, hat man acht Damen gesetzt und eine Lösung gefunden. Der andere ist weniger erfreulich: Wenn man in einer Spalte keinen (weiteren) Platz für eine Dame findet, dann hat man bereits in den *vorhergehenden* Spalten etwas falsch gemacht. Man geht jetzt eine Spalte zurück und sucht dort den nächsten freien Platz. (Wohlgemerkt: Man darf nicht wieder unten in der Spalte mit der Suche beginnen, sondern muß eine Zeile über dem Platz beginnen, auf dem die Dame bislang stand.)

Diese Beschreibung enthält zunächst noch keine (offensichtliche) Rekursion. Deshalb jetzt die rekursive, abstraktere Formulierung. Sie unterstellt, daß in den ersten $s - 1$ Spalten ($s - 1 \leq 8$) bereits Damen korrekt stehen:

1. Falls $s > 8$ gilt, ist eine Lösung gefunden. Diese ist auszugeben; darüber hinaus ist nichts zu tun.

2. Wiederhole für die Zeilen $z = 1, \ldots, 8$: Wenn der Platz „erlaubt" ist:

   a. „Setze" die Dame in Zeile z der Spalte s.

   b. Behandle die Spalte $s + 1$.

   c. „Entferne" die Dame in Zeile z der Spalte s.

   Sonst ist nichts zu tun.

Algorithmen, die nach dem hier beschriebenen Prinzip arbeiten, werden als **Backtrack–Algorithmen** bezeichnet.

Wie läßt sich der Algorithmus für das Damenproblem in einem Programm realisieren?
Der Algorithmus als solcher dürfte klar sein; was ist aber unter „Platz erlaubt", „setze
die Dame" und „entferne die Dame" zu verstehen?

Man könnte auf die Idee kommen, das Schachbrett als 8×8-Matrix darzustellen, wobei
der Wert 0 einer Komponenten bedeutet, daß dort eine Dame steht, und der Wert 1, daß
der Platz noch frei ist. Was „setzen" und „entfernen" einer Dame heißt, ist dann klar. Um
herauszufinden, ob ein Platz „erlaubt" ist, muß man von ihm aus bis zum linken Rand
der Matrix untersuchen, ob alle Felder in der selben Zeile, auf der selben /–Diagonalen
und auf der selben \–Diagonalen noch frei sind.

Diese Realisierung wäre zwar möglich, aber viel zu aufwendig. Die Beschreibung eben
enthält aber auch schon den Ansatz zu einer günstigeren Lösung: Statt für einen Platz
zu untersuchen, ob er erlaubt ist, kann man beim Setzen einer Dame markieren, welche
Zeile, /–Diagonale und \–Diagonale sie *bedroht*.

Macht man sich nun noch klar, daß für alle Plätze auf einer /–Diagonale die Summe
von Zeilen- und Spaltenindex gleich ist, und für alle Plätze auf einer \–Diagonalen die
Differenz, so stellt man fest, daß zur Darstellung des Belegungszustandes des Schachbretts
vier eindimensionale Felder ausreichen:

- In einem Feld Ze („Zeilen") wird vermerkt, welche Zeilen bereits bedroht und welche
  noch frei sind. Das Feld muß gerade so viele Komponenten haben, wie das Schachbrett
  Zeilen hat, also acht.

- In einem Feld Dp („Diagonale mit positiver Steigung") wird vermerkt, welche /–
  Diagonalen bereits bedroht und welche noch frei sind. Dieses Feld muß 15 Komponenten besitzen.

- Das Feld Dn („Diagonalen mit negativer Steigung") markiert in gleicher Weise die
  \–Diagonalen und besitzt ebenfalls 15 Komponenten.

- In einem Feld Sp wird vermerkt, in welcher Zeile der einzelnen Spalten die Damen
  stehen. Es hat acht Komponenten. (Es wird sich zeigen, daß dieses Feld nur benötigt
  wird, um die Lösungen auszugeben.)

Was bleibt, ist reine Programmiertechnik:

- Die Felder Ze, Dp und Dn enthalten nur Markierungen für „bedroht" bzw. „frei". Für
  ihre Realisierung ist jeder Komponententyp geeignet, der zwei verschiedene Werte
  erlaubt. Das Feld Sp soll Zeilennummern aufnehmen; seine Komponenten müssen
  also mindestens acht verschiedene Werte aufnehmen können.

- Die Spalten eines Schachbretts werden üblicherweise mit „a", „b", ..., „h", die Zeilen
  mit „1", „2", ..., „8" bezeichnet. Da dieses keine zulässigen Indizes für Feldkomponenten sind, ist für die Spalten eine Indextransformation sp - 'a' nötig, für die
  Zeilen eine Indextransformation ze - '1'. Um sich die Programmierung zu erleichtern, führt man diese Indextransformationen nicht immer wieder aus, sondern nur
  einmal – und auch das nur in Gedanken. Damit erhält man für Zeilen und Spalten
  einheitlich die Nummern 0, ..., 7. Allerdings: Für die Ausgabe sollte man diese Indextransformationen umkehren, um eine Ausgabe zu erhalten, die der „Anschauung"
  entspricht.

- Durch die eben beschriebenen Indextransformationen besitzen die Indizes für Ze und
  Sp die Werte 0, ..., 7, die Indizes für Dp die Werte 0, ..., 14. Allerdings: Für

Dn sind die Indexwerte -7, ..., 7 – und so muß in der Tat bei jedem Zugriff eine Indextransformation (Erhöhung um 7) erfolgen, um auf den im Sinne von C zulässigen Indexbereich 0, ..., 14 zu kommen.

Nun kann der Algorithmus realisiert werden. Eines tut das Programm zusätzlich zur bisherigen Beschreibung: Es numeriert die gefundenen Lösungen.

```c
/*********************************************************************\
*                                                                   *
*   Loesung des 'Damenproblems' von Gauss                           *
*                                                                   *
\*********************************************************************/

#include <stdio.h>

enum {belegt, frei};

int Ze[8], Dp[15], Dn[15], Sp[8], Loesungen = 0;

void setze (int sp);
void schreibe (void);

/*** Rahmenprogramm  ***********************************************/

int main (void)
{
   int i;

   for (i = 0; i < 8; i++)              /*  markiere das */
      Ze[i] = frei;                     /*  Schachbrett  */
   for (i = 0; i < 15; i++)             /*  als leer     */
      Dp[i] = Dn[i] = frei;
   setze (0);

   return 0;
}

/*** Suchroutine  **************************************************/

void setze (int sp)
{
   int ze;

   if (sp > 7)                          /*  Loesung gefunden? */
   {
      schreibe ();                      /*  falls ja: Loesung */
      return;                           /*     schreiben und  */
   }                                    /*      Ruecksprung   */
                                        /*  sonst: Spalte     */
```

```
    for (ze = 0; ze < 8; ze++)              /*      durchsuchen      */
        if (Ze[ze] && Dp[ze+sp] && Dn[ze-sp+7])
        {
            Sp[sp] = ze;
            Ze[ze] = Dp[ze+sp] = Dn[ze-sp+7] = belegt;
            setze (sp + 1);
            Ze[ze] = Dp[ze+sp] = Dn[ze-sp+7] = frei;
        }
}


/*** Ausgaberoutine   ****************************************/

void schreibe (void)
{
    int i;

    printf ("Loesung %2d: ", ++Loesungen);
    for (i = 0; i < 8; i++)
        printf ("%c%c ", 'A' + i, Sp[i] + '1');
    printf ("\n");
}
```

Das Programm nutzt etwas aus, das noch nicht ausdrücklich angesprochen wurde: Wenn
eine Funktion rekursiv aufgerufen wird, werden ihre Parameter und ihre automatischen
Variablen neu zur Verfügung gestellt. So werden hier **sp** und **ze** bei jedem (rekursiven)
Aufruf von **setze** neu bereitgestellt und bei der Auflösung eines Rekursionsschritts wieder
freigegeben.

Über Rekursion gibt es die verschiedensten Ansichten. Sie reichen von „um jeden Preis zu
vermeiden" bis zu „die einzige vernünftige Programmiertechnik". Diese beiden Extreme
sind sicher falsch! Wenn ein rekursiv formulierter Algorithmus ohne Aufwand auch nicht-
rekursiv formuliert werden kann, sollte man die nicht–rekursive Formulierung realisieren.
Ein typisches Beispiel ist die Formulierung der Fakultät $n!$ einer nicht–negativen ganzen
Zahl n. Gerne wird rekursiv definiert

$$\begin{aligned} 0! &= 1 \\ n! &= n \cdot (n-1)! \qquad n > 0 \end{aligned}$$

Allerdings kann man die Fakultäten ohne Mehraufwand auch nicht–rekursiv definieren:

$$n! = \prod_{i=1}^{n} i$$

Andererseits gibt es rekursiv formulierte Algorithmen, die sich nicht ohne weiteres gleichwertig nicht–rekursiv formulieren lassen. Und die sollte man dann durchaus auch rekursiv
realisieren. Ein ganz simples Beispiel: Zu berechnen ist die (ganzzahlige, nicht–negative)
Potenz n einer reellen Zahl x. Die naheliegende, nicht–rekursive Formulierung ist

$$x^n = \prod_{i=1}^{n} x$$

Zur Auswertung dieser Formel sind $n - 1$ Multiplikationen erforderlich. Zur Berechnung reichen allerdings bereits $\log_2 n$ Multiplikationen aus, wenn man den Algorithmus rekursiv formuliert und realisiert:

$$
x^n = \begin{cases}
1 & n = 0 \\
(x^{n/2})^2 & n > 0, \text{ gerade} \\
x \cdot (x^{(n-1)/2})^2 & n > 0, \text{ ungerade}
\end{cases}
$$

4.5   Synchronisationspunkte

An dieser Stelle soll noch einmal auf eine Frage zurückgekommen werden, die bereits in Abschnitt 2.9 angesprochen wurde: Wann treten eventuelle Nebeneffekte der Ausdrücke ein?

Der Standard spricht von **Synchronisationspunkten (sequence points)**. Beim Erreichen eines solchen Synchronisationspunktes müssen alle bisherigen Nebeneffekte eingetreten sein. Umgekehrt dürfen beim Erreichen eines Synchronisationspunktes noch keine Nebeneffekte des nachfolgenden Code eingetreten sein.

Der Standard nennt folgende Synchronisationspunkte:

- der (eigentliche) Aufruf einer Funktion (*nach* der Berechnung der Werte der Argumente des Aufrufs!)

- der Abschluß der Auswertung des linken Operanden bestimmter Operatoren:

    - logisches Produkt (`&&`)

    - logische Summe (`||`)

    - Bedingung in einem bedingten Ausdrucks

    - Komma–Operator (vgl. Abschnitt 10.4)

- der Abschluß der Auswertung folgender Ausdrücke:

    - Ausdruck einer Ausdruckanweisung

    - Anfangswert–Zuweisung

    - Bedingung einer `if`-Anweisung

    - Auswahlausdruck einer `switch`-Anweisung

    - Bedingung einer `while`-Anweisung

    - Bedingung einer `do`-Anweisung

    - jeder der drei Ausdrücke einer `for`-Anweisung

    - Ausdruck einer `return`-Anweisung

Die einzelnen Argumente eines Funktionsaufrufs sind *keine* Synchronisationspunkte. Der Standard schreibt nicht einmal vor, in welcher Reihenfolge die Werte der Argumente in einem Funktionsaufruf berechnet werden müssen.

Kapitel 5

Felder und Zeiger

In Programmen kommt es häufig vor, daß man mit gleichartigen Objekten zu tun hat, die man in Schleifen verarbeiten möchte. Unterbringen könnte man die Objekte ohne weiteres, indem man für jedes eine spezielle Variable bereitstellt – sie dann in Schleifen zu verarbeiten, wäre allerdings nicht möglich, da man ja jedes Objekt mit dem Namen seiner Variablen ansprechen müßte. Für solche Zwecke kennt C, wie andere Programmiersprachen auch, die **Felder**. Felder erlauben es zum Beispiel, Vektoren und Matrizen, die zur Formulierung mathematischer Probleme verwendet werden, in einem Programm zu realisieren.

5.1 Felder

Wie Variablen erhalten auch Felder einen Namen und einen Typ. Hinter dem Namen muß, in eckige Klammern eingeschlossen, angegeben werden, aus wie vielen Komponenten das Feld bestehen soll. Beispiel: Durch

```
float v[4];
```

wird ein Feld (Vektor) mit vier Komponenten definiert. Diese vier Komponenten besitzen jeweils den Typ `float` und können mit den Bezeichnungen `v[0]`, `v[1]`, `v[2]` und `v[3]` angesprochen werden.

Hierdurch ist zunächst noch nichts gewonnen. Soll etwa die Summe der Werte der Komponenten gebildet werden, kann man schreiben

```
float Summe, v[4];
...
Summe = v[0] + v[1] + v[2] + v[3];
```

Interessanter werden die Felder dadurch, daß man zur Bezeichnung einer speziellen Komponente den Index nicht explizit angeben muß, sondern an seiner Stelle einen Ausdruck einsetzen darf, vorausgesetzt, daß der Ausdruck einen „passenden" Typ und Wert besitzt. Die Berechnung der Summe könnte man also auch so formulieren:

```
float Summe, v[4];
int i;
...
Summe = 0;
for (i = 0; i < 4; i++)
    Summe += v[i];
```

Dieses Beispiel ist durchaus typisch für das Arbeiten mit Feldern: Die Komponenten des Feldes werden in einer Schleife durchlaufen; hier wird dann bei jedem Schleifendurchlauf genau ein Wert addiert.

In einem anderen Punkte ist das Beispiel keineswegs typisch oder sollte es zumindest nicht
sein: Wenn man mit Feldern arbeitet, sind die Größen der Felder in der Regel Parameter
des Programms – entsprechend sollte man die Programme dann auch formulieren, damit
man bei einer Änderung einer Länge im Programm auch nur an einer Stelle zu ändern hat
und nicht im ganzen Programm suchen muß, wo zu ändern ist. In dem kurzen Beispiel
etwa erfordert eine Änderung der Länge die Ersetzung der 4 an zwei Stellen. Das Beispiel
sollte deshalb besser so aussehen:

```
#define LAENGE 4
...
float Summe, v[LAENGE];
int i;
...
Summe = 0;
for (i = 0; i < LAENGE; i++)
    Summe += v[i];
```

Hier braucht eine Änderung auf jeden Fall nur in der `#define`-Direktive zu erfolgen,
gleichgültig, wie oft die Länge im Programm verwendet wird.

Besonders zu bemerken ist, daß in der Definition stets die *Anzahl* der Komponenten des
Feldes anzugeben ist, während die Komponenten selbst mit Null beginnend numeriert
werden, so daß der größte zulässige Index immer *um 1 kleiner* als die Anzahl der Komponenten ist. Negative Indizes sind von C *nicht* vorgesehen.

Das Beispiel eben verwendete ein eindimensionales Feld. In gleicher Weise können Felder
mit mehreren Dimensionen definiert werden:

```
int m[2][3];
double d[7][8][9];
```

Zu interpretieren sind diese Definitionen letztlich so:

- Das zweidimensionale Feld (Matrix) `m` ist ein eindimensionales Feld mit zwei Komponenten, von denen jede ihrerseits ein eindimensionales Feld mit drei Komponenten
  mit dem Typ `int` ist.

- Das dreidimensionale Feld `d` ist ein eindimensionales Feld mit sieben Komponenten,
  von denen jede ein eindimensionales Feld mit acht Komponenten ist, von denen jede
  ein eindimensionales Feld mit neun Komponenten mit dem Typ `double` ist.

Will man auf die einzelnen Komponenten eines mehrdimensionalen Feldes zugreifen, so
muß man entsprechend viele Indizes angeben. Durch

```
d[4][2][6] *= 2;
```

zum Beispiel wird die entsprechende Feldkomponente verdoppelt. Hier zeigt sich jetzt
auch der wahre Nutzen der kombinierten Zuweisungsoperatoren. Wenn

```
d[4][2][6] = d[4][2][6] * 2;
```

geschrieben wird, ist das Resultat dasselbe wie zuvor. Allerdings muß man bei der zweiten
Formulierung erst genau hinsehen, um zu sehen, daß links und rechts vom Gleichheitszeichen dieselbe Feldkomponente angesprochen wird. Dasselbe gilt für den Compiler: Im
ersten Fall ist klar, daß die Feldkomponente `d[4][2][6]` nur einmal bestimmt werden

muß. Im zweiten Fall wird der Compiler, wenn er nicht optimiert, die Feldkomponente zweimal bestimmen.

5.2 Adressrechnung

Im Zusammenhang mit den Feldern wird wichtig, was bei den (einfachen) Variablen allenfalls am Rande interessant war: Namen von Variablen sind symbolische Bezeichnungen für Plätze im Speicher des Rechners. Die Zuordnung wird vom Compiler vorgenommen und braucht den Programmierer in der Regel nicht zu interessieren.

Auch der Name eines Feldes ist eine symbolische Bezeichnung für einen Platz im Speicher eines Rechners – allerdings eben nur für einen. Und so muß, wenn auf eine Feldkomponente zugegriffen werden soll, mehr passieren als beim Zugriff auf eine einfache Variable.

Dazu muß man wissen: Der Compiler ordnet die Komponenten eines Feldes linear im Speicher an, nach aufsteigenden Indizes sortiert unmittelbar aufeinanderfolgend. In den Abbildungen 4 und 5 sind die Schemata für die Felder

```
float v[4];
int m[2][3];
```

angegeben, wobei die Fragezeichen die unbestimmten Werte der `float`- bzw. `int`-Komponenten andeuten sollen.

v[0]	v[1]	v[2]	v[3]
??	??	??	??

Abbildung 4: Speicheranordnung eines Vektors mit 4 Komponenten

m[0]			m[1]		
m[0][0]	m[0][1]	m[0][2]	m[1][0]	m[1][1]	m[1][2]
??	??	??	??	??	??

Abbildung 5: Speicheranordnung einer (2 × 3)-Matrix

Da die Komponenten eines Feldes gleich groß sind, auch wenn sie ihrerseits wieder Felder sind, kann und muß der Compiler aus den angegebenen Indizes den **Offset** der Komponente, d.h. ihren Abstand vom Anfang des Feldes ausrechnen. Die Adresse, die der Name des Feldes repräsentiert, ergibt nun zusammen mit dem Offset der Komponente die Speicheradresse der Komponente.[28]

---

[28]Diese Offsetberechnung ist übrigens der Grund dafür, daß in C die Numerierung von Feldkomponenten bei Null beginnt. Der Offset der ersten Komponente ist ja gerade Null, der Abstand der zweiten Komponente ist die Länge einer Komponente, der Abstand der dritten Komponente ist die Länge von zwei Komponenten, usw..

An einer Stelle war es allerdings auch bisher schon wesentlich, daß die Namen von Variablen Adressen repräsentieren, nämlich bei Funktionen, die nicht nur einen Funktionswert liefern sollen: **scanf** zum Beispiel benötigt ja nicht die Werte der Argumente, sondern deren Adressen.

Fazit: An verschiedensten Stellen wird mit Adressen „gerechnet" – da liegt es nahe, dem Programmierer Mittel an die Hand zu geben, das selber auch zu tun, im übrigen eine Selbstverständlichkeit in Assemblersprachen.

Bei Rechnern mit einer modernen Architektur bezeichnet eine solche „Adresse" allerdings nicht mehr einen ganz bestimmten Platz im Speicher, sondern muß von der Hardware noch in eine wirkliche Adresse umgerechnet werden. Dieses ist für den Programmierer völlig transparent. Der Begriff **Zeiger (pointer)**, der in höheren Programmiersprachen statt des Begriffs „Adresse" verwendet wird, soll dieses verdeutlichen. Ein Zeiger repräsentiert eindeutig einen Speicherplatz – läßt jedoch offen, wo dieser im Speicher des Rechners liegt, was den Programmierer in der Regel auch weder zu interessieren braucht noch interessieren sollte.

5.3   Zeiger

Erfahrene C–Programmierer verwenden Zeiger sehr viel. Die Deklaration ist einfach: Dem Namen der Variablen wird ein Stern vorangestellt.

```
int i, *z;
```

Hier repräsentiert der Name i einen Speicherplatz, der einen int–Wert aufnehmen kann; kurz spricht man von der „int–Variablen i". Der Name z repräsentiert dagegen einen Speicherplatz, dessen Wert seinerseits einen Speicherplatz mit einem int–Wert repräsentiert; kurz sagt man „z zeigt auf eine int–Variable" oder „z ist eine Zeigervariable". Dieses wird durch Abbildung 6 verdeutlicht.

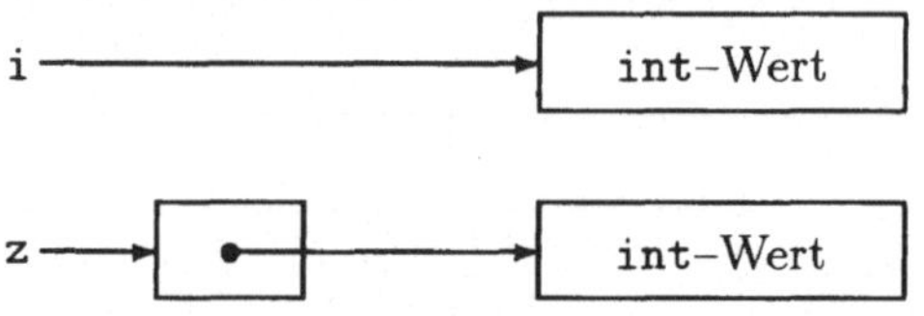

Abbildung 6: Variable und Zeigervariable

Ganz richtig ist die Abbildung beim augenblicklichen Stand der Dinge noch nicht. Die Variable z ist zwar deklariert worden, hat aber noch keinen Wert zugewiesen erhalten – und zeigt entsprechend auch noch auf *nichts*!

Zeigerwerte erhält man, neben anderen Möglichkeiten, durch den **Referenzierungs–** oder **Adressoperator &**: Einem Ausdruck vorangestellt bewirkt dieser Operator, daß nicht der Wert des Ausdrucks, sondern seine Adresse verwendet wird.[29] Die Wertzuweisung

```
z = &i;
```

überträgt so die Adresse der Variablen i in die Variable z. Die jetzt bestehende Zuordnung verdeutlicht Abbildung 7.

---

[29]Man beachte: Nach dem, was oben gesagt wurde, müßte & als „Zeigeroperator" bezeichnet werden. Das ist allerdings nicht üblich.

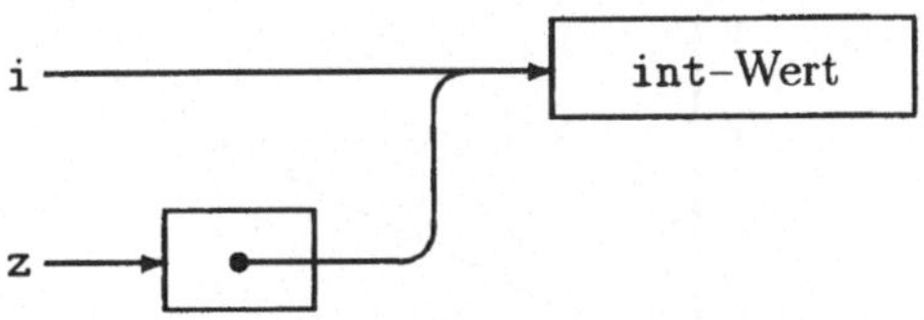

Abbildung 7: Zeigervariable nach Zuweisung

Bleibt zu klären: Wie kommt man an den Wert (bzw. die Variable) heran, auf die z
zeigt? Man setzt einfach vor den Namen einen Stern (*). Dieser Operator wird als **Dereferenzierungsoperator** bezeichnet und darf *nicht* mit einer Multiplikation verwechselt
werden. Die Form, in der Zeigervariablen deklariert werden, wurde im übrigen bewußt in
Analogie zur Dereferenzierung gewählt.

Ob man jetzt, um beim Beispiel zu bleiben

    i = 7;

oder

    *z = 7;

schreibt, ist für das Resultat gleichgültig, da z ja auf genau den Speicherplatz zeigt, den
i repräsentiert (vgl. Abbildung 8).

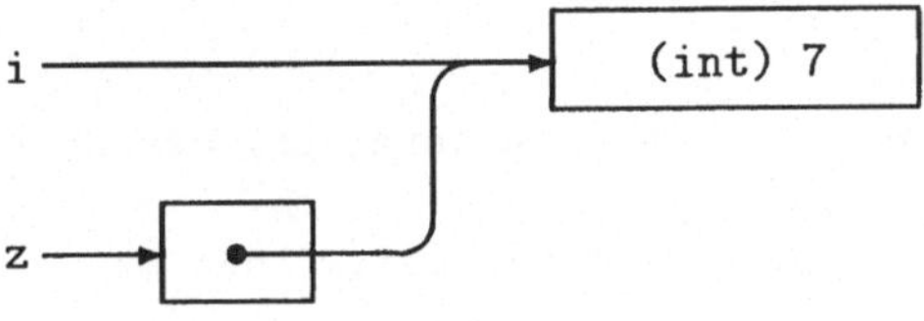

Abbildung 8: Verwendung eines Zeigers

Offensichtlich heben sich Adress- und Dereferenzierungsoperator in ihrer Wirkung auf:
Mit der Definition `int *z` ergeben die beiden Ausdrücke `*&z` und `&*z` jeweils einen Zeiger
auf eine `int`-Variable.

Allerdings ist noch eine Restriktion nachzutragen: Adress- und Dereferenzierungsoperator
setzen natürlich „geeignete" Operanden voraus! Welchen Sinn sollten etwa die Ausdrücke
`*i` (für eine `int`-Variable) oder `&7` machen? Gar keinen! Der Wert von i ist ja kein Zeiger,
sondern eine ganze Zahl; 7 ist eine Konstante und besitzt entsprechend keine Adresse.

Der offensichtlichste und auch bereits angesprochene Nutzen der Zeiger ist, daß sie die
Programmierung von Funktionen mit Ausgabeparametern erlauben.

Als Beispiel soll eine Funktion betrachtet werden, die Polarkoordinaten in kartesische
Koordinaten umrechnet (vgl. Abbildung 9). Wenn der Winkel φ und der Abstand ϱ eines
Punktes P bekannt sind, erhält man die kartesischen Koordinaten x_P und y_P nach den
folgenden Formeln:

$$x_P = \varrho \cos \varphi$$
$$y_P = \varrho \sin \varphi$$

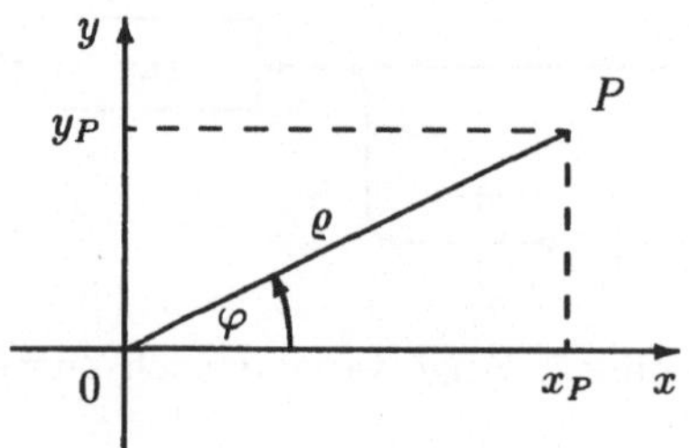

Abbildung 9: Polarkoordinaten und kartesische Koordinaten

Die Funktion, die die Umrechnung vornimmt, muß zwei Werte abliefern, kommt also mit
dem „normalen" Funktionswert nicht aus. Damit sie in Variablen der rufenden Funktion
hineinschreiben kann, benötigt sie natürlich Zeiger auf die Variablen und nicht deren
Werte. Die Funktion und ein kleines Rahmenprogramm dazu können so aussehen:

```
/********************************************************************\
*                                                                  *
*    Umrechnung von Polarkoordinaten in kartesische Koordinaten    *
*                                                                  *
\********************************************************************/

#include <stdio.h>
#include <math.h>          /* Bereitstellung der Winkelfunktionen */

void kartesisch (float rho, float phi, float *x, float *y);

int main (void)
{
   float rho, phi, x, y;
   printf ("Bitte Polarkoordinaten (Abstand/Winkel) eingeben:");
   scanf ("%f%f", &rho, &phi);
   kartesisch (rho, phi, &x, &y);
   printf ("Die kartesischen Koordinaten sind (%f,%f)\n", x, y);
   return 0;
}

/*** Funktion zur Koordinatenumrechnung  ********************/

#define PI 3.14159

void kartesisch (float rho, float phi, float *x, float *y)
{
   phi *= PI / 180;                        /* Winkel -> Bogenmass */
   *x = rho * cos (phi);
   *y = rho * sin (phi);
}
```

Die Funktion zeigt den Unterschied der beiden Übergabeformen: Die Änderung von `phi`
hat keine Auswirkungen auf die rufende Funktion, während die Änderung von `*x` und `*y`
gerade die Rückgabe der kartesischen Koordinaten bewirkt.

5.4 Zeigerarithmetik

Zwei Fragen stellen sich inzwischen nachdrücklich: Was kann man mit Zeigern nützliches
tun? Die Möglichkeit, Funktionen Ausgabeparameter zu geben, wird ja wohl nicht das
Einzige sein. Was haben Felder und Zeiger miteinander zu tun, so daß sie in einem Kapitel
gemeinsam behandelt werden?

Eine nützliche Eigenschaft der Zeiger ist, daß man mit ihnen in gewissem Sinne „rechnen"
kann. Beispiel: Das Programmstück

```
float v[4], *z;
...
z = &v[0];
...
z++;
```

ist durchaus zulässig. Klar: Durch die erste Zuweisung wird in z der Zeiger auf die
Feldkomponente `v[0]` gespeichert. Nur, was mag `z++` bedeuten? Sicher kann damit nicht
gemeint sein, daß der Wert von z um die Zahl 1 erhöht wird.

Hier greift jetzt, daß Zeiger **typgebunden** sind. Die Variable z ist ja nicht einfach als
Zeiger definiert, sondern als „Zeiger auf `float`". Man sagt auch: Die **Bezugsvariable**
des Zeigers besitzt den Typ `float`.

Bei Zeigerarithmetik unterstellt der Compiler stets, daß der Zeiger nicht auf eine einfache
Variable des Bezugstyps zeigt, sondern auf eine Komponente eines (eindimensionalen)
Feldes. Entsprechend bedeutet für ihn die Anweisung `z++`: Liefere den Zeiger auf die
nachfolgende Feldkomponente im Speicher.

Das Beispiel, in dem die Summe der Komponenten eines Feldes berechnet wurde, kann
also auch so formuliert werden:

```
#define LAENGE 4
...
float Summe, v[LAENGE], *z;
...
Summe = 0;
for (z = &v[0]; z < &v[LAENGE]; z++)
    Summe += *z;
```

Der erfahrene C–Programmierer wird diese Lösung der früheren Lösung mit Indizes je-
denfalls vorziehen, auch wenn sie in einem Punkt die Möglichkeiten der Sprache noch
nicht voll nutzt.

In diesem Beispiel wird bereits eine weitere Operation mit Zeigern verwendet, nämlich
der Vergleich. Solch ein Vergleich von Zeigern ist analog zur Inkrementierung eines Zeigers zu interpretieren: Es wird unterstellt, daß beide Operanden des Vergleichs Zeiger
auf (verschiedene) Komponenten eines (eindimensionalen) Feldes sind. Das Resultat ist
dasselbe, als wenn die Indizes der Komponenten miteinander verglichen würden.

Zurück noch einmal zum Beispiel. Was ist daran noch nicht „optimal"? Der Name einer Variablen repräsentiert, je nach Kontext, verschiedenes: Links von einem Zuweisungsoperator steht er für die *Adresse* des Speicherplatzes, in den ein Wert geschrieben werden soll; in einem arithmetischen Ausdruck steht er dagegen für den *Wert* des Speicherplatzes. Anders ist das bei Feldern: Da ein Feld als solches keinen Wert besitzt, steht sein Name *immer* für die Adresse des Feldes – und die stimmt gerade mit der Adresse seiner ersten Komponente überein.

Der Name eines Feldes kann also als **Zeigerkonstante** betrachtet werden. Entsprechend ist Indizierung eines Feldes letztlich Zeigerarithmetik: So wie der Ausdruck `&v[0]` dem Ausdruck `v` entspricht, entspricht der Ausdruck `&v[LAENGE]` dem Ausdruck `v + LAENGE`. Ebenso kann man mit Zeigervariablen Ausdrücke bilden: Für die Zeigervariable z sind so `*z` und `z[0]` sowie `*(z + i)` und `z[i]` äquivalent.[30]

Die „typische" Formulierung des Beispiels ist also

```
#define LAENGE 4
 ...
float Summe, v[LAENGE], *z;
 ...
Summe = 0;
for (z = v; z < v + LAENGE; z++)
    Summe += *z;
```

An dieser Stelle kann jetzt auch geklärt werden, warum für ein Feld `v` der Ausdruck `&v` ohne weiteres keinen Sinn ergibt: Der Name eines Feldes ist eine *Konstante* und besitzt entsprechend keine Adresse, die mit dem Operator `&` gebildet werden könnte. Trotzdem läßt der Standard die Anwendung des Operators `&` auf Namen von Feldern ausdrücklich zu[31]:

- Einerseits „stört" der Operator an diesen Stellen nicht, d.h. der Quellcode bleibt eindeutig.

- Andererseits können so für die Namen von Feldern und einfachen Variablen einheitliche Schreibweisen verwendet werden, d.h. der Programmierer muß nicht ständig daran denken, daß die Namen von Feldern und einfachen Variablen letztlich völlig verschiedene Dinge bezeichnen.

Zusammengefaßt: Welche Operationen sind für Zeiger zulässig?

- Einer Zeigervariablen kann ein Zeigerwert zugewiesen werden.

- Ganze Zahlen können auf Zeiger addiert und von ihnen abgezogen werden. Der Zeiger wird dabei um die entsprechende Anzahl von Feldkomponenten „nach rechts" bzw. „nach links" verschoben. Zur Verfügung stehen alle Möglichkeiten, die man auch für die Addition oder Subtraktion von ganzzahligen Werten hat.

---

[30]Zeigerarithmetik ist letztlich ganzzahlige Arithmetik. Statt `v + LAENGE` kann man also auch `LAENGE + v` schreiben. Die eckigen Klammern, die bei Feldkomponenten die Indizes einschließen, werden als Operator betrachtet. Nutzt man beides konsequent, so kommt man zu so „interessanten" Formulierungen wie `LAENGE[v]`. Wer sich unentbehrlich machen will, weil niemand außer ihm selbst seine Programme versteht, sollte sich diese Schreibweise angewöhnen!

[31]Daß dieses nicht von jedem Compiler akzeptiert wird, steht auf einem anderen Blatt.

Ein wenig aufzupassen gilt es allerdings, wenn man die Inkrement– oder Dekrementoperatoren verwendet. Beide stehen auf derselben Hierarchiestufe der Operatoren wie
der Addressoperator **&** und der Dereferenzierungsoperator *****. Und auf dieser Hierarchiestufe werden die Operatoren von *rechts nach links* abgearbeitet. Verschiedene
Kombinationen und ihre Wirkung zeigt das folgende Beispiel.

```
int i[3], *z;
i[0] = 10;
i[1] = 20;
i[2] = 30;
z = i;        /* z zeigt auf i[0]                         */

*z++;         /* Wert des Ausdrucks: 10 (= i[0])          */
              /* Nebeneffekt: z wird inkrementiert und    */
              /*    zeigt auf i[1]                         */
              /* gleichwertig mit *(z++)                   */
(*z)++;       /* Wert des Ausdrucks: 20 (= i[1])          */
              /* Nebeneffekt: i[1] wird inkrementiert     */
++*z;         /* i[1] wird inkrementiert, sein neuer      */
              /*    Wert (22) ist der Wert des Ausdrucks  */
              /* z unveraendert                           */
              /* gleichwertig mit ++(*z)                  */
*++z;         /* z wird inkrementiert und zeigt auf i[2]  */
              /* der Wert von i[2] ist Wert des Ausdrucks */
              /* gleichwertig mit *(++z)                  */
```

- Es kann geprüft werden, ob ein Zeiger „kleiner" oder „größer" als ein anderer ist.
  Außerdem kann selbstverständlich die Gleichheit und Ungleichheit von Zeigern getestet werden.

- Die Differenz von zwei Zeigern kann berechnet werden. Das Resultat ist im Sinne
  des Abstandes von Komponenten eines (eindimensionalen) Feldes zu verstehen. So
  besitzt für ein Feld **v** der Ausdruck

  ```
  &v[2] - &v[0];
  ```

  den Wert 2, unabhängig vom Typ der Komponenten des Feldes. Klar ist, daß die
  Differenz zweier Zeiger ein ganzzahliger Typ sein muß. Nicht mehr klar ist, ob `int`
  ausreicht, oder ob es `long int` sein muß. In der Datei `<stddef.h>` ist deshalb der
  spezielle Typ `ptrdiff_t` deklariert, dessen Wertebereich alle möglichen Differenzen
  von zwei Zeigern umfaßt. (Die Umkehrung, d.h. die Addition von zwei Zeigern, ist
  dagegen sinnlos und auch verboten.)

Für alle Operationen gilt einheitlich: Zwei Zeiger können nur dann miteinander verknüpft
werden, wenn ihre Bezugsvariablen denselben Typ besitzen. Außerdem wird fast überall
stillschweigend unterstellt, daß alle Zeiger, die miteinander verknüpft werden oder bei
einer Verknüpfung resultieren, auf Komponenten eines einzigen Feldes zeigen.

Diese letzte Regel hat bei Vergleichen zwei wesentliche Ausnahmen:

- Bei allen Vergleichen darf der Zeiger direkt „hinter" das Ende des Feldes verwendet
  werden. Bei der Summenbildung oben wurde das auch bereits genutzt: Der Ausdruck

&v[LAENGE] ergibt ja keinen Zeiger auf eine Komponente des Feldes, da die letzte Komponente des Feldes den Index **LAENGE** - 1 besitzt.

- Wenn Gleichheit oder Ungleichheit von Zeigern geprüft wird, brauchen nur die Bezugsvariablen der Zeiger typgleich zu sein.

Der Compiler kann allerdings nur prüfen, ob bei Zeigeroperationen die Typen der Bezugsvariablen stimmen. Alles andere ist ausschließlich in die Verantwortung des Programmierers gestellt.

So darf der Compiler in dem Programmausschnitt

```
int *z;
...
z = 6;
*z = 17;
```

die erste Wertzuweisung *nicht* akzeptieren. Was sollte auch ein Zeiger mit dem Wert 6 bedeuten? Wohin soll durch die zweite Wertzuweisung der Wert 17 geschrieben werden?

Den Compiler zufriedenstellen könnte man, indem man einen Typumwandlungs–Operator verwendet und schreibt

```
int *z;
...
z = (int *) 6;
*z = 17;
```

In der Sache ändert sich aber nichts: Wohin der Wert 17 geschrieben wird, ist nicht klar.[32]

Eine Ausnahme von der Regel gibt es allerdings: Der Wert Null ist ein zulässiger Zeigerwert, unabhängig vom Typ der Bezugsvariablen. Dieser Wert darf allerdings nicht als Zeiger auf ein ganz bestimmtes Objekt interpretiert werden, sondern dient zur Markierung, daß der Zeiger auf *kein* (legales) Objekt zeigt. Auch sollte man in diesem Fall nicht die Zahl Null, sondern den Macro **NULL** verwenden, der in verschiedenen Header–Dateien, darunter <stddef.h> und <stdio.h>, deklariert ist. Die Wertzuweisung in dem Programmausschnitt

```
#include <stdio.h>
...
int *z;
...
z = NULL;
```

markiert so zum Beispiel, daß z der **Nullzeiger** ist und deshalb *nicht* dereferenziert werden darf.

Es hat sich gezeigt, daß die Indizierung von Feldern durch Zeigerarithmetik ersetzt werden kann. Für ein ordnungsgemäß funktionierendes Programm stimmt das auch uneingeschränkt, in der Testphase eines Programms jedoch unter Umständen nicht. Betrachtet sei der folgende Programmausschnitt:

---

[32]Legal kann so etwas sein, wenn man direkt bestimmte Hardware eines ganz speziellen Rechners ansprechen will. Das setzt dann allerdings intime Kenntnis der Hardware des Rechners voraus und beschränkt die Lauffähigkeit des Programms prinzipiell auf diesen einen Rechner(typ).

```
int v1[100], v2[20], *z;
...
v1[50] = 29;
v2[50] = 29;
...
*(z + 50) = 29;
```

In den ersten beiden Wertzuweisungen besteht jeweils ein *formaler* Zusammenhang zwischen der `int`-Variablen, in die der Wert 29 geschrieben werden soll, und dem Feld, zu dem sie gehört. Es ist also kein Problem, zu prüfen, ob die Auswertung des Index 50 eine zulässige Referenz (innerhalb des jeweiligen Feldes) ergibt oder nicht. Bei der dritten Wertzuweisung ist eine Prüfung nicht mehr ohne weiteres möglich, weil es vom momentanen Wert von `z` abhängt, ob der Ausdruck `*(z + 50)` eine zulässige Referenz ergibt oder nicht. Zu einem speziellen Feld besteht kein formaler, sondern nur noch ein *logischer* Zusammenhang, der zum Beispiel durch eine Zuweisung `z = v1` hergestellt werden kann.

5.5 Felder als Parameter von Funktionen

Es war eben bereits die Rede davon, daß der Name eines Feldes stets die Adresse seiner ersten Komponente repräsentiert und nicht einen (numerischen) Wert. Das hat Konsequenzen für Funktionen mit Feldern als Parametern.

Als Beispiel soll eine Funktion betrachtet werden, die die Summe der 4 `float`-Komponenten eines eindimensionalen Feldes liefert. Realisiert werden kann sie so:

```
float Summe_V (float v[])
{
    float s;
    int i;
    s = 0;
    for (i = 0; i < 4; i++)
        s += v[i];
    return s;
}
```

Ein Aufruf der Funktion kann dann so aussehen:

```
float v[4], Summe;
...
Summe = Summe_V (v);
```

In der Funktion wird unterstellt, daß der Parameter der Zeiger auf den Anfang eines Feldes mit 4 Komponenten ist; anders wäre der Ausdruck `v[i]` ja nicht zulässig. Entsprechend muß beim Aufruf auch nicht ein (numerischer) Wert, sondern ein Zeiger übergeben werden! Und das passiert hier auch, ohne daß der Programmierer das besonders angeben muß.

Wenn man so will, ist das ganz natürlich: Bei einem Funktionsaufruf wird stets das übergeben, was die Argumente repräsentieren. Und das ist bei einer Variablen deren Wert, beim Namen eines Feldes jedoch der Zeiger auf die erste Komponente des Feldes.

Diese Überlegungen legen jetzt eine Formulierung der Funktion nahe, die nicht mit Indizierung, sondern direkt mit Zeigern arbeitet.

Vor der Realisierung aber erst noch eine Anmerkung zur Logik der Funktion. Woher weiß
die Funktion die Länge des Feldes, dessen Komponenten sie summieren soll? Nirgend-
woher! Sie unterstellt nur, durch das Abbruchkriterium der Schleife, daß der übergebene
Zeiger auf den Anfang eines Feldes mit 4 Komponenten zeigt – und überläßt es der rufenden Funktion, daß diese Bedingung für das Argument des Aufrufs erfüllt ist. Das ist
zwar formal korrekt, aber logisch sehr unbefriedigend. Wozu die Beschränkung auf 4
Komponenten? Vielleicht will man die Funktion ja auch einmal für ein Feld mit anderer
Komponentenzahl einsetzen. Besser wäre es also, der Funktion neben dem Zeiger auf den
Anfang des Feldes auch dessen Länge oder alternativ einen Zeiger auf sein Ende mitzu-
teilen. Beides erledigt gleichzeitig das Problem, daß die Funktion unter Umständen auf
Speicher außerhalb des Feldes zugreift.

Die verbesserte Realisierung mit Zeigern auf den Anfang und hinter das Ende des Feldes
kann jetzt so aussehen:

```
float Summe_V (float *Anfang, float *Ende)
{
    float s;
    s = 0;
    while (Anfang < Ende)
        s += *Anfang++;
    return s;
}
```

Jetzt ist sichergestellt, daß die Funktion nur die Feldkomponenten summiert, die die
rufende Funktion summiert haben möchte. Die Funktion leistet gleichzeitig aber noch
mehr als zunächst geplant: Es ist zwar erforderlich, daß die Parameter `Anfang` und `Ende`
auf zwei Komponenten eines Feldes zeigen, damit das Abbruchkriterium `Anfang < Ende`
der Schleife Sinn macht. Allerdings können sie Zeiger auf beliebige Komponenten sein,
müssen nicht notwendig auf die erste bzw. hinter die letzte Komponente zeigen. Die
Funktion kann also ohne weiteres genutzt werden, um beliebige (zusammenhängende)
Teilbereiche zu summieren. Die folgende Aufrufsequenz nutzt dieses aus:

```
#define LAENGE 100
float Feld[LAENGE], Summe;
...
/*** hier werden alle Komponenten summiert  ***************/
Summe = Summe_V (Feld, &Feld[LAENGE]);
...
/*** hier werden nur die ersten 10 Komponenten summiert  ***/
Summe = Summe_V (Feld, &Feld[10]);
...
/*** hier werden nur die letzten 10 Komponenten summiert  **/
Summe = Summe_V (&Feld[LAENGE - 10], &Feld[LAENGE]);
```

5.6   Strings

C kennt selbst (fast) keine direkte Möglichkeit, Zeichenfolgen zu verarbeiten. Alles, was
man braucht, muß man selber programmieren – es sei denn, man hat die Standardbibliothek zur Verfügung und verwendet deren Funktionen.

Die einzige Ausnahme sind die **Stringkonstanten (string literal)**: Bei ihnen handelt es sich um Zeichenfolgen, die möglicherweise leer sind und durch je ein Anführungszeichen (") eingeleitet und abgeschlossen werden. Folgen mehrere solche Stringkonstanten aufeinander, nur durch „white spaces" voneinander getrennt, so betrachtet der Compiler diese Strings als eine einzige Stringkonstante. Man hat also insbesondere die Möglichkeit, in der Quelldatei eine längere Stringkonstante auf mehrere Zeilen zu verteilen, muß dann allerdings beachten, daß der Standard für Stringkonstanten nur die Länge von 509 Zeichen garantiert.

Letztlich sind die Stringkonstanten aber gar nichts neues. Der Compiler behandelt sie vielmehr, als ob sie Felder wären, deren Komponenten den Typ `char` besitzen. Die einzelnen Zeichen einer Stringkonstante belegen in der angegebenen Reihenfolge die Komponenten des Feldes; eine Besonderheit ist nur, daß der Compiler hinter dem letzten Zeichen der Konstante noch eine zusätzliche Komponente anhängt, in die er das **Stringende–Zeichen** schreibt, das Zeichen mit dem Zeichencode Null. Abbildung 10 zeigt, wie die Stringkonstante

```
"Ein String"
```

im Speicher abgelegt wird.

'E'	'i'	'n'	' '	'S'	't'	'r'	'i'	'n'	'g'	0

Abbildung 10: Speicherung einer Stringkonstanten

Die Kennzeichnung des Endes eines String durch das Zeichen mit dem Zeichencode Null[33] ist übrigens typisch für C. Alle Funktionen, die mit der Standardbibliothek zur Verfügung stehen, verwenden oder unterstellen diese Kennzeichnung.[34]

Man sieht, daß der **leere String** nicht wirklich leer ist, sondern nur aus einem Stringende–Zeichen besteht.

Was passiert jetzt bei einer Wertzuweisung wie

```
s = "Ein String";
```

Die Stringkonstante repräsentiert letztlich ein Feld – nur daß dieses Feld keinen Namen besitzt. Entsprechend bewirkt die Wertzuweisung die Übertragung des Zeigers auf den Anfang des Feldes, muß also `s` den Typ `char *` besitzen.

Damit ist im Grunde genommen schon klar, wie man Stringvariablen deklarieren und Strings verarbeiten kann. Zum Beispiel kann man Strings kopieren:

```
void kopier_String (char *Ziel, char *Quelle)
{
    while (*Ziel++ = *Quelle++)
```

---

[33]Wenn man dieses Zeichen explizit angibt, etwa in Zuweisungen oder Vergleichen, muß man 0 schreiben; wo es möglich ist, findet man oft auch `'\0'`. Man beachte jedoch: `'0'` bedeutet etwas ganz anderes; nur `\0` (ohne Apostrophe) kann verwendet werden, wenn sich das nachfolgende Zeichen *nicht* als Oktalziffer interpretieren läßt.

[34]Andere Programmiersprachen kennzeichnen teilweise nicht das Ende eines String, sondern erweitern die interne Darstellung um die Angabe seiner (aktuellen) Länge.

```
      ;
   }
```

Auf den ersten Blick mag es verwunderlich erscheinen, daß diese Funktion das gewünschte leisten soll – sie tut es aber tatsächlich! Was passiert in der Schleife? Zunächst wird das Zeichen, auf das `Quelle` zeigt, an die Position übertragen, auf die `Ziel` zeigt. Danach werden die beiden Zeiger um jeweils eine Zeichenposition erhöht, was legal ist, weil die Funktion ja mit Kopien der beiden Zeiger arbeitet und nicht mit den Zeigern selbst. Jetzt wird geprüft, ob der Wert des Ausdrucks „wahr" oder „falsch" ist – der Wert des Ausdrucks ist aber gerade das übertragene Zeichen. Wenn also das Stringende–Zeichen übertragen wurde, wird die Schleife beendet; sonst wird ein weiterer Schleifendurchlauf ausgeführt und dabei, weil die Zeiger erhöht wurden, das nächste Zeichen kopiert.

5.7   Explizite Anfangswerte

Eine Trivialität ist eigentlich die Aussage: Das Wesen einer Konstante ist, daß sie konstant ist. In der Terminologie von C heißt das: Konstanten besitzen das Attribut `const`.

Trotzdem kommt man im Zusammenhang mit Strings leicht in die Versuchung, dagegen zu verstoßen! Ein typisches Beispiel dafür ist diese Anweisungsfolge:

```
char *s;
...
s = "Ein String";
*s = 'B';
```

Hier ist s ein Zeiger auf ein Feld mit konstantem Wert. Durch `*s = 'B';` wird also versucht, ein konstantes Zeichen zu verändern. Der Standard erklärt das für unzulässig – überläßt allerdings der jeweiligen Implementation, wie sie darauf reagiert.[35]

Abhilfe läßt sich schaffen, indem man Stringvariablen mit **Anfangswerten** definiert.

Möglich ist die Vergabe von Anfangswerten nicht nur für Stringvariable, sondern für beliebige Variablen: Dem Namen der Variablen wird ein Eintrag

   `= ` *Wert*

nachgestellt. Für den Ausdruck *Wert* ist dabei zu beachten:

- Wenn die Variable eine statische Variable ist, *muß* der Ausdruck *Wert* ein konstanter Ausdruck sein. Der Hintergrund dafür ist, daß die Zuordnung des Wertes zu der Variablen bereits vom Compiler vorgenommen wird, der Compiler den Ausdruck also auswerten können muß.

- Wenn die Variable eine automatische Variable ist, darf ein beliebiger Ausdruck angegeben werden. Diese Definition eines Anfangswertes ist letztlich nichts anderes als eine Zusammenfassung der Variablendefinition mit einer sonst nachfolgenden Wertzuweisung.

---

[35]Bei vielen Implementation wird ein solcher Verstoß ohne Folgen bleiben, bei anderen Implementationen wird das Betriebssystem das Programm „killen". Sicher ist nur, daß *nicht* sicher ist, was passiert.

- Wenn die Variable ein Feld ist, besteht der Ausdruck in der Regel aus einer Liste von Werten, die in geschweifte Klammern eingeschlossen wird und deren Elemente durch je ein Komma voneinander getrennt werden. Für die einzelnen Werte gelten die ersten beiden Regeln.

Für Felder gibt es verschiedene Zusatzregeln.

Bei eindimensionalen Feldern kann die Dimensionierungskonstante weggelassen werden, wenn Anfangswerte für die Komponenten angegeben sind. Der Compiler legt dann die Anzahl der Feldkomponenten entsprechend der Anzahl der vorhandenen Werte fest.

Bei `char`-Feldern kann als Anfangswert anstelle einer Liste von Zeichen auch eine Stringkonstante angegeben werden. So sind die beiden Definitionen

```
char Text[] = { 'B', 'e', 'i', 's', 'p', 'i', 'e', 'l', '\0'};
```

und

```
char Text[] = "Beispiel";
```

gleichwertig. Was man im ersten Fall direkt sieht, gilt auch im zeiten Fall: Das Feld besteht aus 9 Komponenten! Im ersten Fall ist das Abschlußsymbol für Strings explizit angegeben, im zweiten Fall wird es vom Compiler automatisch als neuntes Zeichen angehängt. Bei expliziter Angabe der Dimensionierungskonstante muß man dieses Zeichen mitzählen. Entsprechend ist die Definition

```
char Text[8] = "Beispiel";
```

nicht zulässig, weil die Anzahl der Werte die Anzahl der Feldkomponenten übersteigt.

Bei Stringkonstanten sorgt der Compiler dafür, daß das Feld gerade so viele Komponenten besitzt, wie zur Aufnahme der Zeichen der Konstante und des zusätzlichen Stringende-Zeichens benötigt werden. Bei Variablen (Feldern), die man zur Aufnahme von Strings definiert, kann der Inhalt während der Ausführung des Programms wechseln; entsprechend muß man so viel Platz bereitstellen, wie man maximal braucht, auch wenn man diesen Platz später nur teilweise nutzt. Dabei darf man das Stringende-Zeichen nicht mitzuzählen vergessen.[36]

An dieser Stelle soll das Beispiel noch einmal aufgenommen werden, Wochentags-Kennzahlen in Klarschrift umzusetzen (vgl. Abschnitt 3.6.4). Die Lösung unter Verwendung einer Anfangswert-Zuweisung ist der dort angegebenen Lösung auf jeden Fall vorzuziehen:

```
const char *const Tagesname[] =
{
    "Sonntag", "Montag", "Dienstag", "Mittwoch", "Donnerstag",
    "Freitag", "Sonnabend"
}
...
printf ("%s", Tagesname[Tageskennzahl]);
```

---

[36]Wenn man in eine Stringvariable mehr Zeichen schreibt als dort Platz haben, kann das Resultat katastrophal sein. Es ist allerdings ausschließlich in die Verantwortung des Programmierers gestellt, das zu verhindern.

Wenn eine Dimensionierungskonstante angegeben ist, darf die Anzahl der Anfangswerte
die Anzahl der Feldkomponenten zwar nicht übersteigen, wohl aber kleiner sein; ggf. füllt
der Compiler die Komponenten am Ende des Feldes, für die explizit keine Werte mehr
angegeben sind, mit Nullen.

Zum Beispiel ist die Definition

```
int Vektor[5] = { 1, 2, 3 };
```

der Definition

```
int Vektor[5] = { 1, 2, 3, 0, 0 };
```

gleichwertig.

Bei mehrdimensionalen Feldern muß die Dimensionierung stets explizit vorgenommen
werden. Die Anfangswerte müssen in der Reihenfolge angegeben werden, in der die Feldkomponenten im Speicher aufeinanderfolgen; bei zweidimensionalen Feldern heißt das
zum Beispiel, daß sie zeilenweise anzugeben sind. Die Zuordnung kann und sollte durch
zusätzliche geschweifte Klammern verdeutlicht werden:

```
int Matrix[3][2] =
{
   {1, 2},        /* Matrix[0][0] = 1, Matrix[0][1] = 2 */
   {3, 4}         /* Matrix[1][0] = 3, Matrix[1][1] = 4 */
};                /* Matrix[2][0] = 0, Matrix[2][1] = 0 */
```

Abkürzende Schreibweisen für Folgen identischer Werte gibt es nicht. Ebenso ist es nicht
möglich, nur für einzelne Komponenten eines Feldes Anfangswerte festzulegen.

Noch einmal zusammengefaßt: Für einfache Variablen hat die Definition eines Anfangswertes die gleiche Wirkung wie eine entsprechende Wertzuweisung vor dem ersten Zugriff
auf die Variable. Für Felder und damit auch für Strings hat die Definition eines Anfangswertes die gleiche Wirkung wie eine Folge von Wertzuweisungen für die einzelnen
Feldkomponenten vor dem ersten Zugriff auf eine Feldkomponente. Dagegen haben die
beiden Zeilen

```
char s[] = "Ein String";
t = "Ein String";
```

trotz ihrer Ähnlichkeit völlig verschiedene Auswirkungen.

5.8   Das Attribut const

Im letzten Abschnitt wurde das Attribut const bereits angesprochen und auch bereits
verwendet.

Dieses Attribut hat zwei Hintergründe:

- Dem Programmierer erlaubt es, konstante Werte vor versehentlichen Veränderungen
  zu schützen.

- Der Compiler erlaubt es, die so gekennzeichneten Werte in speziellen Speicherbereichen unterzubringen und dadurch unter Umständen die Speicherverwaltung insgesamt
  zu vereinfachen.

Auch wenn das Attribut keine zusätzlichen Möglichkeiten bringt, sollte man es immer verwenden, wenn man konstante Werte definiert. Dabei sollte es sich von selbst verstehen, daß in einer Definition, die mit dem Attribut `const` erfolgt, stets auch der (Anfangs–)Wert der Größe definiert werden muß – eine nachträgliche Wertzuweisung ist ja nicht möglich.

Besondere Effekte ergeben sich im Zusammenhang mit Zeigern: Je nach Bedarf kann man nicht konstante Zeiger auf Variablen, nicht konstante Zeiger auf Konstanten, konstante Zeiger auf Variablen oder konstante Zeiger auf Konstanten definieren.

```
char c;
const char Text[] = "Beispiel";
char *z1 = &c;                       /* var. Zeiger auf Variable   */
const char *z2 = &Text;              /* var. Zeiger auf Konstante  */
char *const z3 = &c;                 /* konst. Zeiger auf Variable */
const char *const z4 = &Text;        /* konst. Zeiger auf Konst.   */
```

Je nach Geschick kann man diese Möglichkeiten adäquat nutzen oder auch die „schönsten" Fehler produzieren. Ein nicht konstanter Zeiger auf eine Konstante kann zum Beispiel durchaus sinnvoll sein. Als Beispiel soll die Umsetzung der Wochentags–Kennzahlen in Klarschrift etwas erweitert werden: In Abhängigkeit vom Wert einer Variablen `Sprache` soll die Klarschrift–Ausgabe entweder deutsch oder englisch erfolgen. Statt alternative Aufrufe von `printf` zu schreiben, wird man zunächst den Zeiger auf den „richtigen" konstanten Text bestimmen, dann diesen Zeiger in einem einheitlichen Aufruf von `printf` verwenden. Der entsprechende Code kann dann so aussehen:

```
/*****************************************************************\
*                                                               *
*    Konstante/variable Zeiger auf Konstanten und Variablen      *
*                                                               *
\*****************************************************************/

   ...
#define DEUTSCH 0
#define ENGLISCH 1
   ...
const char *const Tage_D[] =        /* Zeiger und Objekt konstant */
{
   "Sonntag", "Montag", "Dienstag", "Mittwoch", "Donnerstag",
   "Freitag", "Sonnabend"
};
const char *const Tage_E[] =        /* Zeiger und Objekt konstant */
{
   "sunday", "monday", "tuesday", "wednesday", "thursday",
   "friday", "saturday"
};
const char *const *Tagesname;   /* Zeiger var., Objekt konstant */
int Sprache, Kennzahl;
   ...
   switch (Sprache)
   {
```

```
        case DEUTSCH:
            Tagesname = Tage_D;
            break;
        case ENGLISCH:
            Tagesname = Tage_E;
            break;
        default:
            ...

    }
...

    printf ("%s\n", Tagesname[Kennzahl]);
...
```

Die Definition von `Tagesname` ist hier so zu interpretieren:

- `*Tagesname` bedeutet: `Tagesname` ist eine Zeigervariable mit veränderbarem Wert.

- `*const` bedeutet: Die Objekte, auf die `Tagesname` zeigt, sind Zeiger, die nicht verändert werden dürfen.

- `const char` bedeutet: Die Objekte, auf die die Zeiger zeigen, auf die `Tagesname` zeigt, sind konstante Zeichen(ketten), dürfen also nicht verändert werden.

Schlimm und keinesfalls zur Nachahmung empfohlen ist dagegen das folgende Beispiel:

```
const char c = 'a';
const char *z1 = &c;                  /* z1 zeigt auf c -- zulaessig */
char *z2;                             /* z2 bleibt zunaechst undefiniert */

...

    z2 = (char *) z1;     /* hier wird der Compiler ausgetrickst */
    *z2 = 'b';
```

Weil der Compiler die Anweisung `z2 = z1`; nicht akzeptiert hat, wird er durch den zusätzlichen Typumwandlungs–Operator dazu gezwungen. In der Sache ändert sich dadurch an dem schweren Verstoß in der folgenden Zeile nichts, nur fällt er formal nicht mehr auf. Die Folgen – siehe oben.

5.9   Zeiger auf Zeiger

Die Bezugsvariable einer Zeigervariablen kann ihrerseits wieder einen Zeigertyp besitzen. Wenn man dieses konsequent weiterverfolgt, erhält man Zeiger auf Zeiger auf Zeiger auf Zeiger .... Der Ausdruck

```
i * ****j
```

spiegelt so etwas wieder: Zunächst muß mehrfach dereferenziert werden, dann wird multipliziert. Ob man solch einen Ausdruck in der Praxis hinschreiben sollte, ist eine andere Sache.

Zeiger auf Zeiger sind allerdings etwas, was in der Praxis durchaus vorkommt. Ein Beispiel: Wenn man Folgen von Strings und nicht nur einzelne Strings verarbeitet, werden die verschiedenen Strings häufig unterschiedliche Längen besitzen. Würde man ein Feld von Strings verwenden, müßte man bei der Dimensionierung die größte vorkommende

Länge verwenden, würde damit unter Umständen viel Platz reservieren, der überhaupt
nicht benötigt wird.

Geschickter ist es da, ein Feld bereitzustellen, dessen Komponenten nicht die Strings selbst
sind, sondern Zeiger auf die Strings. Durch

```
char *text[7];
```

wird zum Beispiel ein Feld mit 7 Komponenten bereitgestellt, die jeweils einen Zeiger
auf einen String aufnehmen können. Dabei können die verschiedenen Komponenten ohne
weiteres auf Strings unterschiedlicher Länge zeigen. Genutzt wurde dieses bereits bei
der Tabelle der Tagesnamen: Die Feldkomponenten sind ja selbst keine Strings, sondern
Zeiger auf unbenannte Stringkonstanten.

Ein weiteres Beispiel: Der Standard sieht vor, daß sich ein Programm vom Betriebssystem
eine Reihe von Strings beschaffen kann, die vor oder beim Aufruf des Programms festgelegt
werden. In der Regel wird es sich dabei um den Inhalt der Kommandozeile handeln,
mit der die Ausführung des Programms gestartet wird. In verschiedene Strings wird
die Kommandozeile anhand der enthaltenen Leer- und Tabulatorzeichen unterteilt; die
Strings selbst enthalten keine Leer- oder Tabulatorzeichen.

Die Beschaffung dieser Strings wird möglich, indem man den bekannten Kopf

```
int main (void)
```

des Hauptprogramms durch

```
int main (int Anzahl, char *Argument[])
```

ersetzt, wobei man statt `Anzahl` und `Argument` auch beliebige andere Namen verwenden
darf.

Der Wert von `Anzahl` ist dann die Anzahl der Argumente, die dem Programm zur
Verfügung stehen. `Argument` ist der Zeiger auf den Anfang eines Feldes, dessen Komponenten Zeiger auf die einzelnen Argumente enthalten.

Der erste String (`*Argument[0]`) soll der Name des Programms sein, das gerade ausgeführt
wird, oder ein leerer String, falls der Name des Programms nicht zur Verfügung steht.
Die nächsten `Anzahl - 1` Strings (`*Argument[1]` bis `*Argument[Anzahl - 1]`) sind die
eigentlichen Argumente, deren Werte implementations–spezifisch bestimmt werden. Es
folgt eine weitere Feldkomponente (`Argument[Anzahl]`), die den Nullzeiger enthält. Ein
Schema ist in Abbildung 11 angegeben.

Bei der Bearbeitung der Strings kann man sich wahlweise am Wert von `Anzahl` oder
dem Nullzeiger in der letzten Feldkomponente orientieren. Das folgende kleine Programm
listet die Programmparameter nur auf. Die Parameter auch zu interpretieren sollte kein
Problem sein.

```
/******************************************************************\
*                                                                *
*    Zeiger auf Zeiger  ---   Parameter der Kommandozeile        *
*                                                                *
\******************************************************************/

#include <stdio.h>
```

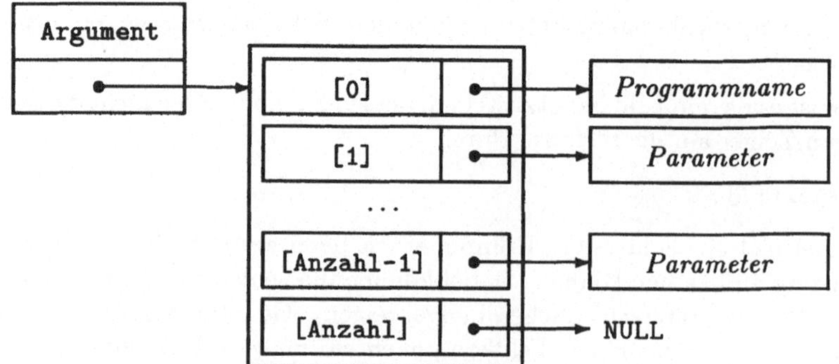

Abbildung 11: Zugriff auf die Programmparameter

```c
int main (int Anzahl, char *Argument[])
{
   int i;

   /***  Fall 1: Nutzung der Anzahl der Argumente  *************/

   printf ("Anzahl der Argumente: %d\n", Anzahl);
   for (i = 1; i < Anzahl; i++)
      printf ("%d. Argument: '%s'\n", i, Argument[i]);

   /***  Fall 2: Nutzung des Null-Zeigers am Feldende   ********/

   while (*++Argument != NULL)
      printf ("Argument: '%s'\n", *Argument);

   return 0;
}
```

Der Standard erlaubt ausdrücklich, daß ein Programm sowohl die Komponenten des Vektors **Argument** verändert als auch die Strings, auf die sie zeigen. Daß man dabei die Strings nicht verlängern kann, sollte sich von selbst verstehen.

5.10   Zeiger als Funktionswerte

Ohne weiteres zulässig sind Funktionen, die als Funktionswert einen Zeiger liefern. Typisch ist die folgende Aufgabe: Es ist zu prüfen, ob ein String einen anderen String als Teilfolge enthält. Bei Erfolg ist der Zeiger auf den Anfang der Teilfolge zu liefern, sonst der Nullzeiger zur Kennzeichnung des Mißerfolgs.

Hier soll als Beispiel eine vereinfachte Version realisiert werden: In einem String ist ein einzelnes Zeichen zu suchen.

```c
char *Zeichenposition (char *String, char Zeichen)
{
```

```
    while (*String != Zeichen)
       if (*String++ == '\0')
          return NULL;
    return String;
}
```

Mit dem resultierenden Zeiger kann man nach Belieben weiterarbeiten. Zum Beispiel darf er auch (dereferenziert) auf der linken Seite einer Wertzuweisung stehen. Dazu ein etwas umfangreicheres Beispiel.

In der Mathematik ist es durchaus nicht selten, daß bestimmte Elemente von Matrizen stets Null sind, etwa alle Elemente oberhalb oder unterhalb der Hauptdiagonalen. Ein Beispiel für eine solche Matrix ist das „Pascalsche Dreieck"

```
1
1    1
1    2    1
1    3    3    1
1    4    6    4    1
1    5   10   10    5    1
1    6   15   20   15    6    1
. . .
```

Die Werte im Pascalschen Dreieck sind die Werte der „Binomialkoeffizienten" $\begin{pmatrix} n \\ m \end{pmatrix}$, wobei man n als Zeilen– und m als Spaltenindex zu nehmen hat, jeweils ab 0 gezählt. (Dabei muß $n \geq m \geq 0$ gelten.)

Binomialkoeffizienten tauchen in der Mathematik an den verschiedensten Stellen auf, zum Beispiel bei der Berechnung der Potenzen einer Summe von zwei Zahlen:

$$(a + b)^n \;=\; \sum_{i=0}^{n} \begin{pmatrix} n \\ i \end{pmatrix} a^{n-i} \cdot b^i$$

$$=\; a^n + n \cdot a^{n-1} \cdot b + \ldots + n \cdot a \cdot b^{n-1} + b^n$$

Berechnen lassen sie sich für jedes $n \geq 0$ nach den folgenden Formeln:

$$\begin{pmatrix} n \\ 0 \end{pmatrix} = \begin{pmatrix} n \\ n \end{pmatrix} = 1$$

$$\begin{pmatrix} n \\ m \end{pmatrix} = \begin{pmatrix} n-1 \\ m \end{pmatrix} + \begin{pmatrix} n-1 \\ m-1 \end{pmatrix} \qquad m = 1, \ldots, n-1$$

Benötigt man in einem Programm sehr oft Binomialkoeffizienten, so wird man sie nur einmal berechnen wollen und in einer Tabelle speichern, aus der man sie dann bei Bedarf ablesen kann. Verwendet man für die Speicherung eine Matrix, so hat man im Programm die am besten lesbaren Zugriffe auf die einzelnen Binomialkoeffizienten, läßt jedoch fast die Hälfte der Speicherplätze ungenutzt. Verwendet man zur Speicherung einen Vektor, so braucht man zwar nur den tatsächlich benötigten Speicher zu reservieren, hat dafür aber keine gut lesbaren Zugriffe, weil man nicht direkt mit n und m indizieren kann, sondern aus beiden Werten erst den linearen Index für den Vektor berechnen muß.

Abhilfe schafft eine Funktion mit einem Zeiger als Funktionswert. Ein Programm, das
das Pascalsche Dreieck berechnet und schreibt, kann man etwa so formulieren:

```c
/*******************************************************************\
*                                                                 *
*    Berechnung und Ausgabe des Pascalschen Dreiecks              *
*                                                                 *
\*******************************************************************/

#include <stdio.h>

#define ZEILEN 11
#define LAENGE ZEILEN * (ZEILEN + 1) / 2

int *bino (int, int);
int vektor[LAENGE];

int main (void)
{
   int n, m;

   /*** das Pascalsche Dreieck wird berechnet  ****************/

   for (n = 0; n < ZEILEN; n++)
   {
      *bino (n, 0) = *bino (n, n) = 1;
      for (m = 1; m < n; m++)
         *bino (n, m) = *bino (n - 1, m) + *bino (n - 1, m - 1);
   }

   /*** das Pascalsche Dreieck wird ausgegeben  ***************/

   for (n = 0; n < ZEILEN; n++)
   {
      for (m = 0; m <= n; m++)
         printf ("%4d", *bino (n, m));
      printf ("\n");
   }

   return 0;
}

int *bino (int i, int j)
{
   return &vektor[i * (i + 1) / 2 + j];
}
```

5.11 Dynamische Speicherzuordnung

Eine weitere Möglichkeit, die die Zeiger eröffnen, ist die **dynamische Speicherzuordnung**.

Bei einer Felddefinition muß die Größe stets durch einen konstanten Ausdruck beschrieben werden. Das liegt daran, daß der Compiler bereits für die Speicherbereitstellung sorgt, den Ausdruck also bereits auswerten können muß.

In vielen Fällen ist dieses sehr unschön, weil sich erst während der Ausführung des Programms herausstellt, wieviel Speicher man benötigt. Man würde also zum Beispiel gerne Formulierungen wie

```
int dynamisch (int i)
{
    float v[i];
    ...
}
```

verwenden. In dieser Form ist das Beispiel zwar *nicht* zulässig, es läßt sich allerdings relativ leicht so korrigieren, daß es zulässig wird.

Dazu benötigt man die Funktion

```
void *malloc (size_t Groesse);
```

Diese Funktion, die in der Datei <stdlib.h> deklariert wird, stellt, wenn möglich, einen Speicherbereich von `Groesse` Bytes bereit und liefert als Funktionswert den Zeiger auf den Anfang dieses Speicherbereichs.[37] Falls der angeforderte Speicher nicht bereitgestellt werden kann, ist der Funktionswert der Nullzeiger.

Zwei Dinge sind zur Deklaration dieser Funktion noch nachzutragen.

Zum ersten: Der Typ `size_t` ist ein vorzeichenloser ganzzahliger Typ, dessen Wertebereich alle zulässigen Speicherbereich–Größen umfaßt. Er ist in <stdlib.h> und anderen Header-Dateien deklariert. Auf ihn wird gleich noch einmal zurückzukommen sein.

Zum anderen: Der Typ `void *` ist ein nicht dereferenzierbarer Zeigertyp, d.h. ein Zeiger mit diesem Typ ist zwar ein zulässiger Zeiger, kann aber nicht dereferenziert werden, weil keine Bezugsvariable definiert ist. Dafür ist er aber kompatibel mit allen anderen Zeigertypen, d.h. man kann seinen Wert jeder beliebigen anderen Zeigervariablen zuweisen, unabhängig von deren Typ. Die Funktion `malloc` ist ein typisches Beispiel für die Intention dieses Typs: `malloc` liefert einen Zeiger auf einen unstrukturierten Speicherbereich. Seine Struktur erhält der Speicherbereich erst in der Funktion, die `malloc` aufruft. So kommt man mit einer einzigen Funktion zur Speicherbereitstellung aus, braucht nicht für jeden Zeigertyp eine besondere Funktion.

Zurück zum Beispiel. Man könnte jetzt auf die Idee kommen

---

[37]Hinter der Funktion `malloc` steckt der **Heap–Manager** des Betriebssystems: Ein Programm erhält bei seinem Start nur den Speicher zur Verfügung gestellt, der vom Compiler reserviert wurde. Zusätzlicher Speicher, den sich das Programm zum Beispiel durch Aufruf von `malloc` beschafft, liegt abseits des ursprünglichen Speicherbereichs des Programms im sogenannten **Heap**.

```
int dynamisch (int i)
{
   float *v;
   v = (float *) malloc (i);
   ...
}
```

zu schreiben. Das funktioniert so aber auch noch nicht: Bereitgestellt wird ein Speicherbereich mit i Bytes, benötigt wird jedoch ein Speicherbereich für i `float`-Werte, von
denen jeder sicher mehr Platz als nur ein Byte braucht. Nur wieviele Bytes sind das?
Man könnte jetzt im Implementations–Handbuch die entsprechende Angabe suchen. Besser ist es allerdings, den (unären) Operator `sizeof` zu verwenden. Sein Wert hängt von
der Art des Operanden ab:

- Ist der Operand eine Variable im weitesten Sinne, also u.U. auch ein Feld, so ist das
  Resultat der Speicherbedarf der Variablen in Bytes.

- Ist der Operand ein Typumwandlungs–Operator, so ist das Resultat der Speicherbedarf einer (einfachen) Variablen mit diesem Typ.

Der Typ des Wertes ist stets `size_t`. Man kann es auch umgekehrt formulieren: Der Typ
`size_t` umfaßt gerade alle Werte, die (in der jeweiligen Implementation) vom Operator
`sizeof` geliefert werden können.

Damit kann jetzt die korrekte Formulierung des Beispiels erfolgen:

```
int dynamisch (int i)
{
   float *v;
   v = (float *) malloc (i * sizeof (float));
   ...
}
```

Der Typumwandlungs–Operator (`float *`) ist formal nicht nötig. Der Funktionswert von
`malloc` besitzt ja den Typ (`void *`) und kann entsprechend beliebigen Zeigervariablen
zugewiesen werden. Der Lesbarkeit des Programms ist es allerdings durchaus zuträglich,
wenn man ihn trotzdem hinschreibt.

Nach den formalen Beispielen nun ein konkretes Beispiel. Es ist eine Funktion zu schreiben, die zwei Strings konkateniert. Den Speicherplatz für den resultierenden String soll
sie selbst bereitstellen; als Funktionswert soll sie den Zeiger auf den Anfang dieses Strings
liefern.

```
#include <stdlib.h>
#include <string.h>

char *konkateniert (char *s1, char *s2)
{
   char *z1, *z2;
   z1 = z2 = (char *) malloc (strlen (s1) + strlen (s2) + 1);
   while (*z2++ = *s1++)
      ;
   z2--;
```

```
    while (*z2++ = *s2++)
       ;
    return z1;
}
```

Zur Bestimmung der Längen der beiden Strings *s1 und *s2 wird hier die Funktion
strlen verwendet (Datei <string.h>). Da diese Funktion das Stringende–Zeichen nicht
mitzählt, muß die Summe der Längen um 1 erhöht werden, um im neuen String Platz für
das Stringende–Zeichen zu haben. Hier kann im übrigen auf den Einsatz des Operators
sizeof verzichtet werden, da er nach Standard für Variablen mit dem Typ char 1 liefern
muß.

Eine bemerkenswerte Eigenschaft des Speichers, der mit malloc bereitgestellt wird, ist
noch nicht bzw. nur indirekt angesprochen worden: Die Verfügbarkeit des Speichers unterliegt nicht den Regeln für automatische und statische Variablen! Im letzten Beispiel
etwa würde es ja auch nichts nützen, wenn der Speicher, den die Funktion zur Verfügung
gestellt hat, nach ihrer Beendigung nicht mehr zur Verfügung stehen würde.

Der Programmierer muß also selbst dafür sorgen, daß er den Speicher, den er mit malloc
beschafft hat, wieder frei gibt, wenn er ihn nicht mehr benötigt, damit der Heap–Manager
ihn wieder anderweitig verwenden kann. Ein Programm, das immer nur Speicher anfordert ohne den nicht mehr benötigten Speicher wieder freizugeben, wird irgendwann an
die Grenzen der Speicherkapazität des Rechners stoßen, unabhängig von der Größe des
verfügbaren Speichers. Zur Freigabe von Speicher dient die Funktion

```
    void free (void *Zeiger);
```

die wie malloc in der Datei <stdlib.h> deklariert ist. Das Argument muß ein Zeiger
sein, der zuvor vom Heap–Manager, etwa durch malloc, geliefert wurde.

Ganz klar ist: Jede Funktion *muß* dynamischen Speicher, den sie für interne Zwecke
anfordert, auch wieder freigeben. Die oben betrachtete Funktion dynamisch muß also
erweitert werden:

```
    int dynamisch (int i)
    {
       float *v;
       v = (float *) malloc (i * sizeof (float));
       ...
       free (v);
    }
```

Ohne die Freigabe steht der mit malloc beschaffte Speicher zwar auch nach Abschluß
der Funktion noch zur Verfügung – nur kann er nicht mehr angesprochen werden, da die
Variable v *nicht mehr* existiert, in der der Zeiger auf ihn gespeichert ist. Und bei einem
erneuten Aufruf der Funktion besitzt die automatische Variable v allenfalls durch Zufall
noch den Wert vom vorhergehenden Aufruf.

Schwieriger ist die Entscheidung über die Freigabe, wenn eine Funktion einen Speicherbereich beschafft und den Zeiger darauf an die rufende Funktion weitergibt. Am besten ist
es, solche Funktionen nach Möglichkeit zu vermeiden. Entsprechend ist die eben betrachtete Funktion **konkateniert** für den praktischen Einsatz nur sehr eingeschränkt geeignet.

5.12   Zeiger auf Funktionen

In der Praxis kommt es häufiger vor, daß Funktionen als Parameter an Funktionen übergeben werden.

Bei der Lösung mathematischer Probleme hat man viele Algorithmen, die für ganze Klassen von Funktionen definiert sind und nicht nur für eine spezielle Funktion. Das „klassische" Beispiel ist die numerische Integration.

Aber nicht nur in der Mathematik kommen Funktionen mit Funktionen als Parametern vor. Ein typisches nicht–numerisches Beispiel sind Sortieralgorithmen: Man formuliert den Algorithmus selbst so, daß er aufsteigend sortiert. Statt die Vergleiche explizit in den Algorithmus einzubauen, ruft man eine als Parameter übergebene Funktion auf, die den Vergleich ausführt. Wie der Algorithmus letztlich sortiert, hängt jetzt ausschließlich davon ab, was die Vergleichsfunktion als „größer" bzw. „kleiner" betrachtet.

Funktionen können selbst nicht als Parameter an Funktionen übergeben werden. Was dagegen übergeben werden kann, sind **Zeiger auf Funktionen**.

Die Deklaration eines Zeigers auf eine Funktion erfolgt im Prinzip wie die Definition einer Funktion: Dem Namen der Funktion wird zusätzlich ein Stern (*) vorangestellt; Stern und Name werden gemeinsam in Klammern gesetzt. So bedeutet

```
int (*f) (float);
```

der Wert von `f` ist ein Zeiger auf eine Funktion, die ein `float`–Argument benötigt und einen `int`–Wert liefert. Zur Erinnerung: Läßt man die Klammern weg, schreibt also

```
int *f (float);
```

so ist `f` eine Funktion mit einem `float`–Argument, die als Funktionswert einen Zeiger auf einen `int`–Wert liefert.

Als Beispiel soll eine Formel zur numerischen Integration betrachtet werden. Wenn das Integral überhaupt existiert, gilt für hinreichend große n und $h := (b - a)/n$

$$\int_a^b f(x)dx \approx h \left\{ \frac{1}{2}f(a) + \sum_{j=1}^{n-1} f(a + jh) + \frac{1}{2}f(b) \right\}$$

Diese **Quadraturformel** wird als **Sehnentrapezregel** bezeichnet (vgl. auch Abbildung 12).

Die Realisierung besteht aus einer Funktion, die die Sehnentrapezregel realisiert, und einem Rahmenprogramm:

```
/*******************************************************************\
*                                                                   *
*    Zeiger auf Funktionen  ---  Numerische Integration             *
*                                                                   *
\*******************************************************************/

#include <stdio.h>
#include <math.h>
```

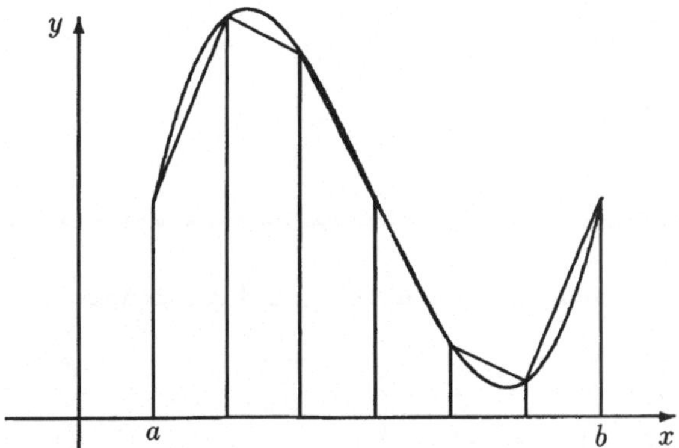

Abbildung 12: Numerische Integration – Sehnentrapezregel

```c
double Integral (double a, double b, int n, double (*f) (double));
double Polynom (double x);

/*** Rahmenprogramm: Auswahl von Funktion und Grenzen  *********/

int main (void)
{
    double a, b, (*f) (double);
    int n, Wahl;
    printf ("Funktion ? (1 : Sinus, 2 : x^2+1) ");
    scanf ("%d", &Wahl);
    switch (Wahl)                       /*  die zu integrierende */
    {                                   /*  Funktion wird        */
        case 1:                         /*  festgelegt           */
            f = sin;
            break;
        case 2:
            f = Polynom;
            break;
        default:
            printf ("Wahl unzulaessig\n");
            return - 1;
    }
    printf ("Intervallgrenzen ?");      /*  Intervallgrenzen     */
    scanf ("%lf%lf", &a, &b);           /*  und Anzahl der       */
    printf ("Teilintervalle ?");        /*  Teilintervalle       */
    scanf ("%d", &n);                   /*  werden abgefragt     */
    printf ("Integralwert: %g\n", Integral (a, b, n, f));
    return 0;
}


/*** ggf. zu integrierende Funktion  *************************/
```

```c
double Polynom (double x)
{
   return x * x + 1;
}


/*** Integrations-Funktion   *************************************/

double Integral (double a, double b, int n, double (*f) (double))
{
   double s;
   int i;
   s = 0.5 * (f (a) + f (b));
   for (i = 1; i < n; i++)
      s += f (((n - i) * a + i * b) / n);
   return s * (b - a) / n;
}
```

Die Integrationsfunktion hat die Intervallgrenzen a und b, die Anzahl n der Teilintervalle und die zu integrierende Funktion, bzw. richtiger einen Zeiger auf die zu integrierende Funktion, als Parameter.

Der interessanteste Teil des Rahmenprogramms ist die Entscheidung über die zu integrierende Funktion: Wahlweise kann die Sinusfunktion aus der Standardbibliothek (Datei <math.h>) oder die explizit programmierte Funktion x^2+1 integriert werden. Bei der Entscheidung darüber wird nur einer Zeigervariablen der Zeiger auf eine der beiden Funktionen zugewiesen. Diese Zeigervariable wird dann später im Aufruf der Integrationsfunktion verwendet.

Unterprogramme als Parameter von Unterprogrammen erlauben die meisten Programmiersprachen – die hier genutzte Möglichkeit, einer Variablen einen Zeiger auf eine Funktion zuzuweisen, besteht dagegen in vielen anderen Programmiersprachen *nicht*. In solch einer Sprache müßte man für verschiedene zu integrierende Funktionen stets spezielle Aufrufe der Integrationsfunktion programmieren.

Für Funktionen gilt, ähnlich wie für Felder: Ein Funktionsname mit nachfolgender, ggf. leerer Parameterliste steht für den Funktionswert. Der Name ohne nachfolgende Parameterliste repräsentiert keinen Wert und wird vom Compiler deshalb als Zeiger auf die Funktion betrachtet, ohne daß das besonders gekennzeichnet werden müßte.

Kapitel 6

Strukturen und Zeiger

Felder und ihre Verarbeitung werden durch verschiedene wesentliche Merkmale gekennzeichnet:

- Die Objekte, die zu einem Feld zusammengefaßt werden, bilden für das Programm eine Einheit.

- Die Komponenten eines Feldes können bequem sequentiell verarbeitet werden. Ob man dazu Indizes oder Zeiger verwendet, ist letztlich gleichwertig.

- Alle Komponenten eines Feldes besitzen einen einheitlichen Typ.

Während die ersten beiden Merkmale durchaus wünschenswert sind, ist das dritte oft eine wesentliche Einschränkung: Wenn man einmal von der numerischen Datenverarbeitung absieht, besitzen die Objekte, die logische Einheiten bilden, häufig unterschiedliche Typen.

Um etwa ein Warenlager zu verwalten, benötigt man für jeden Artikel die verschiedensten Informationen, etwa Artikelbezeichnung (String), Soll- und Ist–Stückzahl (`int`), Stückpreis (`float`), usw..

Aber auch für die Zusammenfassung von Objekten mit gleichen Typen bieten sich Felder oft nicht an: Die Koordinaten eines Punktes in der Ebene bilden zwar eine logische Einheit, müssen zur Verarbeitung aber in der Regel einzeln angesprochen und nicht in einer Schleife durchlaufen werden.

Die Lösung bringen die **Strukturen**.

6.1 Strukturen

Die Deklaration eines **Strukturtyps** beginnt mit dem Schlüsselwort `struct`. Ihm kann (und wird in der Regel) ein Name folgen, mit dem dann im weiteren Programm der Strukturtyp bezeichnet werden kann. Schließlich folgt, in geschweifte Klammern eingeschlossen, die Aufzählung der Komponenten des Strukturtyps. Abgeschlossen wird die Deklaration durch ein Semikolon.

Ein Strukturtyp, der kartesische Koordinaten beschreibt, kann etwa so aussehen:

```
struct kartes
{
    float x;
    float y;
};
```

oder auch etwas kürzer

```
struct kartes
{
```

```
        float x, y;
    };
```

In dieser Form handelt es sich um eine reine Deklaration, d.h. Speicherplatz (Variablen) wird nicht bereitgestellt.

Will man Strukturen definieren, d.h. Variablen mit einem Strukturtyp, so hat man zwei Formen zur Verfügung. Zum einen kann man die Namen der zu definierenden Variablen zwischen die schließende Klammer und das abschließende Semikolon der Deklaration setzen. So werden durch

```
struct kartes
{
    float x, y;
} a, b;
```

zwei Strukturen mit den Namen a und b definiert, die den Strukturtyp kartes besitzen. Zum anderen kann man auf den Namen eines Strukturtyps Bezug nehmen, der bereits definiert ist. Die Definition der Variablen sieht dann fast so aus wie die bislang bekannten Definitionen von Variablen:

```
struct kartes a, b;
```

Außerdem kann man, wie es in den folgenden Beispielen stets geschehen soll, einem Strukturtyp mit typedef einen Namen geben und diesen dann zur Definition von Strukturvariablen verwenden:

```
typedef struct kartes
{
    float x, y;
} KARTES;
...
KARTES a, b;
```

Da der Name kartes jetzt zur Bezugnahme auf den Typ nicht mehr benötigt wird, kann er auch weggelassen werden. Erlaubt ist also auch

```
typedef struct
{
    float x, y;
} KARTES;
```

Um an die Werte der einzelnen Komponenten einer Struktur heranzukommen, muß man eine Art von Dereferenzierung ausführen. Hierzu dient der Punktoperator (.), der zwischen den Namen der Struktur und den Namen der gewünschten Komponente gesetzt wird:

```
a.x = 19.5;
a.y = 23.8;
```

Hierdurch erhält die Struktur a den Punkt $(19.5, 23.8)$ als Wert.

Mit den Komponenten einer Struktur kann man, wie eben schon angedeutet, ebenso arbeiten wie mit (einfachen) Variablen des entsprechenden Typs. Will man etwa den Abstand des Punktes a vom Ursprung berechnen, so kann man schreiben

```
Abstand = sqrt ((double) (a.x * a.x + a.y * a.y));
```

Operationen mit Strukturen sind dagegen nur sehr eingeschränkt möglich:

- Strukturen können einander zugewiesen werden. Dabei werden die Werte aller Komponenten der einen Struktur in die andere Struktur übertragen. So bewirkt

```
a.x = 19.5;
a.y = 23.8;
b = a;
```

  daß b wie a den Punkt $(19.5, 23.8)$ als Wert erhält.

- Strukturen können als Parameter an Funktionen übergeben und von Funktionen als Funktionswerte geliefert werden. Beides entspricht im Grunde der Wertzuweisung: Beim Aufruf erhält die Funktion eine Kopie des Arguments; der Funktionswert muß, wenn man ihn nutzen will, einer Variablen zugewiesen werden.

In beiden Fällen wird natürlich zwingend vorausgesetzt, daß die Strukturen identische Strukturtypen besitzen.

Als Beispiel soll noch einmal die Umrechnung von Polarkoordinaten in kartesische Koordinaten betrachtet werden (vgl. Abschnitt 5.3), jetzt mit Strukturtypen für beide Koordinatendarstellungen.

```
/*****************************************************************\
*                                                               *
*    Umrechnung von Polarkoordinaten in kartesische Koordinaten *
*                                                               *
\*****************************************************************/

#include <stdio.h>
#include <math.h>              /* Bereitstellung der Winkelfunktionen */

typedef struct               /* kartesische Koordinaten              */
{
    float x, y;
} KARTES;

typedef struct               /* Polarkoordinaten                     */
{
    float rho, phi;
} POLAR;

KARTES kartesisch (POLAR);

int main (void)
{
    POLAR a;
    KARTES b;

    printf ("Bitte Polarkoordinaten (Abstand/Winkel) eingeben:");
```

```
   scanf ("%f%f", &a.rho, &a.phi);
   b = kartesisch (a);
   printf ("Die kartesischen Koordinaten sind (%f,%f)\n",
           b.x, b.y);

   return 0;
}


/*** Funktion zur Koordinatenumrechnung  *********************/

#define PI 3.14159

KARTES kartesisch (POLAR p)
{
   KARTES k;

   p.phi *= PI / 180;                        /* Winkel -> Bogenmass */
   k.x = p.rho * cos (p.phi);
   k.y = p.rho * sin (p.phi);

   return k;
}
```

Auf den ersten Blick scheint hiermit nichts gewonnen – das Programm ist sogar einige Zeilen länger als die erste Version. Nur die Parameterliste von **kartesisch** ist kürzer geworden: Von den zunächst vier Parametern ist gerade einer übrig geblieben. Die wirklichen Vorteile der Strukturen zeigen sich erst in umfangreichen Programmen, wenn Strukturen mit vielen Komponenten verwendet werden.

Bei vielen Aufgaben gilt: Sind erst die richtigen Strukturtypen gefunden und definiert, so ist die Realisierung der Lösung kein (wesentliches) Problem mehr.

6.2   Geschachtelte strukturierte Typen

Jede Komponente einer Struktur kann einen beliebigen Typ besitzen, also auch wieder einen Strukturtyp oder einen Feldtyp. Ebenso kann jede Komponente eines Feldes einen beliebigen Typ besitzen, also auch wieder einen Feldtyp oder einen Strukturtyp. Die Konstruktion geeigneter Typen ist einzig dem Programmierer überlassen.

Arbeitet man zum Beispiel in einem Programm mit Punkten, von denen man im Wechsel die kartesischen Koordinaten und die Polarkoordinaten benötigt, so kann man etwa einen Typ PUNKT deklarieren:

```
   typedef struct
   {
      float x;
      float y;
      float rho;
      float phi;
   } PUNKT;
```

In dieser Deklaration stehen die vier Komponenten gleichberechtigt nebeneinander. Man kann sie also nur jeweils einzeln oder alle gemeinsam als Einheit ansprechen. Zweckmäßiger ist in vielen Fällen deshalb eine Deklaration unter Verwendung der bereits betrachteten Typen KARTES und POLAR:

```c
typedef struct
{
    KARTES kar;
    POLAR pol;
} PUNKT;
PUNKT p;
```

Jetzt hat man die Wahl des Zugriffs: Man kann alle vier Komponenten gemeinsam mit dem Namen p ansprechen, etwa um sie als Parameter an eine Funktion zu übergeben. Man kann die Darstellungen durch kartesische Koordinaten bzw. durch Polarkoordinaten jeweils als Einheit betrachten und durch p.kar bzw. p.pol ansprechen. Und schließlich kann man die vier Werte einzeln durch p.kar.x, p.kar.y, p.pol.rho bzw. p.pol.phi ansprechen.

Dazu ein konkreteres Beispiel: Eine Reihe von Punkten, deren Polarkoordinaten vorliegen, sollen aufsteigend nach den x–Werten ihrer Darstellung durch kartesische Koordinaten sortiert werden; bei gleichen x–Werten soll der Punkt mit kleinerem y–Wert zuerst kommen. Vor der Realisierung zunächst einige Bemerkungen.

Die Koordinaten sollen in einem eindimensionalen Feld gespeichert werden. In dieses Feld sollen die einzelnen Punkte gleich nach dem Lesen an die momentan richtige Stelle eingefügt werden. Der Einfüge–Algorithmus ist klar: Der erste Punkt wird an die erste Position im Feld gespeichert. Bei den weiteren Punkten muß erst Platz geschaffen werden: Die „kleineren" Punkte stehen bereits am Anfang des Feldes und bleiben dort stehen; die „größeren" Punkte am Ende des Feldes müssen um eine Indexposition nach hinten verschoben werden.

Die Definition des Feldes erfolgt ganz „normal": Dem Namen des Feldes folgt in eckigen Klammern die Anzahl der Komponenten – nur steht vor dem Namen nicht int oder eine andere Bezeichnung eines Standardtyps, sondern der mit typedef definierte Name bzw. das Schlüsselwort struct und der Name des Strukturtyps.

Da die kartesischen Koordinaten beim Sortieren immer wieder benötigt werden, sollen sie gleich beim Einlesen einmalig berechnet werden. Es bietet sich an, die bereits vorhandene Umrechnungsfunktion dafür zu verwenden.

Nun das Beispiel:

```c
/*******************************************************************\
*                                                                 *
*    Sortieren von Punkten                                        *
*                                                                 *
\*******************************************************************/

#include <stdio.h>
#include <math.h>          /* Bereitstellung der Winkelfunktionen */

#define MAXIMALZAHL 10     /* bis zu 10 Punkte                    */
```

```c
typedef struct              /* kartesische Koordinaten              */
{
   float x, y;
} KARTES;

typedef struct              /* Polarkoordinaten                    */
{
   float rho, phi;
} POLAR;

typedef struct              /* kombinierter Strukturtyp            */
{
   KARTES kar;
   POLAR pol;
} PUNKT;

KARTES kartesisch (POLAR);
void sortier_ein (PUNKT v[], PUNKT p, int n);


/*** Rahmenprogramm  ****************************************/

int main (void)
{
   PUNKT p, v[MAXIMALZAHL];
   int gelesen = 0, i;

   printf ("Polarkoordinaten (Abstand/Winkel) eingeben:\n");
   while (gelesen < MAXIMALZAHL &&
          (scanf ("%f%f", &p.pol.rho, &p.pol.phi) != EOF))
   {
      p.kar = kartesisch (p.pol);
      sortier_ein (v, p, gelesen++);
   }

   printf ("sortiert (polar/kartesisch):\n");
   for (i = 0; i < gelesen; i++)
   {
      printf ("(%f,%f) ", v[i].pol.rho, v[i].pol.phi);
      printf ("(%f,%f)\n", v[i].kar.x, v[i].kar.y);
   }


   return 0;
}

/*** Funktion zur Koordinatenumrechnung  *********************/

#define PI 3.14159
```

```c
KARTES kartesisch (POLAR p)
{
   KARTES k;

   p.phi *= PI / 180;                       /* Winkel -> Bogenmass */
   k.x = p.rho * cos (p.phi);
   k.y = p.rho * sin (p.phi);

   return k;
}


/*** Sortierfunktion  ***************************************/

void sortier_ein (PUNKT v[], PUNKT p, int n)
{
   while (n > 0 && (v[n-1].kar.x > p.kar.x ||
                   (v[n-1].kar.x == p.kar.x &&
                       v[n-1].kar.y > p.kar.y)))
   {
      v[n] = v[n-1];
      n--;
   }
   v[n] = p;

   return;
}
```

Auch Strukturvariablen können bereits bei ihrer Definition Anfangswerte erhalten. Formal funktioniert das wie für Felder: Dem Namen der Strukturvariablen folgt ein Gleichheitszeichen; diesem wiederum folgt, in geschweifte Klammern eingeschlossen, die Liste
der Anfangswerte der Komponenten:

```c
typedef struct
{
   int Tag;
   char Monat[6];
   int Jahr
} TERMIN;
TERMIN Datum =
{
   7,
   "Jan.",
   1990
};
```

Erneut empfiehlt es sich bei geschachtelten Strukturen, bei Feldern von Strukturen und
Strukturen mit Feldkomponenten durch geschweifte Klammern die Zuordnung der Anfangswerte zu verdeutlichen. Falsche Zuordnungen der Anfangswerte können durch einen

vergessenen Wert zwar sehr leicht vorkommen, sind aber nur sehr schwer zu finden, wenn die Werte einfach linear aufgezählt werden.

6.3   Zeiger auf Strukturen

Im letzten Beispiel wurden viel zu viele Daten umgespeichert! Eine `float`-Zahl nimmt in der Regel 4 Byte ein, macht für jede Komponente des Feldes 16 Byte. Der Aufwand für das Umspeichern beim Einsortieren läßt sich deutlich reduzieren, wenn man nicht ein Feld von Strukturen definiert, sondern ein Feld von Zeigern auf Strukturen.

Dabei muß man sich klarmachen, daß mit dem Feld von Zeigern nur Speicher für die Zeiger zur Verfügung steht, daß man sich den Speicher für die Strukturen selbst mit `malloc` beschaffen muß. Gerade für Strukturen ist es zwingend nötig, den Speicherbedarf nicht „im Kopf" auszurechnen, sondern durch `sizeof` zu beschaffen. Der Standard schreibt zwar vor, daß die Komponenten einer Struktur im Speicher des Rechners dieselbe Reihenfolge besitzen wie in der Deklaration des Strukturtyps. Er schreibt aber nicht vor, daß die Komponenten lückenlos aufeinanderfolgen müssen. Und so passiert es in der Praxis auch häufig, daß zwischen den Komponenten Lücken bleiben. Ein Beispiel: Ein Programm enthält die Deklaration

```
typedef struct
{
    char c;
    int i;
    float f;
} SATZ;
```

Dieses Programm werde auf einem Rechner übersetzt, der für den Typ `char` ein Byte, für den Typ `int` zwei Byte und für den Typ `float` vier Byte verwendet. Dann gibt es mindestens drei Möglichkeiten der Speicheranordnung (vgl. Abbildung 13):

1. Alle drei Komponenten folgen im Speicher unmittelbar aufeinander. Der Speicherbedarf für die Struktur beträgt 7 Byte.

2. Der Anfang jeder Komponente wird auf eine gerade Adresse im Speicher ausgerichtet. Dadurch entsteht im Speicher zwischen der `char`- und der `int`-Komponente eine Lücke von einem Byte. Der Speicherbedarf für die Struktur beträgt 8 Byte.

3. Der Anfang jeder Komponente wird auf eine durch 4 teilbare Adresse ausgerichtet. Dadurch entsteht im Speicher zwischen der `char`- und der `int`-Komponente eine Lücke von drei Byte, zwischen der `int`- und der `float`-Komponente eine weitere Lücke von zwei Byte. Der Speicherbedarf für die Struktur beträgt 12 Byte.

Wie die Anordnung auch sein mag, der Operator `sizeof` liefert für Strukturen den tatsächlichen Bedarf einschließlich eventueller Lücken. Da man als Programmierer auf die Speicheranordnung keinerlei Einfluß hat, tut man gut daran, grundsätzlich `sizeof` zu verwenden und nicht mit einer expliziten Angabe Lotterie zu spielen.

Die Dereferenzierung eines Zeigers auf eine Struktur erfolgt wie bekannt: Dem Zeiger wird ein Stern (*) vorangestellt. Um eine Komponente auszuwählen, folgen dem Zeiger der Punkt (.) und der Name der Komponente. Dabei ist allerdings noch eines zu beachten: Der Punktoperator steht auf der höchsten Hierarchiestufe aller Operatoren und damit

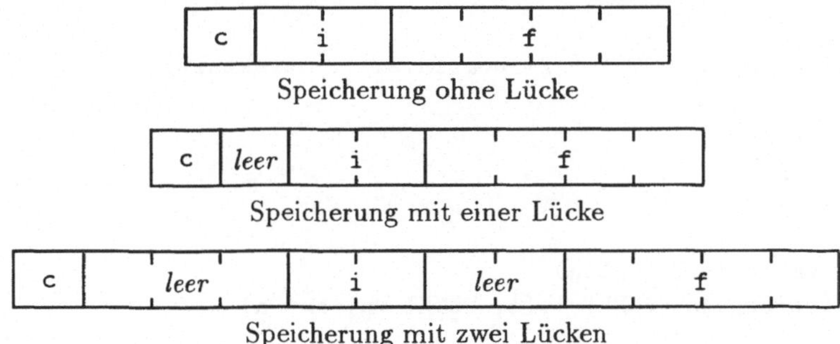

Speicherung ohne Lücke

Speicherung mit einer Lücke

Speicherung mit zwei Lücken

Abbildung 13: Lücken in Strukturen

insbesondere höher als der Dereferenzierungsoperator. Entsprechend *müssen* Klammern gesetzt werden:

```
POLAR *z;
...
(*z).rho = 45;
```

Dieses sieht zumindest etwas merkwürdig aus und ist weder gut zu schreiben noch gut zu lesen. Da andererseits Zeiger auf Strukturen durchaus häufig vorkommen, gibt es einen besonderen Operator, der die Dereferenzierung und die anschließende Komponentenwahl zusammenfaßt, nämlich den Operator ->. Mit ihm kann man das Beispiel so schreiben:

```
z->rho = 45;
```

Damit kann das Programm zum Sortieren der Koordinaten so formuliert werden:

```
/******************************************************************\
*                                                                *
*    Sortieren von Punkten                                       *
*                                                                *
\******************************************************************/

#include <stdio.h>
#include <math.h>          /* Bereitstellung der Winkelfunktionen */
#include <stdlib.h>        /* Bereitstellung von 'malloc'          */

#define MAXIMALZAHL 10     /* bis zu 10 Punkte                     */

typedef struct            /* kartesische Koordinaten              */
{
   float x, y;
} KARTES;

typedef struct            /* Polarkoordinaten                     */
{
   float rho, phi;
} POLAR;
```

```c
   typedef struct              /* kombinierter Strukturtyp             */
   {
      KARTES kar;
      POLAR pol;
   } PUNKT;

   KARTES kartesisch (POLAR);
   void sortier_ein (PUNKT *v[], PUNKT *p, int n);

   /*** Rahmenprogramm  *****************************************/

   int main (void)
   {
      PUNKT p, *v[MAXIMALZAHL];
      int gelesen = 0, i;

      printf ("Polarkoordinaten (Abstand/Winkel) eingeben:\n");
      while (gelesen < MAXIMALZAHL &&
             (scanf ("%f%f", &p.pol.rho, &p.pol.phi) != EOF))
      {
         p.kar = kartesisch (p.pol);
         sortier_ein (v, &p, gelesen++);
      }

      printf ("sortiert (polar/kartesisch):\n");
      for (i = 0; i < gelesen; i++)
      {
         printf ("(%f,%f) ", v[i]->pol.rho, v[i]->pol.phi);
         printf ("(%f,%f)\n", v[i]->kar.x, v[i]->kar.y);
      }

      return 0;
   }

   /*** Funktion zur Koordinatenumrechnung  *********************/

   #define PI 3.14159

   KARTES kartesisch (POLAR p)
   {
      KARTES k;

      p.phi *= PI / 180;                        /* Winkel -> Bogenmass */
      k.x = p.rho * cos (p.phi);
      k.y = p.rho * sin (p.phi);

      return k;
```

```c
}

/***   Sortierfunktion   ***************************************/

void sortier_ein (PUNKT *v[], PUNKT *p, int n)
{
   while (n > 0 && (v[n-1]->kar.x > p->kar.x ||
                    (v[n-1]->kar.x == p->kar.x &&
                     v[n-1]->kar.y > p->kar.y)))
   {
      v[n] = v[n-1];
      n--;
   }
   v[n] = (PUNKT *) malloc (sizeof (PUNKT));
   *v[n] = *p;

   return;
}
```

Hier könnte man jetzt noch die Indizierung des Zeigerfeldes durch Zeigerzugriffe ersetzen.
Das soll jedoch nicht ausgeführt werden.

6.4   Verkettete Listen

Der Formalismus der Strukturen ist hiermit schon (fast) vollständig klar. Was bleibt, sind
einige Überlegungen zur Logik von Strukturen und Zeigern auf sie.

Ausgangspunkt soll das letzte Beispiel sein. Dort wird mit einem Feld gearbeitet – und
dieses Feld muß bereitgestellt werden, bevor die Daten gelesen werden können. Ob man
das Feld etwas kleiner oder etwas größer dimensioniert, macht da keinen prinzipiellen
Unterschied.

Eine Lösung wäre, den Benutzer zunächst zu befragen, wie viele Daten er eingeben möchte,
und dann das Feld dynamisch bereitzustellen. Das wäre jedoch ein schwerer Verstoß
gegen den guten Ton – und ziemlich unsicher obendrein. Bei wenigen Daten mag das
Abzählen für den Benutzer noch zumutbar sein, bei größeren Datenmengen sicher nicht
mehr. Außerdem kann sich der Benutzer leicht verzählen und ist zu recht sauer, wenn
das Programm gerade den letzten Datensatz nicht mehr akzeptiert, weil der Speicher
erschöpft ist.

Aber es gibt eine andere Möglichkeit, die zu realisieren gar nicht viel aufwendiger ist.

Bei der Verwendung des Feldes ergeben die Indizes die Reihenfolge der Komponenten
und damit die Reihenfolge der Daten. Warum soll man nicht bei jedem Datensatz selbst
vermerken, welches sein Nachfolger ist? Die Realisierung ist ganz einfach: In den Strukturtyp wird eine zusätzliche Komponente aufgenommen, die einen Verweis (Zeiger) auf
den jeweiligen Nachfolger enthält. Was man damit erhält, wird als **verkettete Liste**
bezeichnet. Zwei Dinge muß man sich zusätzlich noch überlegen: Zum einen benötigt
man einen Zeiger auf den Anfang der Liste, d.h. das erste Element. Zum anderen muß
man im letzten Element markieren, daß es keinen Nachfolger mehr gibt; hierfür bietet

sich der Nullzeiger geradezu an. Das Schema einer verketteten Liste ist in Abbildung 14 wiedergegeben.

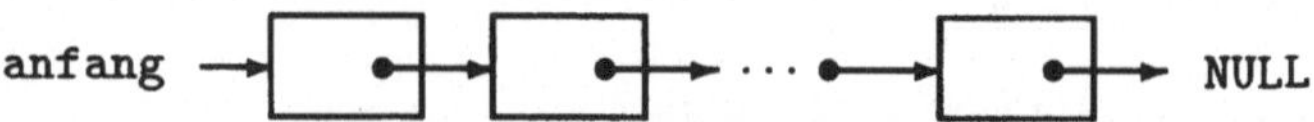

Abbildung 14: Verkettete Liste

Der entsprechend modifizierte Strukturtyp für die Koordinaten kann so aussehen:

```
typedef struct Punkt
{
    KARTES kar;
    POLAR pol;
    struct Punkt *Nachfolger;
} PUNKT;
```

oder auch so:

```
typedef struct Punkt *PUNKTZEIGER;
typedef struct Punkt
{
    KARTES kar;
    POLAR pol;
    PUNKTZEIGER Nachfolger;
} PUNKT;
```

Anfangs, also vor dem Einfügen des ersten Elements, ist die Liste noch vollständig leer. Dieses wird dadurch markiert, daß der Zeiger auf den Anfang der Liste selbst der Nullzeiger ist. Was ist nun beim Einfügen eines neuen Elements zu machen? Zunächst muß in der bereits bestehenden Liste die Position gesucht werden, an der das neue Element einzufügen ist, d.h. es ist ein Zeiger auf ein bestimmtes Listenelement zu suchen. Aber Achtung! Beim Vergleich kann man nur feststellen, daß das neue Element *vor* dem Element eingefügt werden muß, mit dem es gerade verglichen wurde. Das Einfügen selbst besteht dann aber gerade darin, den Zeiger des Vorgängers zu ändern. Diesen Sachverhalt zeigt Abbildung 15.

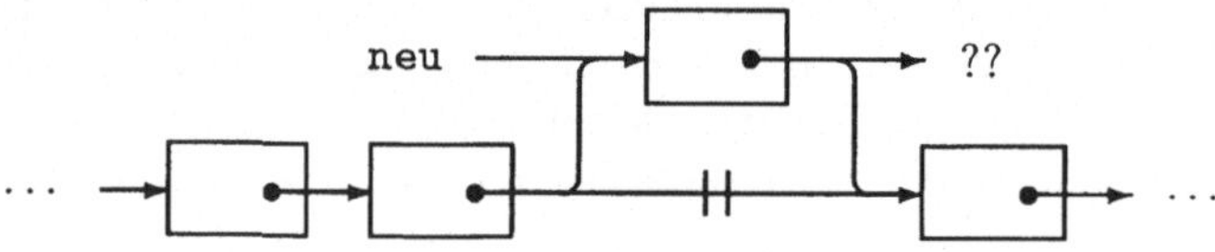

Abbildung 15: Einfügen in eine Liste

Zwei Randbedingungen sind noch zu beachten:

- Wenn ein neues Element kleiner als alle bisherigen Elemente ist, muß es vor dem bislang ersten Element eingefügt werden. Dabei ändert sich der Zeiger auf den Anfang der Liste; und insbesondere ändert sich der Zeiger auf den Anfang der Liste auch beim Einfügen des ersten Elements. Entsprechend muß der Funktion nicht der Zeiger auf den Anfang der Liste sondern der Zeiger auf den Zeiger auf den Anfang der Liste übergeben werden.

- Wenn ein neues Element größer als alle bisherigen Elemente ist, muß es hinter dem bislang letzten Element angehängt werden, ohne daß noch einmal verglichen wird.

Die Funktion, die dieses realisiert, kann so aussehen:

```c
void einsortieren (PUNKTZEIGER *a, PUNKT p)
{
   while (*a != NULL &&
             ((*a)->kar.x < p.kar.x ||
              (*a)->kar.x == p.kar.x && (*a)->kar.y < p.kar.y))
      a = &(*a)->Nachfolger;

   p.Nachfolger = *a;
   *a = (PUNKTZEIGER) malloc (sizeof (PUNKT));
   **a = p;

   return;
}
```

Ein Hauptprogramm, das mit Hilfe dieser Funktion eine sortierte, verkettete Liste aufbaut und die Liste anschließend ausgibt, sei auch noch angegeben.

```c
int main (void)
{
   PUNKT p;
   PUNKTZEIGER Anfang = NULL, a;

   printf ("Polarkoordinaten (Abstand/Winkel) eingeben:\n");
   while (scanf ("%f%f", &p.pol.rho, &p.pol.phi) != EOF)
   {
      p.kar = kartesisch (p.pol);
      einsortieren (&Anfang, p);
   }

   printf ("sortiert (polar/kartesisch):\n");
   for (a = Anfang; a != NULL; a = a->Nachfolger)
   {
      printf ("(%f,%f) ", a->pol.rho, a->pol.phi);
      printf ("(%f,%f)\n", a->kar.x, a->kar.y);
   }

   return 0;
}
```

Zu diesem Programm ist noch zu bemerken: Der Wert der Variablen `Anfang` dient als Zeiger auf den Anfang der verketteten Liste. Die anfängliche Markierung „Liste noch leer" steckt in der Anfangswert–Zuweisung für die Variable.

6.5   Partielle und vollständige Deklaration

Keine Struktur darf sich selbst als Komponente besitzen. So ist zum Beispiel die Deklaration

```
struct rekursiv
{
    int i;
    struct rekursiv r;
};
```

nicht zulässig. Eigentlich ist das auch klar: Bei Rekursion muß es immer ein Abbruchkriterium geben. Da es hier kein Abbruchkriterium gibt, würde sich zwangsläufig eine unendlich große Struktur ergeben – und das ist natürlich nicht möglich.

Wieso ist dann die Deklaration

```
typedef struct Punkt
{
    KARTES kar;
    POLAR pol;
    struct Punkt *Nachfolger;
} PUNKT;
```

zulässig? Die Struktur enthält nicht sich selbst, sondern nur einen Zeiger auf sich selbst – und das ist etwas ganz anderes!

Trotzdem steckt hierin eine Merkwürdigkeit: Grundsätzlich müssen Namen deklariert sein, bevor sie verwendet werden können. Das ist hier nicht der Fall, denn zur Deklaration der Komponente `Nachfolger` wird bereits `struct Punkt` verwendet, obwohl der Strukturtyp noch gar nicht vollständig deklariert ist.

Der Hintergrund hierfür ist, daß C die **partielle Deklaration** von Strukturtypen erlaubt: Beim ersten Auftreten einer Folge `struct Typname` erfährt (und merkt sich) der Compiler, daß `Typname` einen Strukturtyp bezeichnet. Die Deklaration der Komponenten kann beliebig sofort oder auch erst später folgen; der Name `Typname` kann aber ab sofort in allen Deklarationen verwendet werden, in denen die Größe des Strukturtyps *nicht* benötigt wird. So kann man zwar Zeiger auf partiell deklarierte Strukturtypen definieren, nicht aber zum Beispiel Variablen mit einem nur partiell deklarierten Strukturtyp.

Möglich wird so auch die Deklaration von Strukturen, die Zeiger aufeinander enthalten, zum Beispiel

```
struct s2;

struct s1
{
    int i;
    struct s2 *z;
};

struct s2
{
```

```
    float i;
    struct s1 *z;
};
```

Die erste Zeile ist hier eine explizite partielle Deklaration. Sie ist allerdings in der Regel nicht erforderlich, denn wenn sie hier fehlte, würde der Compiler die Zeile

```
    struct s2 *z;
```

nicht nur als Deklaration einer Komponente des Strukturtyps s1, sondern gleichzeitig auch als partielle Deklaration des Strukturtyps s2 betrachten. Diese Möglichkeit wurde oben bereits in der Deklaration

```
typedef struct Punkt *PUNKTZEIGER;
typedef struct Punkt
{
    KARTES kar;
    POLAR pol;
    PUNKTZEIGER Nachfolger;
} PUNKT;
```

genutzt.

Explizite partielle Deklarationen werden unter Umständen in Funktionen erforderlich, wenn ein lokaler Strukturtyp denselben Namen erhalten soll wie ein Strukturtyp, der außerhalb der Funktion deklariert ist. Man sollte sich in solchen Fällen allerdings überlegen, ob nicht die Wahl eines anderen Namens die zweckmäßigere Lösung ist. Näher kann hier nicht darauf eingegangen werden.

Eine Anmerkung zum vorletzten kleinen Beispiel ist noch nachzutragen: Sowohl s1 als auch s2 besitzen eine Komponente mit dem Namen i. Das ist problemlos möglich, weil die Namen der Komponenten eines Strukturtyps nur innerhalb des jeweiligen Typs eindeutig sein müssen. Beim Zugriff können keine Verwechslungen vorkommen, da die Komponenten ja stets durch den Namen einer Struktur oder den (typgebundenen) Zeiger auf eine Struktur qualifiziert werden müssen. Der Lesbarkeit eines Programms ist die Nutzung dieser Möglichkeit allerdings wenig zuträglich.

6.6 Mehr über verkettete Listen

Verkettete Listen lassen sich, wie gesehen, in C problemlos aufbauen. Letztlich ist das Arbeiten mit ihnen kein Problem des Formalismus sondern der Logik.

Wenn man so will, gibt es drei „Standardoperationen" für verkettete Listen:

- Einfügen eines Elements

- Suchen nach einem Element mit bestimmtem Wert

- Entfernen eines Elements

Das Einfügen wurde bereits im vorletzten Abschnitt betrachtet. Dabei gab es, wie das häufig der Fall ist, ein Sortierkriterium für die Listenelemente.

Das Suchen ist, eine sortierte Liste vorausgesetzt, im Einfügen im wesentlichen schon enthalten: Wenn die Position gefunden ist, wird nicht ein neues Element eingefügt, sondern bei Gleichheit der Zeiger auf das gefundene Element und sonst der Nullzeiger geliefert. Wenn die Liste nicht sortiert ist, kann die Suche bei Erfolg abgebrochen werden; daß ein bestimmter Wert nicht vorhanden ist, ist dagegen erst beim Erreichen des Endes der Liste sicher. Der Aufwand für das Suchen in einer unsortierten Liste ist deshalb in der Regel wesentlich höher als der Aufwand für das Suchen in einer sortierten Liste, auch wenn der Quellcode der Funktionen das Gegenteil suggeriert.

In einem Punkt sind die entsprechenden Funktionen auf jeden Fall einfacher als die Einfügefunktion: Weder der Zeiger auf den Anfang der Liste noch Zeiger innerhalb der Liste dürfen verändert werden. Entsprechend kommen beide Funktionen mit dem Zeiger auf das erste Element der Liste aus, brauchen nicht den Zeiger auf den Zeiger auf den Anfang der Liste. Beachtet werden muß wieder, daß kein Vergleich mehr vorgenommen werden darf, wenn das Ende der Liste erreicht ist.

Für die Liste von Punkten, die durch die Funktion `einsortieren` (vgl. Seite 129) aufgebaut wird, können die Funktionen so aussehen:

```
PUNKTZEIGER k_gefunden (PUNKTZEIGER a, PUNKT p)
{
    while (a != NULL
              && (a->kar.x < p.kar.x
                  || a->kar.x == p.kar.x && a->kar.y < p.kar.y))
        a = a->Nachfolger;

    if (a != NULL && a->kar.x == p.kar.x && a->kar.y == p.kar.y)
        return a;
    else
        return NULL;
}


PUNKTZEIGER p_gefunden (PUNKTZEIGER a, PUNKT p)
{
    while (a != NULL &&
              (a->pol.rho != p.pol.rho || a->pol.phi != p.pol.phi))
        a = a->Nachfolger;

    return a;
}
```

Die Funktion `k_gefunden` sucht nach kartesischen Koordinaten. Sie nutzt, daß die Liste sortiert ist, und bricht ggf. vorzeitig ab. Die Funktion `p_gefunden`, die nach Polarkoordinaten sucht, muß dagegen die Liste ggf. vollständig durchsuchen.[38]

Bei der dritten „Standardoperation" für verkettete Listen, dem Entfernen eines Elements, gilt ähnlich wie beim Einfügen: Der Zeiger auf das zu entfernende Element nützt nichts – benötigt wird der Zeiger auf seinen Vorgänger, da dieser ja einen neuen Nachfolger bekommen soll. Das Schema ist Abbildung 16 zu entnehmen.

---

[38]Die Funktion `p_gefunden` ist hier nur als Demonstrationsobjekt zu sehen: In der Praxis würde man, wenn Polarkoordinaten zu suchen sind und die Liste nicht nur einige wenige Einträge enthält, die Polarkoordinaten zunächst in kartesische Koordinaten umwandeln und dann mit `k_gefunden` arbeiten.

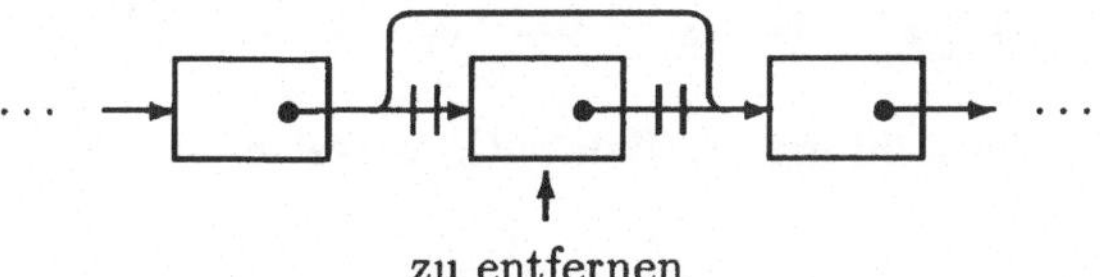

Abbildung 16: Entfernen aus einer Liste

Allerdings reicht es in der Regel nicht aus, ein Element einer verketteten Liste nur „auszuhängen", indem man die Zeigerkomponente seines Vorgängers in der Liste neu setzt. Häufig wird der entsprechende Speicherplatz nicht mehr benötigt oder zumindest zeitweilig nicht mehr benötigt. In diesen Fällen sollte er, der schönen Ordnung halber, mit `free` (vgl. Abschnitt 5.11) wieder freigegeben werden, damit er dem Heap–Manager wieder zur Verfügung steht.[39]

Zwei bekannte Datenstrukturen zu „Aufbewahrung" von Daten lassen sich ebenfalls durch verkettete Listen realisieren:

- Bei einem **Stack** (auch: **lifo**, **l**ast **i**n **f**irst **o**ut) werden neue Elemente stets am Ende angehängt, zu entnehmende Elemente stets am Ende entfernt.

- Bei einer **Warteschlange** (**Queue**, auch: **fifo**, **f**irst **i**n **f**irst **o**ut) werden neue Elemente stets am Ende angehängt, zu entnehmende Elemente stets am Anfang entfernt.

Im übrigen sind der Phantasie des Programmierers keine Grenzen gesetzt. Sehr nützlich sind zum Beispiel gelegentlich **zyklisch verkettete Listen**. Bei ihnen zeigt der Zeiger im letzten Element nicht auf `NULL`, sondern auf den Anfang der Liste (vgl. Abbildung 17).

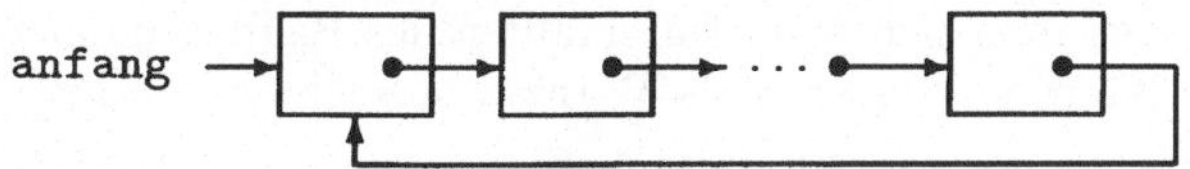

Abbildung 17: Zyklisch verkettete Liste

Bei den bislang betrachteten Listen enthielt jedes Element genau einen Zeiger. Das muß durchaus nicht so sein.

Gelegentlich ist es sehr nützlich, wenn man in den Elementen einer Liste nicht nur einen Zeiger auf den jeweiligen Nachfolger, sondern auch auf den jeweiligen Vorgänger hat. Man braucht dann, um ein Element zu finden, die Liste nicht immer von Anfang an zu durchsuchen. Das Schema zeigt Abbildung 18.

---

[39]Weil die Funktionen `malloc` und `free` in der Regel ziemlich aufwendig sind, verfährt man gelegentlich anders, wenn in schneller Folge Speicherbereiche mit gleicher Struktur benötigt und wieder überflüssig werden: Überflüssige Speicherbereiche werden nicht freigegeben, sondern in eine verkettete Liste eingereiht. Wenn ein neuer Speicherbereich benötigt wird, wird er, wenn möglich, aus der Liste genommen und nur neu angefordert, wenn die Liste leer ist. Zusätzlich kann man einbauen, daß nur eine bestimmte Anzahl von Speicherbereichen „aufbewahrt" wird, weitere Speicherbereiche wirklich freigegeben werden. Es würde zu weit führen, hier auf Einzelheiten einzugehen.

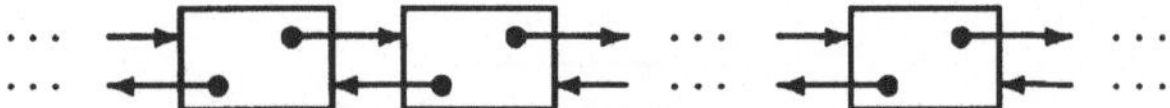

Abbildung 18: Beidseitig verkettete Liste

Ein anderes Beispiel: Vielfach braucht man beim Suchen nach einem bestimmten Wert
nicht sequentiell alle Elemente einer Liste zu durchsuchen. Sind die Werte etwa Strings,
so kann man alle Elemente mit dem Anfangsbuchstaben a überspringen, wenn der zu
suchende Wert mit b beginnt. Die Elemente der entsprechenden Liste sollten deshalb
nicht nur einen Zeiger auf das unmittelbar nächste Element enthalten, sondern zusätzlich
einen Zeiger auf das erste Element mit dem nächsten Anfangsbuchstaben. Das Schema
einer solchen Liste zeigt Abbildung 19.

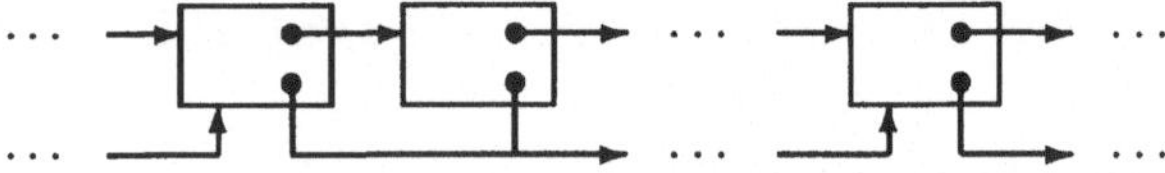

Abbildung 19: Mehrfach verkettete Liste

6.7   (Binäre) Bäume

Verkettete Listen sind von der Logik her lineare Strukturen, auch wenn sie in ihren Elementen mehrere Zeiger besitzen.

Eine andere, nicht lineare Struktur besitzen die **Bäume**. Bei ihnen kann jeder **Knoten**
nicht nur keinen oder einen Nachfolger besitzen, sondern ggf. mehrere verschiedene Nachfolger, zwischen denen man sich beim Durchlaufen des Baumes dann zu entscheiden hat.
Der „Anfang" des Baumes wird auch als **Wurzel** bezeichnet.

Die einfachsten Bäume sind die **binären Bäume**, bei denen jeder Knoten bis zu zwei
Nachfolger hat. Abbildung 20 zeigt das Schema eines solchen Baumes; im Gegensatz zu
Bäumen in der Natur liegt die Wurzel stets oben.

Das „klassische" Beispiel für einen binären Baum ist das Morsealphabet, das heute allerdings nur noch sehr beschränkte Bedeutung besitzt.

Interessant sind binäre Bäume zum Beispiel für das Sortieren und Suchen.

Der Aufbau eines solchen Baumes, das Sortieren, läuft nach folgendem, rekursiv formu-
lierten Schema ab: Der neue Wert wird mit dem Wert in der Wurzel verglichen. Liefert
der Vergleich „kleiner", geht man zum linken Nachfolger, sonst zum rechten Nachfolger
weiter und verfährt mit diesem in gleicher Weise. Ist kein Nachfolger vorhanden, wird der
einzusortierende Wert als neuer Nachfolger angehängt.

Das Suchen entspricht dem Sortieren weitgehend: Der Baum wird wie beim Sortieren
durchlaufen. Allerdings wird, wenn Gleichheit festgestellt oder das Ende eines Astes
erreicht wird, die Suche abgebrochen und der momentane Zeiger geliefert. Insbesondere
unterbleibt das Anhängen neuer Knoten.

Sehr leicht lassen sich auch die Werte, die in einem solchen Baum gespeichert sind, in der
Reihenfolge ihrer Sortierung durchlaufen. Auch dieser Algorithmus läßt sich am besten

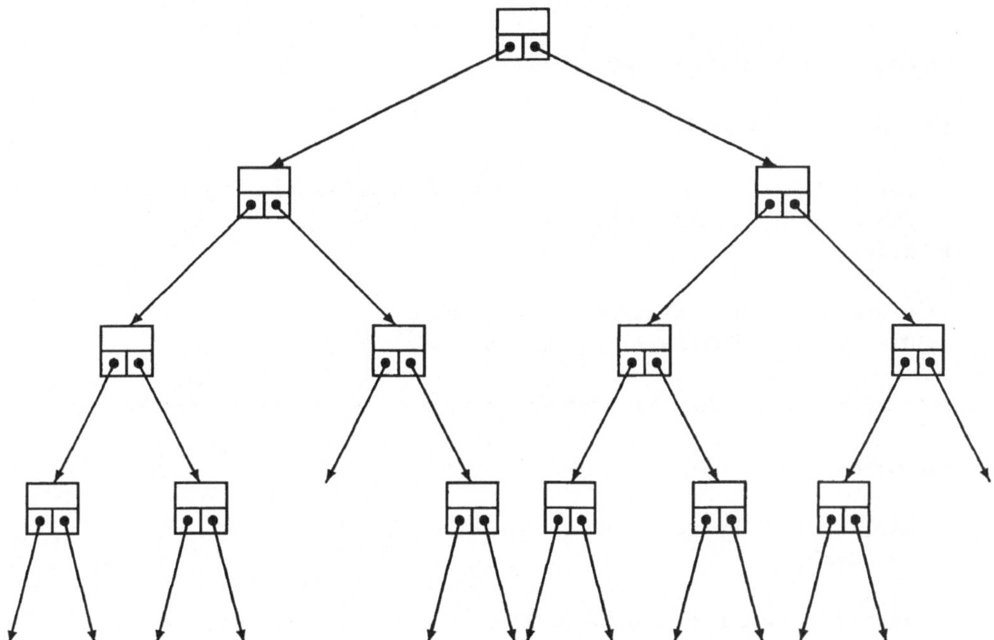

Abbildung 20: Binärer Baum

rekursiv formulieren: Begonnen wird bei der Wurzel als aktuellem Knoten. Wenn der aktuelle Knoten nicht leer ist, wird zunächst sein linker Unterbaum abgearbeitet, dann das Element im Knoten selbst und schließlich sein rechter Unterbaum.

Das folgende Programm zeigt den Aufbau und das Durchlaufen eines binären Suchbaumes. Der Einfachheit halber sollen die zu sortierenden Werte int-Zahlen sein; prinzipiell können die Knoten aber natürlich beliebige Daten enthalten. Beim Durchlaufen sollen nur die Werte geschrieben werden; zur Information wird stets mit ausgegeben, auf welcher Ebene des Baumes der Wert steht.

Das Einfügen läßt sich problemlos nicht–rekursiv realisieren. Wie beim Einfügen in eine lineare Liste benötigt man allerdings wieder den Zeiger auf den Zeiger auf die Wurzel und nicht nur den Zeiger auf die Wurzel: Die Wurzel existiert anfangs ja noch nicht!

Das Durchlaufen des Baumes ist dagegen nicht ohne weiteres nicht–rekursiv zu realisieren; entsprechend erfolgt es hier durch eine rekursive Funktion.

Das Programm:

```
/*********************************************************************\
*                                                                     *
*     Aufbau und Ausgabe eines binaeren Baumes                        *
*                                                                     *
\*********************************************************************/

#include <stdio.h>
#include <stdlib.h>
```

```c
typedef struct Knoten *KNOTENZEIGER;

typedef struct Knoten
{
   int Wert;                      /* int ist als Beispiel anzusehen */
   KNOTENZEIGER links, rechts;
} KNOTEN;

void einbauen (KNOTENZEIGER *w, int Zahl);
void auflisten (KNOTENZEIGER w, int Tiefe);

/*** Rahmenprogramm ****************************************/

int main (void)
{
   KNOTENZEIGER Wurzel = NULL;
   int Zahl;

   printf ("Zahlen eingeben:\n");
   while (scanf ("%d", &Zahl) != EOF)
      einbauen (&Wurzel, Zahl);
   auflisten (Wurzel, 0);

   return 0;
}

/*** Einbau eines Knoten in den Baum  *************************/

void einbauen (KNOTENZEIGER *w, int Zahl)
{
   while (*w != NULL)
      w = (Zahl < (*w)->Wert) ? &(*w)->links : &(*w)->rechts;

   *w = (KNOTENZEIGER) malloc (sizeof (KNOTEN));
   (*w)->Wert = Zahl;
   (*w)->links = (*w)->rechts = NULL;

   return;
}

/*** Auflisten des Baumes  (rekursiv)  ***********************/

void auflisten (KNOTENZEIGER w, int Tiefe)
{
   if (w != NULL)
   {
      auflisten (w->links, Tiefe + 1);
```

```
        printf ("Wert: %d, Tiefe: %d\n", w->Wert, Tiefe);
        auflisten (w->rechts, Tiefe + 1);
    }


    return;
}
```

Für die Praxis ist diese Realisierung noch etwas zu simpel: Je nach der Reihenfolge, in
der die Daten eingegeben werden, ist der Baum gut oder weniger gut **balanciert**. Bei
einem vollständig balancierten Baum ist die Tiefe überall gleich. Das läßt sich nur dann
erreichen, wenn die Anzahl n der Knoten um 1 kleiner als eine Potenz von 2 ist. So wie
dieses Programm den Baum aufbaut, kann er im ungünstigsten Fall zu einer verketteten
Liste „entarten": Wenn die Werte auf- oder absteigend eingegeben werden, wird immer
nur nach rechts bzw. links gegangen. Während man bei einem möglichst gut balancierten
Baum mit n Knoten ein Element spätestens nach $\log_2 n$ Suchschritten gefunden hat,
benötigt man in einer verketteten Liste bis zu n Suchschritte. Man müßte also beim
Aufbau des Baumes dafür sorgen, daß der Baum möglichst gut balanciert wird; darauf
kann hier allerdings nicht näher eingegangen werden.

Es sollte jetzt kein Problem sein, Bäume aufzubauen, bei denen jeder Knoten bis zu
drei, vier, usw. Nachfolger haben kann. Allerdings kommen solche Bäume in der Praxis
sehr viel seltener vor als binäre Bäume. Wenn die Anzahl der Nachfolger der einzelnen
Knoten sehr unterschiedlich oder gar zunächst unbekannt ist, wird man in der Regel mit
verketteten Listen arbeiten, deren Elemente verkettete Listen sind: Jeder Knoten enthält
zwei Zeiger, von denen der eine auf den nächsten Knoten auf derselben Ebene des Baumes
und der andere auf den Anfang der Liste der Nachfolger des Knotens zeigt.

Kapitel 7

Der Präprozessor

Im „alten" C war der Präprozessor eine „Zugabe", mit der man manches machen konnte
– oder auch nicht, je nach Implementation. Wie der Name schon andeutet, handelte es
sich in der Regel um ein separates Programm.

ANSI–C definiert jetzt einheitlich, was ein Standard–Präprozessor können muß. Im wesentlichen sind es drei Punkte:

- Der Präprozessor muß in den Quellcode den Inhalt einer anderen Datei einfügen können.

- Der Präprozessor muß die Definition von Macros erlauben, ohne und mit Parametern.

- Der Präprozessor muß bedingte Compilation erlauben.

Diese drei Punkte sollen in den folgenden Abschnitten behandelt werden. Es wird sich
zeigen, daß der Präprozessor im wesentlichen den Quellcode „überarbeitet", indem er
Teile des Quellcode ersetzt oder streicht.

Ob man sich den Präprozessor wie bisher als separates Programm vorstellt, das automatisch ausgeführt wird, bevor der eigentliche Compiler seine Arbeit beginnt, oder ob man
ihn als integralen, ersten Teil des Compilers betrachtet, ist durch die Standardisierung
gleichgültig geworden.

7.1 Format der Direktiven

Die Anweisungen an den Präprozessor werden als **Direktiven** bezeichnet. Alle Direktiven
haben ein einheitliches Grundformat:

> **#***Direktive Text*

Im Unterschied zum Compiler arbeitet der Präprozessor **zeilenorientiert**: Für den Präprozessor ist das Zeilenende–Zeichen ein signifikantes Zeichen; jede Präprozessor–Direktive muß mit einem Zeilenende–Zeichen abgeschlossen werden. Für den Compiler selbst
hat ein Zeilenende–Zeichen dagegen die gleiche Bedeutung wie ein Leerzeichen; wenn
der Code abseits der Präprozessor–Direktiven Zeilenende–Zeichen enthält, dient das also
letztlich nur der Lesbarkeit des Code, wenn man ihn drucken läßt oder mit einem Editor
bearbeitet.

Jede Direktive muß in einer eigenen Zeile stehen, braucht jedoch nicht am Anfang der
Zeile zu beginnen. Vielmehr können sowohl vor als auch hinter dem einleitenden Nummernzeichen (#) beliebig Leer- und Tabulatorzeichen stehen. Ebenso können zwischen
dem Namen *Direktive* einer Direktive und dem nachfolgenden Text *Text* beliebig Leer-
und Tabulatorzeichen stehen.

Falls eine Zeile zur Aufnahme einer Direktive nicht ausreicht, können Fortsetzungszeilen
geschrieben werden: Wenn eine Direktiven–Zeile mit einem Backslash (\) endet, betrachtet der Präprozessor die folgende Zeile als Fortsetzungszeile. Der Backslash muß *umittelbar*

vor dem Zeilenende–Zeichen stehen; der Standard schreibt vor, daß die neuen Zeilen, die
bei der Verkettung entstehen, mindestens 509 Zeichen lang sein dürfen.

Ob eine Direktive über ihren Namen hinaus Einträge benötigt, hängt von der jeweiligen
Direktive ab. Entsprechend ist der Eintrag *Text* optional.

Dem einleitenden Nummernzeichen einer Präprozessor–Direktive braucht nichts (außer
dem Zeilenende–Zeichen) zu folgen. Eine solche leere Direktive bewirkt, wie es nahe liegt,
auch nichts.

7.2   Zugriff auf (andere) Dateien

Die Direktiven

```
#include "Datei"
```

und

```
#include <Datei>
```

bewirken, daß die Zeile, die die Direktive enthält, durch den Inhalt der angegebenen Datei
Datei ersetzt wird. Selbstverständlich sollte sein, daß der Inhalt von *Datei* Quellcode sein
muß.

Die beiden Formen der Direktive unterscheiden sich nur in der Strategie, mit der sie die
Datei *Datei* suchen: Die erste Form sucht zunächst dort, wo auch die in Arbeit befindliche
Quelldatei steht. Wenn sie dort nicht fündig wird, sucht sie, wie die zweite Form von
vornherein, an anderen Stellen; welche das sind, hängt von der jeweiligen Implementation
ab.

Die Zeile

```
#include <stdio.h>
```

die in einer Reihe der bisherigen Beispiele enthalten war, besagt also: Diese Zeile ist durch
den Inhalt der Datei mit dem Namen `stdio.h` zu ersetzen; wo diese Datei zu suchen ist,
hängt von der Implementation ab.

Der Standard schreibt vor, daß Schachtelung erlaubt sein muß. Eine Datei, auf die mit
`#include` zugegriffen wird, darf also ihrerseits wieder `#include`–Direktiven enthalten.
Die mindestens erlaubte Tiefe der Schachtelung muß 8 sein.

7.3   Macros ohne Parameter

In vielen bisherigen Beispielen kamen Zeilen der Form

```
#define VEKTORLAENGE 25
```

vor. In dieser einfachen Form kann man die Zeile als Definition einer benannten Konstanten betrachten, wie sie andere Programmiersprachen kennen.

Was durch eine `#define`–Direktive definiert wird, bezeichnet der Standard als **Macro**.
Macros sind sehr viel mächtiger als die benannten Konstanten anderer Programmiersprachen. In einer immer noch einfachen Form (ohne Parameter) hat ein Macro die Gestalt

```
#define Name Ersatztext
```

wobei *Name* grundsätzlich den üblichen Regeln von C für Namen unterliegt. Nicht verwenden sollte man Namen, die mit einem Underscore (_) beginnen, um Konflikte mit Macronamen zu vermeiden, die der Präprozessor von sich aus definiert. Außerdem muß man darauf achten, daß eigene Macronamen nicht mit Namen übereinstimmen, die in Header–Dateien definiert sind.

Ein Macro bewirkt, daß an jeder Stelle, an der *Name* im Code vorkommt, die Zeichenfolge *Name* durch die Zeichenfolge *Ersatztext* ersetzt wird. Ersetzt wird von der Stelle an, an der die Direktive gefunden wird, in der Regel bis zum Ende des Quellcode, allerdings auch nur mit gewissen Einschränkungen:

- Ersetzt werden, unter Berücksichtigung von Groß–/Kleinschreibung, nur separate Vorkommen der Zeichenfolge *Name*, nicht jedoch Vorkommen als Teilfolgen. Hat man etwa

  ```
  #define c char
  ...
  c Zeichen, C;
  ```

  so wird zwar das erste, allein stehende c ersetzt, nicht aber das c in Zeichen und ebenso nicht das nachfolgende C.

- Innerhalb von Stringkonstanten wird nicht ersetzt.

- In Präprozessor–Direktiven werden die Namen der Direktiven grundsätzlich nicht ersetzt.

- Rekursion ist nicht möglich.

Es ist übrigens allgemeiner Brauch, für die Namen von Macros, die faktisch benannte Konstanten sind, ausschließlich Großbuchstaben zu verwenden. Der Standard schreibt dieses keineswegs vor.

7.4 Macros mit Parametern

Die volle Mächtigkeit entwickeln erst Macros mit Parametern

```
#define Name( Parameter) Ersatztext
```

Dabei ist wesentlich, daß in der Definition die öffnende Klammer dem Macronamen *Name* *unmittelbar* folgen *muß* (ohne Leerzeichen o.ä.!); in den Aufrufen ist dieses nicht erforderlich.

Ein Beispiel: Der Macro

```
#define QUADRAT( x) x * x
```

kann die Lesbarkeit eines Programms erheblich verbessern. Anstelle von

```
x = a * b * c * d * e * a * b * c * d * e;
y = h / k * h / k;
```

kann man so kürzer – und besser lesbar – schreiben

```
x = QUADRAT (a * b * c * d * e);
y = QUADRAT (h / k);
```

„passend" definierte Variablen unterstellt. Allerdings läßt sich der Macro noch nicht allgemein einsetzen: Die beiden Anweisungen

```
x = (a + b + c + d + e) * (a + b + c + d + e);
x = QUADRAT (a + b + c + d + e);
```

sind zum Beispiel *nicht* äquivalent; vielmehr wird der Ausdruck, den die **Expandierung** des Macros ergibt, ausgewertet wie

```
x = a + b + c + d + (e * a) + b + c + d + e;
```

Der Macro hätte also, damit er in allen Fällen das erwartete Resultat liefert, so formuliert werden müssen:

```
#define QUADRAT (x) (x) * (x)
```

Um derartige Fehler zu vermeiden, muß man sich stets klarmachen, daß die Expandierung eines Macro letztlich nichts anderes als eine formale Ersetzung von Zeichenfolgen ist – ohne irgendeine Berücksichtigung der Bedeutung der Zeichenfolgen.

Die Gefahr, bei der Verwendung von Macros Fehler zu machen, sollte aber niemanden davon abhalten, Macros zu verwenden. Als Beispiel soll noch einmal die Berechnung und Ausgabe des Pascalschen Dreiecks betrachtet werden (vgl. Abschnitt 5.10). Unter Verwendung eines Macro kann man die Lösung so formulieren:

```
/********************************************************************\
*                                                                  *
*    Berechnung und Ausgabe des Pascalschen Dreiecks               *
*                                                                  *
\********************************************************************/

#include <stdio.h>

#define ZEILEN 11
#define LAENGE ZEILEN * (ZEILEN + 1) / 2
#define BINO( n, m) vektor[(n) * (n + 1) / 2 + m]

int main (void)
{
    int vektor[LAENGE], n, m;

    /*** das Pascalsche Dreieck wird berechnet ****************/

    for (n = 0; n < ZEILEN; n++)
    {
        BINO (n, 0) = BINO (n, n) = 1;
        for (m = 1; m < n; m++)
            BINO (n, m) = BINO (n - 1, m) + BINO (n - 1, m - 1);
    }
```

```
/***  das Pascalsche Dreieck wird ausgegeben  ***************/

    for (n = 0; n < ZEILEN; n++)
    {
       for (m = 0; m <= n; m++)
          printf ("%4d", BINO (n, m));
       printf ("\n");
    }


    return 0;
}
```

Worin besteht der Unterschied der Lösungen? Hier ersetzt der Compiler jedes Vorkommen von **BINO (n, m)** durch die Berechnung des Feldindex, so daß in diesem kleinen Programm der entsprechende Code an sechs Stellen jeweils erneut steht. Beim Zugriff auf die Feldkomponenten mit einer Funktion steht die Indexberechnung dagegen nur an einer Stelle, nämlich in der Funktion. Umgekehrt: Der Aufruf der Funktion erfordert jeweils zusätzliche Operationen, die hier nicht nötig sind. Dieses muß man sich stets klarmachen, wenn man zwischen einer Formulierung als Macro oder als Funktion zu wählen hat.

7.5   Bedingte Compilation

Die bislang beschriebenen Präprozessor–Direktiven sorgten dafür, daß im Quellcode des Programms Ersetzungen vorgenommen wurden. Eine Gruppe weiterer Direktiven sorgt dafür, daß Quellcode unter Umständen entfernt wird.

Diese Gruppe besteht aus folgenden Direktiven:

```
#if Bedingung
#elif Bedingung
#else
#endif
#ifdef Name
#ifndef Name
```

Die Bedeutung der ersten vier dieser Direktiven entspricht der von (geschachtelten) `if`-Anweisungen, wobei die Direktive `#elif` einem `else` mit nachfolgendem `if` entspricht und die Direktive `#endif` die Konstruktion abschließt.

Bedingte Compilation ist zum Beispiel dann nützlich, wenn mehrere Varianten eines längeren Programms zu schreiben sind, die sich nur in wenigen Zeilen unterscheiden. Statt verschiedene Versionen des Quellcode zu haben, schreibt man eine einzige Quelldatei, die alle Varianten enthält, und aus der durch bedingte Compilation erst bei der Übersetzung des Programms die gerade gewünschte spezielle Variante erzeugt wird.

Bedingte Compilation erlaubt es auch, die Header–Dateien so zu formulieren, daß sie in beliebiger Reihenfolge mittels `#include` eingebunden werden können. Darauf kann hier nicht näher eingegangen werden; wer Einzelheiten wissen möchte, möge sich einmal die Header–Dateien selbst ansehen.

Hier soll ein weiteres Beispiel für die Nützlichkeit bedingter Compilation etwas näher betrachtet werden: Während des Tests eines Programms wird man vielfach zusätzliche Ausgabe–Anweisungen in das Programm schreiben, um sich zu überzeugen, daß es richtig arbeitet. Diese Anweisungen werden im fertigen Programm nicht mehr benötigt, könnten also wieder entfernt werden. Soll man sie wirklich entfernen? In der Regel sollte man das nicht tun. Es kann ja sein, daß neue Fehler gefunden werden oder Änderungen vorzunehmen sind – und dann beginnen die Tests von neuem. Zweckmäßiger ist es, die Testanweisungen von vornherein bedingt übersetzen zu lassen, so daß man jederzeit wählen kann, ob das „pure" Programm oder seine Testversion erzeugt werden soll.

Der Eintrag *Bedingung* in `#if`– und `#elif`–Direktiven muß ein konstanter Ausdruck sein, dessen Wert, wie bei Schleifen und `if`–Anweisungen als „falsch" interpretiert wird, wenn er Null ist, und als „wahr" sonst.

Im Schema kann man die Testausgabe so erzeugen:

```
#define TESTEN 1
    . . .
#if TESTEN
    printf (Testausgabe);
#endif
```

Benötigt man die Testausgabe nicht mehr, so braucht man nur in der Definition von TESTEN die 1 durch eine 0 zu ersetzen und dann das Programm neu zu übersetzen.

In manchen Fällen wird man nicht den Wert eines Macros prüfen wollen, sondern nur, ob er definiert ist oder nicht. Hierfür steht als zusätzlicher Operator

```
defined (Name)
```

zur Verfügung. Dieser Operator darf *nur* in den Ausdrücken in `#if`– und `#elif`–Direktiven verwendet werden; er darf nicht als Macroname definiert werden.

Das Beispiel von oben kann also auch so formuliert werden:

```
#define TESTEN
    . . .
#if defined (TESTEN)
    printf (Testausgabe);
#endif
```

Man beachte: Der Macro TESTEN wird hier definiert, ohne daß ein Ersatztext für ihn definiert wird. Das ist durchaus zulässig.

Soll hier die Testausgabe entfernt werden, muß die Definition von TESTEN entfernt oder, besser, zu Kommentar gemacht werden.

Speziell zum Testen, ob ein Macro definiert ist oder nicht, dienen die Direktiven `#ifdef` und `#ifndef`. Statt

```
#if defined (TESTEN)
```

könnte man also auch schreiben

```
#ifdef TESTEN
```

Ein weiteres kleines konkretes Beispiel: Bei der Einführung von `typedef` (vgl. Abschnitt 2.5) war angesprochen worden, daß man mit `typedef` sehr einfach aus den verschiedenen int–Typen den „geeigneten" auswählen kann. Mit bedingter Compilation läßt sich dieses sogar automatisieren. In einem Programm werden ganze Zahlen mit Werten bis 100000 benötigt. Diesen Wertebereich garantiert der Standard nur für den Typ `long int`. Um nicht mit einem unnötig großen Wertebereich zu arbeiten, kann man schreiben

```
#include <limits.h>

#if INT_MAX >= 100000
   typedef int INT;
#else
   typedef long int INT;
#endif
```

`INT_MAX` ist eine Konstante, die in der Headerdatei `<limits.h>` definiert ist. Sie bezeichnet den größten int–Wert, den die konkrete Implementation erlaubt (vgl. Abschnitt 8.6.)

Bedingte Compilation ist vielfach nützlich, kann aber auch bei unsachgemäßer Verwendung ein Programm völlig unleserlich machen. Insbesondere sollten die `#if`–`#endif`–Konstruktionen nicht zu lang werden.

7.6 Präprozessor–Operatoren

Die Expandierung eines Macros mit Parametern läuft in mehreren Schritten ab: Zunächst werden die Parameter im Ersatztext durch die Argumente des Aufrufs ersetzt. Dabei werden in der Regel Macros expandiert, die in den Argumenten enthalten sind. Danach wird der modifizierte Ersatztext auf zu expandierende Macros untersucht und ggf. die Expandierung ausgeführt.

Daß innerhalb von Stringkonstanten nicht ersetzt wird, ist in der Regel wünschenswert, gelegentlich aber auch lästig.

Beispiel: Eine Stringvariable sei durch

```
#define LAENGE 63
...
char s[LAENGE + 1];
```

definiert. Will man beim Lesen eines Wertes der Variablen sicherstellen, daß keine Indexüberschreitung eintritt, so kann man schreiben

```
scanf ("%63s", s);
```

Ohne weiteres läßt sich die benannte Konstante `LAENGE` für das Format nicht nutzen, eben weil innerhalb von Stringkonstanten nicht ersetzt wird; der eigentliche Nutzen benannter Konstanten, nämlich die vollständige Parametrisierung eines Programms, ist so nicht erreicht.

Abhilfe schafft der Operator `#`, der nur im Ersatztext von Macros mit Parametern verwendet werden darf und dort nur links vom Namen eines Parameters stehen darf. Er bewirkt, daß das Argument des Aufrufs an dieser Stelle nicht auf zu expandierende Macros untersucht wird, sondern unmittelbar, in Gänsefüßchen eingeschlossen, eingetragen wird. Definiert man etwa

```
#define LAENGE 63
#define str( t) #t
```

so ergibt der Aufruf `str (LAENGE)` die Zeichenfolge `"LAENGE"`. Um das hier gewünschte Resultat zu erhalten, nämlich `"63"`, muß ein zusätzlicher Macro definiert werden, nämlich

```
#define quote( t) str (t)
```

Der Aufruf `quote (LAENGE)` ergibt zunächst die Zeichenfolge `str (63)`. Da diese Zeichenfolge noch einen zu expandierenden Macro (`str`) enthält, wird die Expandierung fortgesetzt und ergibt `"63"`. Macht man sich nun noch klar, daß der Compiler Stringkonstanten konkateniert, die nur durch „white spaces" voneinander getrennt sind, so kann der vollständig parametrisierte Quellcode lauten

```
#define LAENGE 63
#define str( t) #t
#define quote( t) str (t)
...
char s[LAENGE + 1];
...
scanf ("%" quote (LAENGE) "s", s);
```

Ein weiterer Präprozessor–Operator (`##`) erlaubt es, Macronamen im Zuge der Expandierung „zusammenzubauen". Auch dieser Operator darf nur im Ersatztext von Macros mit Parametern verwendet werden und dort nur links oder rechts vom Namen eines Parameters stehen. Er bewirkt ebenfalls, daß das Argument des Aufrufs an dieser Stelle nicht auf zu expandierende Macros untersucht wird; daneben wird der eingesetzte Text mit dem Text auf der anderen Seite des Operators konkateniert.

Ein mehr formales Beispiel: Der Programmausschnitt

```
#define str1 "Text A"
#define str2 "Text B"
#define txt( n) str ## n
...
    printf (txt (1) " und " txt (2) "\n");
```

bewirkt, daß die Zeile

```
Text A und Text B
```

geschrieben wird: Im ersten Schritt der Expandierung von `txt (1)` (Einsetzen der Argumente) resultiert die Zeichenfolge `str1`, die dann im zweiten Schritt zu `"Text A"` expandiert wird. `txt (2)` wird analog expandiert; die vier Stringkonstanten in der Argumentliste des `printf` werden vom Compiler zu einem String konkateniert.

7.7 Weitere Direktiven

Über die bereits genannten Direktiven hinaus kennt der Präprozessor einige weitere, die hier zumindest noch kurz angesprochen werden sollen.

Mit der Direktive

#undef *Name*

kann die Definition des Macro *Name* wieder aufgehoben werden. Die Direktive

#error *Text*

bewirkt, daß der angegebene Text *Text* bereits während der Übersetzung als (Fehler–)Meldung geschrieben wird. Die Direktive wird in der Regel bedingter Compilation unterliegen. Die Direktive

#line *Zahl Stringkonstante*

ist nützlich, wenn man aus einem Programm heraus C–Quellcode erzeugt. Für Fehlermeldungen und Programmlisten werden in der Regel der Name der Quelldatei und die Nummer der aktuellen Zeile in ihr benötigt. Diese beiden Angaben werden durch (vordefinierte) Macros **__LINE__** und **__FILE__** repräsentiert. Die Werte dieser Macros können mit **#line** umdefiniert werden.

Die Namen der beiden Macros **__LINE__** und **__FILE__** sind übrigens als reservierte Namen zu betrachten, dürfen also nicht beliebig definiert werden. Gleiches gilt für drei weitere Macros:

- **__DATE__** repräsentiert das Datum der Compilation.
- **__TIME__** repräsentiert die Uhrzeit der Compilation.
- **__STDC__** ergibt die Zahl 1, wenn der Compiler dem ANSI–Standard entspricht.

Kapitel 8

Die Standardbibliothek

8.1 Übersicht

In seiner ursprünglichen Konzeption war C eine „kleine" Sprache: Es gab nur wenige Anweisungen; vieles, darunter die gesamte Ein-/Ausgabe, wurde von der Sprache nicht definiert.

Für die praktische Arbeit war C deshalb nur sehr eingeschränkt geeignet – sofern die Implementatoren nicht eine umfangreiche Bibliothek, etwa für die Ein-/Ausgabe, zur Verfügung stellten. Was mit dieser Bibliothek zur Verfügung stand und wie es zur Verfügung stand, konnte von einer Implementation zur anderen verschieden sein, so daß Programme, die die Bibliothek benutzten, nur noch sehr eingeschränkt portabel waren.

Am Grundumfang der Sprache hat der neue Standard nicht viel verändert. Und er schreibt auch weiterhin *nicht* vor, daß eine Bibliothek vorhanden sein muß. Falls jedoch eine Bibliothek vorhanden ist, schreibt der Standard detailliert vor, welchen Umfang diese Standardbibliothek besitzen muß. Da zumindest der Anwendungsprogrammierer auf eine Bibliothek angewiesen ist, ist es heute nur noch eine Frage der Betrachtungsweise, ob man die Funktionen der Standardbibliothek als Bestandteil von C oder nach wie vor als „Zugabe" zur eigentlichen Sprache ansieht.

Einem Programm können die Funktionen der Standardbibliothek verfügbar gemacht werden, indem eine entsprechende Header-Datei mit `#include` eingebunden wird. Diese Header-Dateien enthalten in der Regel neben den Prototypen von Funktionen die Definitionen von Macros, Typen und Variablen. Auch wenn Verbindungen zwischen den verschiedenen Header-Dateien bestehen, braucht man bei den `#include`-Direktiven keine bestimmte Reihenfolge einzuhalten. Es ist sogar zulässig, ein und dieselbe Header-Datei mehrfach einzubinden, ohne daß Konflikte entstehen.

Die Header-Dateien, die für die Standardbibliothek vorhanden sein müssen, sind nachfolgend in alphabetischer Reihenfolge angegeben, jeweils mit einer kurzen Charakterisierung ihres Inhalts.

`<assert.h>`	Testhilfen
`<ctype.h>`	Zeichenverarbeitung
`<errno.h>`	Fehlernummern
`<float.h>`	Interne Datenformate (Gleitkommatypen)
`<limits.h>`	Interne Datenformate (ganzzahlige Typen)
`<locale.h>`	Länderspezifische Darstellung von Zahlen
`<math.h>`	Mathematische Funktionen
`<setjmp.h>`	Sprünge zwischen Funktionen

`<signal.h>`   Behandlung von Signalen

`<stdarg.h>`   Abarbeitung von Funktionen mit variabler Parameterzahl

`<stddef.h>`   Elementare Typen

`<stdio.h>`   Ein-/Ausgabe

`<stdlib.h>`   Diverse Hilfsroutinen

`<string.h>`   Stringverarbeitung

`<time.h>`   Termine und Zeiten

Mit Ausnahme von `<stdio.h>` sollen diese Header–Dateien in den folgenden Abschnitten behandelt werden. Die Ein–/Ausgabe wird in einem besonderen Kapitel erst im Anschluß behandelt, sowohl wegen ihrer grundlegenden Bedeutung als auch ihres Umfangs.

Die Anforderungen des Standard sind immer nur als Mindestanforderungen zu sehen. Die Header–Dateien einer speziellen Implementation werden deshalb in der Regel Definitionen über die Vorschriften des Standard hinaus enthalten. In den Einzelbeschreibungen der Header–Dateien wird darauf nicht noch einmal besonders hingewiesen.

8.2   Elementare Typen (`<stddef.h>`)

Diese Header–Datei definiert einige Typen und Macros, die teils auch in anderen Header–Dateien benötigt und deshalb dort ebenfalls definiert werden.

Den Typ

    ptrdiff_t

hat die Differenz von zwei Zeigern; der Typ ist ein ganzzahliger Typ mit Vorzeichen. Den Typ

    size_t

hat das Ergebnis des Operators `sizeof`; der Typ ist ein ganzzahliger Typ ohne Vorzeichen. Der ganzzahlige Typ

    wchar_t

entspricht dem Typ `char`, wenn anstelle des Standard–Zeichensatzes ein erweiterter Zeichensatz verwendet wird. Der Macro

    NULL

repräsentiert den Nullzeiger. Der Macro

    offsetof (*Struktur*, *Komponente*)

ergibt, als ganzzahlige Konstante, den Abstand in Bytes der Komponente *Komponente* vom Anfang der Struktur mit dem Typ *Struktur*. Dabei darf *Komponente* kein Bitfeld (vgl. Abschnitt 10.3.2) sein.

8.3   Testhilfen (`<assert.h>`)

Diese Header–Datei enthält nur eine Definition, nämlich den Macro

```
assert( Bedingung)
```

oder die Funktion

```
void assert (int Bedingung);
```

Die Wirkung ist in beiden Fällen die gleiche: Wenn der Ausdruck `Bedingung` den Wert „falsch" (Null) besitzt, wird das Programm mit einer Fehlermeldung abgebrochen. Diese Fehlermeldung muß den angegebenen Parameter als Zeichenfolge, den Namen der Quelldatei und die Nummer der Zeile des Aufrufs enthalten, kann darüber hinaus implementations–spezifische Angaben umfassen.

Eine Besonderheit dieser Header–Datei ist: In ihr wird der Macro

```
NDEBUG
```

verwendet, der in ihr *nicht* definiert wird. Vielmehr ermöglicht es dieser Macro dem Benutzer, die Aufrufe von `assert` unwirksam zu machen, ohne sie aus dem Quellcode zu entfernen: Falls der Macro `NDEBUG` *nicht* definiert ist, arbeitet `assert` wie beschrieben. Ist dagegen `NDEBUG` definiert, so tut `assert` *nichts*!

8.4   Klassifizierung von Zeichen (`<ctype.h>`)

C ist zwar darauf ausgerichtet, daß der Zeichensatz des ASCII–Code verwendet wird, andererseits aber auch keineswegs auf diesen Zeichensatz fixiert.

Die Datei `<ctype.h>` stellt Funktionen zur Verfügung, die die Verarbeitung von Zeichen erlauben, ohne den Zeichensatz zu kennen, den der Rechner verwendet.

Alle Funktionen haben als Parameter einen ganzzahligen Wert, der entweder im Wertebereich von `unsigned char` liegen oder `EOF` sein muß. Nach ihren Funktionswerten lassen sich in zwei Gruppen unterteilen:

- Der größere Teil der Funktionen erlaubt die Klassifizierung von Zeichen, z.B. Großbuchstaben, Kleinbuchstaben, Trennzeichen, usw.. Bei diesen Funktionen kennzeichnet der Funktionswert mit „wahr" (ungleich Null) oder „falsch" (Null), ob das Zeichen zu der Kategorie gehört, die der Name der Funktion bezeichnet.

- Zwei Funktionen erlauben die Umwandlung von Groß– in Kleinbuchstaben bzw. umgekehrt. Der Funktionswert ist entsprechend ein ganzzahliger Wert, der entweder im Wertebereich von `unsigned char` liegt oder `EOF` ist.

Die Funktionen zur Bestimmung der Zeichenkategorien:

`islower`	Kleinbuchstaben
`isupper`	Großbuchstaben
`isalpha`	Buchstaben, groß oder klein
`isdigit`	(dezimale) Ziffern
`isxdigit`	hexadezimale Ziffern

isalnum   alphanumerische Zeichen (Buchstaben, Ziffern)

iscntrl   (nicht–druckbare) Steuerzeichen

isgraph   druckbare Zeichen, jedoch nicht das Leerzeichen

isprint   druckbare Zeichen (incl. Leerzeichen)

ispunct   druckbare Sonderzeichen, jedoch nicht das Leerzeichen

isspace   „white spaces"

Die beiden Umwandlungsfunktionen sind

tolower   Umwandlung in Kleinbuchstaben

toupper   Umwandlung in Großbuchstaben

`tolower` liefert zu einem Großbuchstaben den entsprechenden Kleinbuchstaben, sofern
dieser im Zeichensatz vorhanden ist, beläßt alle anderen Zeichen unverändert. `toupper`
wandelt analog Kleinbuchstaben um.

Beispiel: Zu schreiben sind die Großbuchstaben in der Reihenfolge des Alphabets. Das
folgende Programm zeigt zwei Varianten, wie die Aufgabe gelöst werden kann: Die erste
Variante unterstellt, daß die Großbuchstaben in der Reihenfolge des Alphabets unmittelbar aufeinanderfolgen – was beim ASCII–Code und manchem anderen Code der Fall
ist, aber nicht bei jedem. Die zweite Variante unterstellt auch, daß die Großbuchstaben im Zeichensatz in der Reihenfolge des Alphabets aufeinanderfolgen, allerdings nicht
notwendig unmittelbar – und diese Annahme dürfte bei jedem Zeichensatz erfüllt sein.

```
/****************************************************************\
*                                                              *
*    Schreiben des Alphabets  (Grossbuchstaben)                *
*                                                              *
\****************************************************************/

#include <limits.h>
#include <stdio.h>
#include <ctype.h>

int main (void)
{
   int c;

   /*** Variante 1: nur geeignet fuer ASCII-Code  **************/

   for (c = 'A'; c <= 'Z'; c++)
     printf ("%c", c);
   printf ("\n");

   /*** Variante 2: geeignet fuer beliebige Codes  ************/

   for (c = 0; c <= UCHAR_MAX; c++)
     if (isupper (c))
        printf ("%c", c);
```

```
    printf ("\n");

    return 0;
}
```

Die Datei <limits.h> (vgl. Abschnitt 8.6) wird benötigt, weil sie den Macro UCHAR_MAX enthält, der den größten zulässigen Wert für den Typ unsigned char liefert.

Man kann übrigens nicht ohne weiteres davon ausgehen, daß die Funktionen die Umlaute und das ß als Buchstaben erkennen, selbst wenn der Rechner einen (erweiterten) Zeichensatz verwendet, in dem diese Zeichen enthalten sind. Ändern läßt sich das unter Umständen durch Funktionen, die durch <locale.c> bereitgestellt werden.

8.5 Fehlernummern (<errno.h>)

Diese Header–Datei enthält drei Definitionen.

errno wird von vielen Bibliotheksfunktionen verwendet, um eventuelle Fehler durch unterschiedliche positive ganze Zahlen näher zu kennzeichnen. Ob es sich dabei um eine globale Variable oder einen Macro handelt, legt der Standard nicht fest.

errno besitzt beim Start des Programms den Wert Null (kein Fehler), wird von den Bibliotheksfunktionen nur dann verändert, wenn ein Fehler auftrat. Zweckmäßig ist es, wenn der Programmierer den Wert auf Null zurücksetzt, bevor er eine Bibliotheksfunktion aufruft, die im Fall eines Fehlers die Fehlerkennung in errno abliefert.

Die beiden weiteren Definitionen sind die Macros

```
EDOM
ERANGE
```

Sie repräsentieren, als positive ganzzahlige konstante Ausdrücke, die Fehlernummern, die von den mathematischen Funktionen in errno geliefert werden, wenn ein Parameter einen unzulässigen Wert besitzt (EDOM) bzw. wenn beim Funktionswert eine Bereichsüberschreitung eintritt (ERANGE).

8.6 Interne Datenformate (<limits.h> und <float.h>)

In <limits.h> sind als Macros Konstanten definiert, die für alle ganzzahligen Typen den jeweils größtmöglichen speicherbaren Wert liefern. Für die vorzeichenbehafteten ganzzahligen Typen sind in gleicher Weise die kleinstmöglichen (negativen) speicherbaren Werte enthalten. Die folgende Aufstellung enthält alle diese Konstanten, dazu jeweils den kleinsten Maximal- bzw. größten Minimalwert, den der Standard für den jeweiligen Typ erlaubt.

CHAR_BIT   Anzahl der Bits für einen char–Wert (≥ 8)

CHAR_MAX   Maximalwert für den Typ char ($\geq 127 = 2^7 - 1$)

CHAR_MIN   Minimalwert für den Typ char (≤ 0)

INT_MAX   Maximalwert für den Typ int ($\geq 32767 = 2^{15} - 1$)

INT_MIN   Minimalwert für den Typ int ($\leq -32767 = -2^{15} + 1$)

`LONG_MAX`	Maximalwert für den Typ `long` ($\geq 2147483647 = 2^{31} - 1$)
`LONG_MIN`	Minimalwert für den Typ `long` ($\leq -2147483647 = -2^{31} + 1$)
`SCHAR_MAX`	Maximalwert für den Typ `signed char` ($\geq 127 = 2^7 - 1$)
`SCHAR_MIN`	Minimalwert für den Typ `signed char` ($\leq -127 = -2^7 + 1$)
`SHRT_MAX`	Maximalwert für den Typ `short` ($\geq 32767 = 2^{15} - 1$)
`SHRT_MIN`	Minimalwert für den Typ `short` ($\leq -32767 = -2^{15} + 1$)
`UCHAR_MAX`	Maximalwert für den Typ `unsigned char` ($\geq 255 = 2^8 - 1$)
`UINT_MAX`	Maximalwert für den Typ `unsigned int` ($\geq 65535 = 2^{16} - 1$)
`ULONG_MAX`	Maximalwert für den Typ `unsigned long` ($\geq 4294967295 = 2^{32} - 1$)
`USHRT_MAX`	Maximalwert für den Typ `unsigned short` ($\geq 65535 = 2^{16} - 1$)

In ähnlicher Weise enthält `<float.h>` Angaben über die interne Darstellung der Gleitkommatypen. Von diesen Angaben sollen hier nur die beschrieben werden, die für den Anwendungsprogrammierer Bedeutung besitzen.

Die größte darstellbare positive Zahl beschreiben für die drei Gleitkommatypen die (nicht notwendig konstanten) Werte `FLT_MAX`, `DBL_MAX` und `LDBL_MAX`. Alle drei Werte müssen größer oder gleich `1E+37` sein.

Die kleinste darstellbare positive Zahl beschreiben für die drei Gleitkommatypen die (nicht notwendig konstanten) Werte `FLT_MIN`, `DBL_MIN` und `LDBL_MIN`. Alle drei Werte müssen größer als Null und kleiner oder gleich `1E-37` sein.

Die verfügbare Genauigkeit der drei Gleitkommatypen beschreiben die (nicht notwendig konstanten) positiven Werte `FLT_EPSILON`, `DBL_EPSILON` und `LDBL_EPSILON`.

`FLT_EPSILON` muß kleiner oder gleich `1E-5` sein; die anderen beiden Werte müssen kleiner oder gleich `1E-9` sein. Zu interpretieren sind diese Werte so: Die Differenz zwischen `1.0` und der kleinsten darstellbaren Zahl, die größer als `1.0` ist, ist dem Betrage nach kleiner als der entsprechende EPSILON–Wert.

Praktisch die gleichen Angaben erhält man mit der Anzahl der signifikanten Stellen: `FLT_DIG` muß größer oder gleich 6 sein, `DBL_DIG` und `LDBL_DIG` müssen größer oder gleich 9 sein.

Wertebereich und Genauigkeit für negative Zahlen entsprechen denen für positive Zahlen. Zusätzlich umfaßt der Wertebereich jedes der drei Gleitkommatypen die Zahl Null.

Wie die Rundung bei Gleitkomma–Additionen erfolgt, ist dem (nicht notwendig konstanten) ganzzahligen Wert `FLT_ROUNDS` zu entnehmen. Durch den Standard vorgeschrieben sind die Werte

- `-1`   keine einheitliche Rundung
- `0`   Rundung auf Null zu
- `1`   Rundung zur nächsten darstellbaren Zahl
- `2`   Rundung nach oben (auf $+\infty$ zu)
- `3`   Rundung nach unten (auf $-\infty$ zu)

Weitere Werte können verwendet werden, um implementations–spezifisch andere Arten der Rundung zu beschreiben.

8.7 Länderspezifische Darstellungen und Zeichen (<locale.h>)

Ein ständiges Ärgernis ist, daß in verschiedenen Ländern allgemein Zahlen sowie speziell Termine, Zeiten und Geldbeträge sehr verschieden geschrieben werden, daß der ASCII–Code nur das angloamerikanische Alphabet umfaßt. An den (amerikanischen) Dezimalpunkt anstelle des (deutschen) Dezimalkommas etwa hat man sich hierzulande fast schon gewöhnt, die fehlenden Umlaute stören oft sehr.

Mit der Datei <locale.h> stellt C jetzt ansatzweise die Möglichkeit zur Verfügung, ohne großen Aufwand länderspezifische Darstellungen zu erhalten oder länderspezifische Zeichensätze zu verarbeiten. Hierzu dient die Funktion

```
char *setlocale (int category, const char *locale);
```

Der erste Parameter, `category`, beschreibt, welche länderspezifischen Darstellungen betroffen sein sollen. Der zweite Parameter, `locale`, wählt die Darstellung aus. Der Funktionswert ist der Zeiger auf den Anfang eines Strings, der die gewählten Eigenschaften der Darstellung enthält.

Die verfügbaren Kategorien sind:

`LC_ALL`	Alle Kategorien
`LC_COLLATE`	Stringvergleiche durch `strcoll` und Stringumsetzung durch `strxfrm` (vgl. <string.h>)
`LC_CTYPE`	Verarbeitung von Zeichen (vgl. <ctype.h>)
`LC_MONETARY`	Darstellung von Geldbeträgen
`LC_NUMERIC`	Dezimal–Trennzeichen bei formatierter Ein–/Ausgabe und Umwandlung von Strings (vgl. <stdio.h> bzw. <stdlib.h>)
`LC_TIME`	Termin– und Zeitdarstellung (vgl. <time.h>)

Für den zweiten Parameter werden vom Standard derzeit nur drei Möglichkeiten vorgeschrieben:

- Der String `"C"` erzeugt die Minimal–Voreinstellung, die beim Start eines Programms stets gültig ist.

- Der leere String `""` erzeugt eine implementations–spezifische Einstellung.

- Der Nullzeiger bewirkt keine Änderung, sondern sorgt nur für die Rückgabe des Funktionsresultats.

Weitere Möglichkeiten für den zweiten Parameter bleiben der jeweiligen Implementation vorbehalten. Entsprechend sei auf die jeweiligen Handbücher verwiesen. Auch soll auf die weiteren Definitionen aus <locale.h> hier nicht näher eingegangen werden.

8.8 Mathematische Funktionen (<math.h>)

Die mathematischen Funktionen, die in <math.h> deklariert sind, benötigen, von wenigen Ausnahmen abgesehen, ein Argument mit dem Typ `double` und liefern sämtlich einen `double`–Funktionswert.

In der folgenden Tabelle sind die allgemein gebräuchlichen Funktionen genannt. Diese benötigen jeweils ein Argument. Soweit für das Argument (x) Restriktionen bestehen, sind diese in der Beschreibung genannt. Bei den Umkehrfunktionen der Winkelfunktionen ist außerdem der Wertebereich genannt, in dem der Funktionswert (f) liegt.

`sin`	Sinus (x im Bogenmaß)
`cos`	Cosinus (x im Bogenmaß)
`tan`	Tangens (x im Bogenmaß)
`asin`	Arcus Sinus ($x \in [-1, 1], f \in [-\pi/2, \pi/2]$)
`acos`	Arcus Cosinus ($x \in [-1, 1], f \in [0, \pi]$)
`atan`	Arcus Tangens ($f \in [-\pi/2, \pi/2]$)
`sinh`	Sinus hyperbolicus
`cosh`	Cosinus hyperbolicus
`tanh`	Tangens hyperbolicus
`exp`	Exponentialfunktion
`log`	Natürlicher Logarithmus ($x > 0$)
`log10`	Logarithmus zur Basis 10 ($x > 0$)
`sqrt`	Quadratwurzel ($x \geq 0$)
`ceil`	Aufrundung auf eine ganze Zahl ($x \leq f < x + 1$)
`floor`	Abrundung auf eine ganze Zahl ($x \geq f > x - 1$)
`fabs`	Absolutbetrag

Die anderen Funktionen sind weniger gebräuchlich:

`atan2`   Die Funktion

```
double atan2 (double y, double x)
```

liefert den Arcus Tangens des Quotienten y/x, wobei y und x zwar Null sein dürfen, jedoch nicht gleichzeitig. Der Funktionswert liegt im Intervall $[-\pi, \pi]$, wobei die Vorzeichen *beider* Argumente für die Bestimmung des Quadranten herangezogen werden.

`pow`   Die Funktion

```
double pow (double x, double y)
```

liefert die Potenz x^y. Im Fall $x = 0$ muß $y > 0$ gelten; im Fall $x < 0$ muß y einen ganzzahligen Wert besitzen.

`ldexp`   Die Funktion

```
double ldexp (double x, int n)
```

liefert den Wert $x \cdot 2^n$.

`frexp`   Die Funktion

```
double frexp (double x, int *n)
```

zerlegt x in die normalisierte Darstellung $x = m \cdot 2^n$. Als Funktionswert wird m geliefert, während n im zweiten Parameter gespeichert wird. „Normalisiert" bedeutet: Falls x Null ist, gilt $m = 0$ und $n = 0$; sonst gilt $0.5 \leq m < 1$.

modf   Die Funktion

```
double modf (double x, double *i)
```

zerlegt den Wert x in seinen ganzzahligen Anteil, der im zweiten Parameter gespeichert wird, und den Nachkomma–Anteil, der als Funktionswert zurückgeliefert wird. Beide Teile besitzen dasselbe Vorzeichen wie x.

fmod   Die Funktion

```
double fmod (double x, double y)
```

liefert die Nachkomma–Stellen des Quotienten $x/|y|$. Was im Fall $y = 0$ passiert, bleibt der jeweiligen Implementation überlassen.

Alle Funktionen melden Bereichsüberschreitungen, sowohl für ihre Argumente als auch für ihren Funktionswert. Dazu verwenden sie die Fehlerkennungen `EDOM` und `ERANGE` (vgl. `<errno.h>`), sowie den positiven `double`–Wert `HUGE_VAL`, der in `<math.h>` deklariert ist:

- Wenn ein Argument einen unzulässigen Wert besitzt, wird `errno` auf den Wert `EDOM` gesetzt. Der Funktionswert ist undefiniert.

- Wenn das Resultat der Berechnung dem Betrag nach größer als der größte darstellbare `double`–Wert ist, wird `errno` auf den Wert `ERANGE` gesetzt. Der Funktionswert ist, mit dem korrekten Vorzeichen, `HUGE_VAL`.

- Wenn das Resultat der Berechnung dem Betrag nach kleiner als der kleinste darstellbare `double`–Wert ungleich Null ist, ist der Funktionswert Null. Ob `errno` auf den Wert `ERANGE` gesetzt wird oder nicht, bleibt der jeweiligen Implementation überlassen.

Bei den Winkelfunktionen ist gewisse Vorsicht zu empfehlen: Das Argument sollte „nicht zu weit" außerhalb des Intervalls $[-2\pi, 2\pi]$ liegen, da die Winkelfunktionen für Argumente mit großem Betrag vielfach sehr ungenaue Werte liefern. Gegebenenfalls sollte man die Argumente *modulo* π übergeben, etwa durch

```
double pi2, x, y;
...
pi2 = 8 * atan (1);
...
y = sin (fmod (x, pi2));
```

8.9 Sprünge zwischen Funktionen (`<setjmp.h>`)

Diese Header–Datei schafft die Möglichkeit, aus einer Funktion direkt an eine beliebige Stelle in einer anderen Funktion zu springen, unter Umgehung der „normalen" Aufrufe und Rücksprünge.

Was schon für Sprünge innerhalb einer Funktion galt, daß sie sich nämlich bei sauberer Programmierung ohne weiteres vermeiden lassen, gilt umso mehr für Sprünge aus einer Funktion in eine andere. Deshalb soll hier nicht näher darauf eingegangen werden.

8.10   Behandlung von Signalen (`<signal.h>`)

Während der Ausführung eines Programms können die unterschiedlichsten **Ereignisse**
eintreten, deren Eintreten von vornherein nicht vorhersehbar ist, auf die aber in irgendeiner Weise reagiert werden muß. Beispiele sind Versuche, durch Null zu dividieren oder
auf Speicher zuzugreifen, der (dem Programm) nicht zur Verfügung steht.

Die verschiedenen Ereignisse melden ihr Auftreten durch **Signale**. Das Betriebssystem
bzw. die C–Implementation müssen Routinen vorsehen, die auf diese Signale reagieren.
In der Regel wird diese Reaktion in einem Abbruch des Programms bestehen.

Vielfach ist es allerdings wünschenswert, auf Signale durch eigene Routinen zu reagieren.
Und diese Möglichkeit schaffen die Funktionen, die in `<signal.h>` deklariert sind.

Zunächst einmal muß der Programmierer, wenn er ein Signal selbst behandeln will, die
entsprechende Funktion programmieren. Diese Funktion muß ein `int`–Argument besitzen
und darf keinen Funktionswert zurückliefern. Das Schreiben der Funktion reicht aber
nicht aus, vielmehr muß sie auch noch **installiert** werden. Hierzu dient die in `<signal.h>`
deklarierte Funktion

```
void (*signal (int sig, void (*handler) (int))) (int);
```

Die Funktion `signal` benötigt zwei Argumente und liefert als Funktionswert den Zeiger
auf eine andere Funktion, die ihrerseits ein `int`–Argument benötigt und keinen Funktionswert liefert.

Das erste Argument von `signal` bezeichnet das zu behandelnde Signal, das zweite ist der
Zeiger auf die Funktion `handler`, die künftig das Auftreten des Signals `sig` behandeln soll.
Wenn `signal` erfolgreich beendet wird, ist der Funktionswert der Zeiger auf die Funktion,
die bislang das Auftreten des Signals `sig` behandelt hat; wenn `signal` mit einem Fehler
endet, ist der Funktionswert `SIG_ERR`, wird außerdem `errno` entsprechend gesetzt.

Die Kennungen bestimmter Signale müssen als Macros deklariert sein:

`SIGABRT`	Programmabbruch (abort) durch die Funktion `abort` (vgl. `<stdlib.h>`)
`SIGFPE`	Fehler bei Arithmetik (floating point exception), z.B. Division durch Null oder Bereichsüberschreitung
`SIGILL`	unzulässige Operation (illegal instruction)
`SIGINT`	Unterbrechung des Programms von außen (interrupt), z.B. durch Drücken der **BREAK**-Taste
`SIGSEGV`	unzulässiger Speicherzugriff (segment violation)
`SIGTERM`	Programmabbruch (terminate), außerhalb des Programms ausgelöst

Weitere Signale können implementations–spezifisch zur Verfügung stehen. Deren Namen
müssen mit `SIG` oder `SIG_` beginnen.

Außerdem stellt `<signal.h>` zwei Funktionen zur Behandlung von Signalen zur Verfügung:

`SIG_DFL`	„normale" Behandlung des Signals, so wie sie ohne Eingriff des Program- mierers erfolgen würde; ob das ein Programm-Abbruch ist oder was sonst passiert, ist der jeweiligen Implementation überlassen

SIG_IGN   ignorieren des Signals

Beispiel: In der Regel bewirkt die BREAK–Taste (^C), daß die Ausführung eines Programms abgebrochen wird. Im folgenden Programm wird mit einer Funktion zur Behandlung des Signals SIGINT erreicht, daß die BREAK–Taste ihre Wirkung verliert:

```
/******************************************************\
*                                                      *
*    Blockierung der BREAK-Taste                       *
*                                                      *
\******************************************************/


#include <stdio.h>
#include <signal.h>


void Fehlermeldung (int Code);


/*** Rahmenprogramm zur Demonstration  ***********************/

int main (void)
{
   char c;

   signal (SIGINT, Fehlermeldung);      /* Routine installieren */
   while (scanf ("%c", &c) != EOF)      /* Eingabezeichen nach  */
      printf ("%c", c);                 /*    Ausgabe kopieren   */


   return 0;
}


/*** Routine zur Behandlung der BREAK-Taste  *****************/

void Fehlermeldung (int Code)
{
   printf ("Die BREAK-Taste ist verboten!\n");
   signal (SIGINT, Fehlermeldung);      /* Routine installieren */
   return;
}
```

In Fehlermeldung bewirkt das return, daß anschließend das Programm „normal" weitergeführt wird, als ob die Unterbrechung nicht gewesen wäre. Wollte man das Programm beenden, müßte man die Funktion exit (vgl. <stdlib.h>) statt dessen verwenden.

Der Aufruf von signal innerhalb von Fehlermeldung ist übrigens nötig, um die BREAK–Taste auf Dauer „abzuschalten". Ohne ihn würde, wenn das Signal ein zweites Mal ausgelöst wird, nicht erneut Fehlermeldung sondern wieder die Standardbehandlung für das Signal ausgeführt.

Ein weiteres Beispiel soll nur kurz angesprochen, nicht ausgeführt werden: Auf vielen Rechnern werden Programme bei bestimmten Fehlern automatisch abgebrochen. In solchen Fällen ist es oft wünschenswert, vor dem Abbruch noch die Gelegenheit zum

„Aufräumen" zu haben, etwa um noch Daten in eine Datei zu schreiben oder Dateien abzuschließen. Möglich wird dieses, indem man eine geeignete Funktion zur Behandlung des entsprechenden Signals schreibt und installiert.

Zusätzlich besteht die Möglichkeit, aus einem Programm heraus Signale zu senden, die dann genauso wie die automatisch erzeugten Signale behandelt werden. Hierzu dient die Funktion

```
int raise (int sig);
```

8.11   Funktionen mit variabler Argumentzahl (`<stdarg.h>`)

Im Normalfall besitzen Funktionen bei jedem Aufruf dieselbe Anzahl Argumente mit immer denselben Typen. Welche Argumente mit welchen Typen das sind, wird in der Deklaration der Funktion festgelegt; innerhalb der Funktion können sie über die Namen der entsprechenden Parameter angesprochen werden.

In manchen Fällen ist es aber durchaus wünschenswert, Anzahl und Typen beim Schreiben einer Funktion noch offen zu lassen und erst beim Aufruf festzulegen, ggf. von Aufruf zu Aufruf unterschiedlich. Ein Beispiel für eine Funktion, die so definiert ist, ist `printf`. Wie lästig wäre es, wenn man jeden Ausgabewert durch einen separaten Funktionsaufruf schreiben lassen und obendrein je nach Typ des Wertes eine andere Funktion verwenden müßte!

Die Deklaration einer Funktion mit variabler Argumentzahl ist sehr einfach: Die fixen Parameter, also die, die bei jedem Aufruf benötigt werden, werden wie sonst auch angegeben; dem letzten folgen ein Komma und dann drei Punkte. Eine Funktion mit variabler Argumentzahl *muß* mindestens einen fixen Parameter haben; der letzte fixe Parameter darf keine Funktion und kein Feld sein.

Innerhalb der Funktion kann auf die variablen Argumente nicht ohne weiteres zugegriffen werden – sie besitzen ja keine Namen. Die Möglichkeit, sie sich zu beschaffen, bieten die Deklarationen der Datei `<stdarg.h>`. Die Macros bzw. Funktionen sind, als Funktionsprototypen formuliert:

```
void va_start (va_list argumentdaten, letzter-Parameter);
Typ  va_arg (va_list argumentdaten, Typ);
void va_end (va_list argumentdaten);
```

Der Typ `va_list`, der ebenfalls in `<stdarg.h>` deklariert ist, beschreibt die Informationen, die die drei Macros bzw. Funktionen zur Beschaffung der Argumente benötigen. Der Programmierer muß eine Variable mit diesem Typ definieren, die er dann für alle drei Macros bzw. Funktionen verwendet.

`va_start` ist ein Macro und dient zur Initialisierung der Variablen `argumentdaten`, muß also aufgerufen werden, bevor auf die variablen Parameter zugegriffen werden kann. Sein zweites Argument ist der Name des letzten fixen Parameters der Funktion.

`va_arg` ist ebenfalls ein Macro. Er liefert bei jedem Aufruf den Wert eines weiteren Arguments, erlaubt es also, die variablen Argumente linear zu durchlaufen. Dabei *muß* mit *Typ* angegeben werden, welchen Typ das Argument besitzt; zulässig sind nur Typen,

die bei Nachstellen eines Sterns zulässige Zeigertypen ergeben: Zum Beispiel sind zwar
char und char * zulässig, nicht aber char[].[40]

va_end kann ein Macro oder eine Funktion sein und muß aufgerufen werden, bevor die
Funktion mit der variablen Argumentzahl durch den Rücksprung beendet werden kann.

Zunächst ein Beispiel: Nützlich sind häufig Funktionen zur Bestimmung des Minimums
oder Maximums einer beliebigen Anzahl von Zahlen. Eine solche Maximumfunktion soll
hier realisiert werden, zusammen mit einem kleinen Rahmenprogramm zum Test:

```c
/******************************************************************\
*                                                                *
*    Funktionen mit variabler Parameterzahl                      *
*                                                                *
\******************************************************************/

#include <float.h>
#include <stdarg.h>
#include <stdio.h>

#define ENDE - DBL_MAX          /* Kennung fuer letzten Parameter */

double max (double, ...);

/*** Rahmenprogramm zum Test  ********************************/

int main (void)
{
    float m, x, y;
    int z;

    scanf ("%f%f%d", &x, &y, &z);
    m = max (x, y, ENDE);
    printf ("Das Maximum der ersten beiden Zahlen ist %g\n", m);
    m = max (x, y, (float) z, ENDE);
    printf ("Das Maximum aller drei Zahlen ist %g\n", m);

    return 0;
}

/*** Maximum-Bestimmung fuer beliebig viele double-Werte  *****/

double max (double x, ...)
{
    va_list argument;
    double m = x, w;
```

---

[40]Der Ausschluß von Feldern ist letztlich keine Restriktion, weil z.B. char * und char[] in
der Sache äquivalent sind.

```
    va_start (argument, x);                   /* Initialisierung */
    while ((w = va_arg (argument, double)) != ENDE)
      if (m < w)                              /* Zugriff         */
        m = w;
    va_end (argument);                        /* Abschluss       */

    return m;
}
```

Das Beispiel berücksichtigt zwei Restriktionen, die noch nicht angesprochen wurden.

Zum einen muß die Funktion mit variabler Argumentzahl bei jedem Aufruf irgendwie mitgeteilt bekommen, wie viele Argumente der Aufruf umfaßt. Hier wird dazu ein zusätzliches Argument verwendet, an dessen Wert die Funktion erkennt, daß sie fertig ist. Eine andere, nicht gerade schöne Möglichkeit wäre, die Anzahl der Argumente selbst als (fixen) Parameter zu übergeben. Bei `printf` ist noch eine andere Möglichkeit realisiert: Die Anzahl der auszugebenden Werte ist im Formatierungsstring „versteckt". Die in `<stdarg.h>` deklarierten Macros bzw. Funktionen bieten dagegen keine Möglichkeit, sich die Anzahl der Argumente zu beschaffen; ganz im Gegenteil: Wenn `va_arg` aufgerufen wird, obwohl die Argumentliste bereits vollständig abgearbeitet ist, ist das ein schwerwiegender Fehler.

Zum anderen muß die Funktion mit variabler Argumentzahl entweder selbst wissen oder explizit mitgeteilt bekommen, welche Typen die variablen Argumente des Aufrufs besitzen. Im Beispiel wurde unterstellt, daß alle Argumente den Typ `double` besitzen; gleichzeitig wurde ausgenutzt, daß der Compiler im Aufruf einer Funktion im gewissem Umfang Typumwandlungen vornimmt, auch wenn er dem Funktionsprototyp nicht entnehmen kann, welche Typen die Parameter haben: Alle `float`-Werte werden in `double` umgewandelt, alle `char`- oder `short`-Werte in `int` oder `unsigned int`. Im Beispiel war so der Typumwandlungs–Operator (`float`) für die Variable `z` erforderlich, während die Umwandlung von `float` in `double` automatisch erfolgte. `printf` „versteckt" übrigens auch diese Information im Formatierungsstring. Erneut bieten die in `<stdarg.h>` deklarierten Macros bzw. Funktionen keine Möglichkeit, sich die erforderlichen Informationen zu beschaffen; entsprechend gilt: Wenn `va_arg` mit einem falschen Typ aufgerufen wird, ist das ein schwerwiegender Fehler.

8.12   Diverse Hilfsroutinen (`<stdlib.h>`)

Die Datei `<stdlib.h>` enthält die Deklaration von verschiedenen Gruppen von Funktionen, dazu Typen und Macros mit konstanten Werten, die von diesen Funktionen benutzt werden.

8.12.1   Umwandlung von Strings

Diese Gruppe umfaßt sechs Funktionen, davon drei elementare und drei auf diesen aufbauende.

Die elementaren Funktionen sind

```
double strtod (const char *Start, char **Rest);
long int strtol (const char *Start, char **Rest, int Basis);
```

```
unsigned long int strtoul (const char *Start, char **Rest,
                           int Basis);
```

und arbeiten im Prinzip gleich: Sie überspringen im String, auf dessen Anfang `Start` zeigt, alle Zeichen, für die `isspace` „wahr" liefert. Die nächsten Zeichen des String werden in einen numerischen Wert umgewandelt. Die Interpretation endet mit dem ersten Zeichen, das nicht mehr interpretiert werden kann, spätestens also mit dem Stringende–Zeichen. Der Zeiger auf das erste nicht mehr interpretierte Zeichen wird in der Variablen gespeichert, auf die `Rest` zeigt, sofern nicht `Rest` der Nullzeiger ist. Eventuelle Fehler, die bei der Umwandlung auftreten, werden durch entsprechendes Setzen von **errno** markiert.

Im einzelnen: `strtod` interpretiert Gleitkommazahlen, mit oder ohne Vorzeichen, mit oder ohne Dezimalpunkt, mit oder ohne Exponententeil. `strtol` und `strtoul` interpretieren ganze Zahlen mit bzw. ohne Vorzeichen, in einem beliebig vorzugebenden Stellenwertsystem (Parameter `Basis`).

Beispiel: Das Programm

```
/*****************************************************************\
*                                                               *
*    String-Interpretation mit 'strtod' und 'strtol'            *
*                                                               *
\*****************************************************************/

#include <stdio.h>
#include <stdlib.h>
#include <errno.h>

int main (void)
{
   char *text, *z;
   double d;
   long i;

   text = "1.2.3Ende";
   printf ("Vorgegebener Text: '%s'\n", text);
   d = strtod (text, &z);
   printf ("  Wert = %g, Status = %d, Textrest = '%s'\n\n",
           d, errno, z);


   text = "12Ende";
   printf ("Vorgegebener Text: '%s'\n", text);
   i = strtol (text, &z, 10);
   printf ("  Interpretation dezimal:\n");
   printf ("    Wert = %ld, Status = %d, Textrest = '%s'\n",
           i, errno, z);
   i = strtol (text, &z, 16);
   printf ("  Interpretation hexadezimal:\n");
   printf ("    Wert = %ld, Status = %d, Textrest = '%s'\n",
           i, errno, z);
```

```
    return 0;
}
```

liefert die Ausgabezeilen

```
Vorgegebener Text: '1.2.3Ende'
  Wert = 1.2, Status = 0, Textrest = '.3Ende'

Vorgegebener Text: '12Ende'
  Interpretation dezimal:
    Wert = 12, Status = 0, Textrest = 'Ende'
  Interpretation hexadezimal:
    Wert = 302, Status = 0, Textrest = 'nde'
```

Die weiteren drei Funktionen sind

```
double atof (const char *Start);
int atoi (const char *Start);
long int atol (const char *Start);
```

und entprechen, abgesehen von der Behandlung eventueller Fehler, den Aufrufen

```
strtod (Start, (char **)NULL)
(int) strtol (Start, (char **)NULL, 10)
strtol (Start, (char **)NULL, 10)
```

Ob die drei Funktionen eventuelle Fehler in **errno** melden oder nicht, bleibt der jeweiligen Implementation überlassen.

8.12.2   Pseudo–Zufallszahlen

Die Funktion

```
int rand (void)
```

liefert Pseudo–Zufallszahlen zwischen 0 und **RAND_MAX**, wobei **RAND_MAX** mindestens 32767 $(= 2^{15} - 1)$ sein muß.

Die Zahlenfolge, die durch aufeinanderfolgende Aufrufe von **rand** geliefert wird, ist reproduzierbar. Der Standard nennt einen Algorithmus, nach dem aus einer Zahl der Folge die nächste berechnet werden kann. Mit der Funktion

```
void srand (unsigned int Startwert)
```

kann festgelegt werden, wo in der Zahlenfolge begonnen werden soll; wenn vor dem ersten Aufruf von **rand** kein Startwert festgelegt wird, wird 1 verwendet. Man beachte: Aus **Startwert** *berechnet* **rand** den nächsten zu liefernden Wert, liefert nicht den Wert selbst.

8.12.3   Dynamische Speicherverwaltung

Diese Funktionsgruppe besteht aus den vier Funktionen

```
void *calloc (size_t Anzahl, size_t Groesse);
void *malloc (size_t Groesse);
void free (void *Zeiger);
void *realloc (void *Zeiger, size_t Groesse);
```

Dabei ist `size_t` ein Typ, der alle möglichen Werte des Operators `sizeof` umfaßt (vgl. `<stddef.h>`).

`calloc` stellt einen Zeiger auf den Anfang eines Feldes mit `Anzahl` Komponenten bereit, von denen jede die Größe `Groesse` besitzt, und füllt den gesamten Speicherbereich mit binären Nullen. `malloc` stellt einen Zeiger auf den Anfang eines Speichers von `Groesse` Bytes bereit, ohne spezielle Anfangswerte hineinzuschreiben. Beide Funktionen liefern den Nullzeiger, falls der angeforderte Speicherplatz nicht zur Verfügung steht. Wenn das Argument `Groesse` den Wert Null besitzt, bleibt es der jeweiligen Implementation überlassen, was passiert.

`free` gibt den Speicherbereich, auf dessen Anfang `Zeiger` zeigt, zur weiteren Verwendung durch das Betriebssystem wieder frei. `Zeiger` *muß* einen Wert besitzen, der durch einen vorherigen Aufruf einer der drei anderen Funktionen geliefert und noch nicht wieder freigegeben worden ist. Einzige Ausnahme: `Zeiger` darf auch der Nullzeiger sein; in diesem Fall hat `free` keine Wirkung.

`realloc` kann man sich als Kombination von `free` und `malloc` vorstellen:

- Wenn `Zeiger` der Nullzeiger ist, wirkt `realloc` wie `malloc`.

- Wenn `Zeiger` nicht der Nullzeiger, dafür aber `Groesse` den Wert Null besitzt, wirkt `realloc` wie `free`.

- Sonst wird der Speicherbereich, auf dessen Anfang `Zeiger` zeigt, vergrößert oder verkleinert, je nachdem, ob `Groesse` größer oder kleiner als die bisherige Größe des Speicherbereichs ist. In dem Teil des Speicherbereichs, der durch `realloc` nicht freigegeben wird, bleibt der Inhalt unverändert erhalten; bei einer Vergrößerung des Speicherbereichs enthält der neu hinzugekommene Teil undefinierte Werte.

Im Aufruf von `realloc` *muß* `Zeiger` entweder der Nullzeiger sein oder sein Wert muß durch einen vorherigen Aufruf von `calloc`, `malloc` oder `realloc` geliefert worden sein.

8.12.4   Beendigung eines Programms

Zwei Funktionen erlauben die Beendigung eines Programms an beliebiger Stelle:

```
void abort (void);
void exit (int Status);
```

`abort` löst das Signal `SIGABRT` aus, das zum Abbruch des Programms führt. Mit einer eigenen Routine zur Behandlung dieses Signals kann man den Abbruch in ein „normales" Programmende umwandeln. Eine eigene Routine zur Behandlung des Signals ist in der Regel zu empfehlen, da der Standard es der jeweiligen Implementation überläßt, ob offene Dateien vor dem Abbruch geschlossen werden oder nicht. Festgelegt ist nur, daß dem Betriebssystem im Fall eines Abbruchs ein geeigneter, implementations–spezifischer Fehlerstatus übergeben wird.

exit führt zu einem normalen Programmende. Zunächst werden eventuelle Inhalte der Ausgabepuffer geschrieben, danach alle offenen Dateien geschlossen, wobei temporäre Dateien gelöscht werden. Erst danach wird die Kontrolle an das Betriebssystem zurückgegeben, wobei in implementations–spezifischer Weise der ordnungsgemäße (`Status ==` 0) oder fehlerhafte (`Status != 0`) Abschluß des Programms markiert wird. Als Werte für `Status` stehen auch die in `<stdlib.h>` deklarierten Macros

```
EXIT_SUCCESS
EXIT_FAILURE
```

zur Verfügung. Zusätzlich kann der Programmierer durch Aufruf der Funktion

```
int atexit (void (*Abschlussroutine) (void));
```

erreichen, daß durch **exit** als erstes, also noch vor dem Schreiben der Pufferinhalte, eigene Abschlußroutinen aufgerufen werden. Diese müssen parameterlose Funktionen ohne Funktionswert sein. Der Standard schreibt vor, daß mindestens 32 eigene Abschlußroutinen möglich sein müssen, wobei die Reihenfolge, in der sie ausgeführt werden, vom Programmierer *nicht* festgelegt werden kann.

Die Funktion **atexit** meldet durch ihren Funktionswert, ob die Abschlußroutine zur Ausführung vorgemerkt werden konnte (Null) oder nicht (ungleich Null).

Im übrigen sollte selbstverständlich sein: Eine eigene Abschlußroutine darf ihrerseits **exit** *nicht* aufrufen.

8.12.5 Kommunikation mit dem Betriebssystem

Die beiden Funktionen

```
char *getenv (const char *Name);
int system (const char *Kommando);
```

erlauben es, Informationen vom Betriebssystem zu beschaffen, bzw. Kommandozeilen an den Befehlsinterpreter zu senden. Da beide Funktionen in starkem Maße implementations–spezifisch arbeiten, sei hier nur auf die entsprechenden Handbücher verwiesen.

8.12.6 Sortieren und Suchen

Die Funktion

```
void qsort (void *Start, size_t Anzahl, size_t Groesse,
            int (*Relation) (const void *, const void *));
```

sortiert beliebige Daten, die in einem eindimensionalen Feld gespeichert sind, „aufsteigend"; die Funktion

```
void *bsearch (const void *Schluessel, const void *Start,
            size_t Anzahl, size_t Groesse,
            int (*Relation) (const void *, const void *));
```

sucht in beliebigen Daten, die (aufsteigend) sortiert in einem eindimensionalen Feld gespeichert sind, nach einem bestimmten Wert.

Bei beiden Funktionen sind **Start** der Zeiger auf den Anfang des Feldes, das die Daten enthält, **Anzahl** die Anzahl der Komponenten des Feldes und **Groesse** die Größe einer einzelnen Feldkomponente, wie sie von **sizeof** geliefert wird. Bei **bsearch** ist weiter **Schluessel** der Zeiger auf den zu suchenden Wert. Für beliebig strukturierte Feldkomponenten und eine beliebige Sortierfolge können beide Funktionen eingesetzt werden, weil alle Einzelheiten auf die Funktion **Relation** abgewälzt werden, die als letzter Parameter zu übergeben ist:

- Beim Sortieren muß die Funktion entscheiden, ob ihr erstes Argument „größer", „gleich" oder „kleiner" als das zweite ist, und das Ergebnis durch einen Funktionswert größer, gleich oder kleiner Null melden. Ob sie zum Vergleich die beiden Argumente vollständig verwendet oder nur bestimmte Teile davon, bleibt ihr natürlich selbst überlassen.

- Beim Suchen muß die Funktion auch entscheiden, ob ihr erstes Argument „größer", „gleich" oder „kleiner" als das zweite ist, und das Ergebnis durch einen Funktionswert größer, gleich oder kleiner Null melden. Wie beim Sortieren ist das zweite Argument der Zeiger auf eine (vollständige) Feldkomponente; das erste Argument ist hier dagegen der Zeiger auf den zu suchenden „Schlüssel", d.h. er kann ebenfalls auf eine vollständige Feldkomponente zeigen, wird aber in vielen Fällen nur auf die Daten zeigen, die für den Vergleich relevant sind.

Die Namen der beiden Funktionen legen nahe, daß das Sortieren als Quicksort, das Suchen als binäre Suche realisiert wird. Dieses wird durch den Standard allerdings keineswegs vorgeschrieben.

Hier soll ein sehr einfaches Beispiel betrachtet werden: In einem eindimensionalen Feld sind einige **int**–Zahlen gespeichert; es soll gesucht werden, ob bestimmte Zahlen enthalten sind.

Typisch an diesem Beispiel ist: Da **bsearch** sortierte Daten benötigt, müssen die Daten, bevor gesucht werden kann, in der Regel zunächst sortiert werden. Das geschieht in der folgenden Realisierung durch den Aufruf von **qsort**.

```
/*******************************************************************\
*                                                                 *
*    Sortieren und Suchen mit 'qsort' und 'bsearch'               *
*                                                                 *
\*******************************************************************/

#include <stdio.h>
#include <stdlib.h>

#define LAENGE 10

int Feld[LAENGE] = { 1, 3, -5, 0, -4, 5, 2, 4, -1, -2};

typedef int (*REL) (const void *Schluessel, const void *Wert);

void schreibe (char *Meldung, int *Wert, int Anzahl);
int Relation (const int *Schluessel, const int *Wert);
```

```c
/*** Hauptprogramm  ***************************************/

int main (void)
{
   int *Position, Suchwert;

   /*** Ausgabe der unsortierten Zahlen, Sortieren und  *******/
   /*** erneute Ausgabe                                 *******/

   schreibe ("unsortiert:", Feld, LAENGE);
   qsort ((void *)Feld, (size_t) LAENGE, sizeof (int),
          (REL) Relation);
   schreibe ("sortiert:", Feld, LAENGE);

   /*** in einer Schleife werden zu suchende Werte erfragt  ****/
   /*** und behandelt                                       ****/

   printf ("Bitte geben Sie die zu suchenden Zahlen ein!\n");
   while (scanf ("%d", &Suchwert) != EOF)
   {
      Position = bsearch ((void *) &Suchwert, (void *) Feld,
                          (size_t) LAENGE, sizeof (int),
                          (REL) Relation);
      if (Position == NULL)
         printf ("%d wurde nicht gefunden\n", Suchwert);
      else
         printf ("%d wurde gefunden\n", Suchwert);
   }

   return 0;
}

/*** Ausgaberoutine  ***************************************/

void schreibe (char *Meldung, int *Wert, int Anzahl)
{
   printf ("%s\n", Meldung);
   while (Anzahl--)
      printf ("%d ", *Wert++);
   printf ("\n");
   return;
}

/*** Vergleichsroutine  ***********************************/

int Relation (const int *Schluessel, const int *Wert)
{
```

```
    return *Schluessel - *Wert;
}
```

Weniger typisch an dieser Realisierung ist, daß die zu sortierenden Daten selbst in dem Feld enthalten sind, das an die Funktionen übergeben wird. Hier ist das vernünftig, weil die zu sortierenden Werte int–Zahlen sind. Hat man aber etwa (längere) Strings oder Strukturen zu sortieren, so wird man den Aufwand für die Umspeicherung der Werte selbst vermeiden wollen. Man wird deshalb ein Feld aufbauen, in dessen Komponenten man Zeiger auf die zu sortierenden Werte speichert, und dieses Feld an die Funktionen übergeben. Das hat wesentliche Konsequenzen:

- Die Sortierfunktion übergibt der Vergleichsfunktion nicht, wie hier, Zeiger auf die Werte, sondern Zeiger auf Feldkomponenten, die ihrerseits die Zeiger auf die Werte enthalten.

- Beim Suchen gilt dagegen: Das zweite Argument der Vergleichsfunktion ist erneut der Zeiger auf eine Feldkomponente, die ihrerseits den Zeiger auf einen Wert enthält. Das erste Argument wird dagegen in der Regel ein Zeiger direkt auf einen Wert sein.

Fazit: In der Regel wird man für Sortieren und Suchen nicht, wie hier, dieselbe Vergleichsfunktion verwenden können.

Auf ein spezielles Beispiel hierfür soll verzichtet werden.

Übrigens: Wollte man im Beispiel die Zahlen absteigend statt aufsteigend sortieren, brauchte man nur die Vergleichsfunktion durch

```
int Relation (const int *Schluessel, const int *Wert)
{
    return *Wert - *Schluessel;
}
```

zu ersetzen.

Und noch eine Anmerkung: Häufig wird die Vergleichsfunktion nur Teile der Feldkomponenten vergleichen. Strukturen, die Personendaten enthalten (Name, Vorname, Geburtstag, Wohnort, Straße, usw.), kann man etwa nach dem Namen, dem Geburtstag oder dem Wohnort sortieren. In solchen Fällen kann es vorkommen, daß die Vergleichsfunktion das Resultat „gleich" liefert, obwohl Daten nicht vollständig identisch sind. In welcher Reihenfolge qsort solche Datensätze anordnet, ist unbestimmt; ebenso ist unbestimmt, welchen dieser Datensätze bsearch liefert.[41]

8.12.7   Ganzzahlige Arithmetik

Zu dieser Gruppe gehören vier Funktionen. Mit

```
int abs (int i);
long int labs (long int i);
```

---

[41]Es steht einem natürlich frei, die Vergleichsfunktion „passend" zu formulieren. Um beim Beispiel zu bleiben: Auch wenn man die Personendaten „nur" nach Namen sortieren will, kann man ggf. bei gleichen Namen den Vornamen berücksichtigen, wenn der ebenfalls übereinstimmt, den Geburtstag, usw..

kann man sich den Absolutbetrag eines entsprechenden ganzzahligen Wertes beschaffen. Die Funktionen

```
div_t div (int Wert, int Divisor);
ldiv_t ldiv (long int Wert, long int Divisor);
```

zerlegen den Wert `Wert` in den ganzzahligen Quotienten `Wert / Divisor` und den Rest `Wert % Divisor`. Die Resultattypen `div_t` und `ldiv_t` sind Strukturen, die, in beliebiger Reihenfolge, die Komponenten `int quot` und `int rem` bzw. `long int quot` und `long int rem` besitzen müssen. Diese Strukturen sind ebenfalls in `<stdlib.h>` deklariert.

Der Hintergrund der letzten beiden Funktionen ist eine Eigenschaft vieler Prozessoren: Bei ganzzahliger Division liefern sie sowohl den Quotienten als auch den Rest. Die beiden Funktionen nutzen dieses aus, während bei ganzzahliger Division mit / und anschließender Restberechnung mit % nicht ohne weiteres sicher ist, daß nur einmal dividiert wird.

8.12.8   Verarbeitung erweiterter Zeichensätze

Verschiedene Funktionen erlauben die Verarbeitung von Strings, die aus Zeichen eines erweiterten Zeichensatzes bestehen. Auf sie kann hier nicht eingegangen werden.

8.13   Stringverarbeitung (`<string.h>`)

In `<string.h>` sind der Typ `size_t` und der Macro `NULL` wie in `<stddef.h>` deklariert. Darüber hinaus enthält die Header–Datei die Deklarationen von verschiedenen Gruppen von Funktionen.

8.13.1   Kopieren von Strings (und anderen Objekten)

Diese Funktionengruppe umfaßt die vier Funktionen

```
void *memcpy (void *s1, const void *s2, size_t n);
void *memmove (void *s1, const void *s2, size_t n);
char *strcpy (char *s1, const char *s2);
char *strncpy (char *s1, const char *s2, size_t n);
```

Zunächst die Gemeinsamkeiten der vier Funktionen:

- Alle vier Funktionen kopieren zeichenweise (oder, maschinennäher formuliert, byte-weise). Sie betrachten den Parameter `s2` als Zeiger auf den Anfang der zu kopierenden Zeichenfolge und den Parameter `s1` als Zeiger auf den Anfang des Speicherbereichs, in den zu kopieren ist.

- Alle vier Funktionen liefern als Funktionswert den Zeiger `s1`.

- Alle vier Funktionen unterstellen, daß `s1` auf den Anfang eines „hinreichend großen" Speicherbereichs zeigt, der also alle zu kopierenden Zeichen aufzunehmen vermag.[42]

---

[42] Sollte das nicht der Fall sein, passiert in der Regel Schlimmes, ohne daß sich die Auswirkungen im einzelnen voraussagen lassen. Man muß in solchen Fällen geradezu froh sein, wenn die Bereichsüberschreitung so groß ist, daß das Signal `SIGSEGV` ausgelöst und dadurch das Programm „gekillt" wird.

Natürlich gibt es auch Unterschiede, da man sonst nicht vier verschiedene Funktionen brauchte. Der erste Unterschied besteht in der Anzahl der Zeichen, die kopiert werden:

- memcpy und memmove kopieren genau n Zeichen, ohne Rücksicht auf die Werte der Zeichen.

- strcpy kopiert so lange, bis das Stringende–Zeichen des Strings kopiert wurde, auf dessen Anfang s2 zeigt.

- strncpy schreibt zwar genau n Zeichen, beendet aber das Kopieren vorzeitig, falls das Stringende–Zeichen des Strings kopiert wurde, auf dessen Anfang s2 zeigt, und ergänzt danach nur noch Nullen. Das bedeutet insbesondere: Wenn der zu kopierende String aus n oder mehr Zeichen besteht, wird der kopierte String *nicht* durch ein Stringende–Zeichen abgeschlossen.

Der zweite Unterschied betrifft einander überlappende Speicherbereiche:

- memmove arbeitet immer korrekt. Man kann sich das so vorstellen, daß die zu kopierenden Zeichen zunächst sämtlich in einen separaten Hilfsspeicher kopiert und erst anschließend von dort in den Zielbereich übertragen werden (auch wenn die Realisierung so *nicht* arbeiten wird!).

- Das korrekte Arbeiten der anderen drei Funktionen ist nur dann garantiert, wenn sich die beiden Bereiche nicht überlappen.

Was passieren kann, wenn man diesen zweiten Unterschied nicht beachtet, zeigt das folgende Beispiel.

```
/*****************************************************************\
*                                                               *
*    Kopieren ueberlappender Strings                            *
*                                                               *
\*****************************************************************/

#include <stdio.h>
#include <string.h>

#define LAENGE 30

char t1[LAENGE] = "Dieses ist ein Test";
char t2[2 * LAENGE];

int main (void)
{
    strncpy (t2, t1, LAENGE);                        /* korrekt   */
    printf ("Fall 1: '%s'\n", t2);
    strncpy (t1, t1 + 3, LAENGE);                    /* unkorrekt */
    printf ("Fall 2: '%s'\n", t1);
    strncpy (t2 + 5, t2, LAENGE);                    /* unkorrekt */
    printf ("Fall 3: '%s'\n", t2);

    return 0;
}
```

Läßt man dieses Programm auf einem IBM–kompatiblen PC mit Microsoft–C (Version 5) laufen, so erhält man die Ausgabezeilen

```
Fall 1: 'Dieses ist ein Test'
Fall 2: 'ses ist ein Test'
Fall 3: 'DieseDieseDieseDieseDieseDieseDiese'
```

Dasselbe Programm ergibt auf demselben PC, wenn man es mit Turbo–C übersetzt und ausführt, die Ausgabezeilen

```
Fall 1: 'Dieses ist ein Test'
Fall 2: 'ses ist ein Test'
Fall 3: 'DieseDieseDieseDieseDiese'
```

Wie kommt das zustande?

- Es ist klar: In „Fall 1" muß das Resultat identisch sein, da die Regeln von Standard–C eingehalten werden.

- In „Fall 2" wird zwar gegen die Regeln des Standards verstoßen, da die Zeiger jedoch *nach* dem Kopieren eines jeden Zeichen inkrementiert werden, liegt das identische Resultat nahe.

- In „Fall 3" passiert Unsinn – allerdings lohnt es sich nicht, darüber nachzudenken, warum das Resultat verschieden ist: Bei jedem Regelverstoß bleibt es der Implementation vorbehalten, was passiert.

Ein Wort noch zum Zusatz der Überschrift: `memcpy` und `memmove` sind letztlich (natürlich) nicht zum Kopieren von Strings gedacht! Der eigentliche Zweck ist, beliebige Objekte kopieren zu können. Man muß nur berechnen, wie vielen Zeichen der Speicherplatz entspricht, den sie belegen – und das besorgt gerade der Operator `sizeof`! Für einige der Funktionen, die in den folgenden Abschnitten genannt werden, gilt dasselbe: Sie sind zur Bearbeitung beliebiger Speicherbereiche gedacht.

8.13.2 Konkatenation von Strings

Zwei Funktionen erlauben die Konkatenation von Strings, d.h. das Anfügen eines Strings hinter einen anderen:

```
char *strcat (char *s1, const char *s2);
char *strncat (char *s1, const char *s2, size_t n);
```

Beide Funktionen kopieren den String, auf dessen Anfang s2 zeigt, hinter den String, auf dessen Anfang s1 zeigt. Dabei wird das bisherige Stringende–Zeichen des Strings, auf dessen Anfang s1 zeigt, durch das erste Zeichen des Strings überschrieben, auf dessen Anfang s2 zeigt. Hinter dem letzten kopierten Zeichen wird ein Stringende–Zeichen automatisch angehängt.

strcat beendet das Kopieren, sobald das Stringende–Zeichen des Strings gefunden wird, auf dessen Anfang s2 zeigt. strncat arbeitet ebenso, beendet jedoch vorzeitig das Kopieren, sobald n Zeichen übertragen wurden.

Beide Funktionen liefern den Wert von s1 als Funktionswert.

Es muß sichergestellt sein, daß in dem Speicherbereich, auf dessen Anfang s1 zeigt, genug
Platz für die zu kopierenden Zeichen und das nachfolgende Stringende–Zeichen ist. Die
vom Kopieren betroffenen Speicherbereiche dürfen sich nicht überlappen.

8.13.3   Vergleiche von Strings

Drei Funktionen stehen zum Vergleich von Strings zur Verfügung:

```
int memcmp (const void *s1, const void *s2, size_t n);
int strcmp (const char *s1, const char *s2);
int strncmp (const char *s1, const char *s2, size_t n);
```

Alle drei Funktionen liefern einen int-Wert kleiner, gleich oder größer Null, je nachdem,
ob der String, auf dessen Anfang s1 zeigt, kleiner, gleich oder größer als der String ist,
auf dessen Anfang s2 zeigt.   Dabei werden die einzelnen Zeichen als **unsigned char**
betrachtet.

Der Vergleich erfolgt zeichenweise von links nach rechts und endet sofort, wenn ein nicht
übereinstimmendes Zeichenpaar gefunden wird.   Unterschiedlich ist die Anzahl der Zeichen, die maximal verglichen werden:

- memcmp vergleicht maximal n Zeichen, berücksichtigt ein eventuelles Stringende–Zeichen *nicht*.

- strcmp stoppt den Vergleich, sobald in einem der Strings das Stringende–Zeichen
  gefunden wird.

- strncmp berücksichtigt beide Endkriterien.

In diese Gruppe gehört außerdem die Funktion

```
int strcoll (const char *s1, const char *s2);
```

die im Prinzip wie strcmp arbeitet, für die Vergleiche jedoch anstelle des Standard–
Zeichensatzes die Sortierfolge zugrunde legt, die durch die Kategorie LC_COLLATE der
länderspezifischen Auswahl festgelegt ist (vgl. <locale.h>). Die entsprechende Zeichen-
umsetzung erlaubt die Funktion

```
size_t strxfrm (char *s1, const char *s2, size_t n);
```

die den String, auf dessen Anfang s2 zeigt, umsetzt und in den Speicherbereich kopiert,
auf dessen Anfang s1 zeigt. Ihr Funktionswert ist die Anzahl der übertragenen Zeichen.

8.13.4   Suchfunktionen

Drei Funktionen erlauben das Suchen nach einem speziellen Zeichen innerhalb eines
Strings:

```
void *memchr (const void *s, int c, size_t n);
char *strchr (const char *s, int c);
char *strrchr (const char *s, int c);
```

Der Funktionswert ist jeweils der Zeiger auf das zuerst gefundene Vorkommen des Zeichens im String bzw. der Nullzeiger, falls das Zeichen nicht gefunden wurde. Von den Funktionen werden sowohl die Zeichen des Strings, auf dessen Anfang s zeigt, als auch das Zeichen c als `unsigned char` betrachtet.

`memchr` untersucht bis zu n Zeichen, ohne eventuelle Stringende–Zeichen zu berücksichtigen. `strchr` untersucht den String, auf dessen Anfang s zeigt, höchstens bis zu seinem Stringende–Zeichen (einschließlich). `strrchr` beginnt beim Stringende–Zeichen des Strings und sucht von dort aus in Richtung Anfang. Während `memchr` und `strchr` einen Zeiger auf das erste Vorkommen des Zeichens c im String liefern, liefert `strrchr` also einen Zeiger auf sein *letztes* Vorkommen.

Die Funktion

```
char* strpbrk (const char *s1, const char *s2);
```

arbeitet prinzipiell wie `strchr`. Nur sucht sie im String, auf dessen Anfang s1 zeigt, nicht nach einem speziellen Zeichen, sondern nach allen Zeichen, die im String enthalten sind, auf dessen Anfang s2 zeigt, und stoppt, sobald sie irgendeines dieser Zeichen findet.

Die Funktion

```
char *strstr (const char *s1, const char *s2);
```

sucht das erste Vorkommen des Strings, auf dessen Anfang s2 zeigt, im String, auf dessen Anfang s1 zeigt. Der Funktionswert ist der Zeiger auf den Anfang der gefundenen Teilfolge bzw. der Nullzeiger. Beim Vergleich wird das Stringende–Zeichen des Strings, auf dessen Anfang s2 zeigt, (natürlich) nicht mit verglichen.

Die beiden Funktionen

```
size_t strspn (const char *s1, const char *s2);
size_t strcspn (const char *s1, const char *s2);
```

zählen Zeichen.

`strspn` prüft von links nach rechts, ob die Zeichen des Strings, auf dessen Anfang s1 zeigt, im String enthalten sind, auf dessen Anfang s2 zeigt. Sie bricht ab, sobald das erste Zeichen gefunden wird, das nicht im String enthalten ist, auf dessen Anfang s2 zeigt. Der Funktionswert ist die Anzahl der mit Erfolg geprüften Zeichen.

`strcspn` arbeitet analog, nur daß geprüft wird, ob die Zeichen des ersten Strings *nicht* im zweiten String enthalten sind.

Die Funktion

```
char *strtok (char *s1, const char *s2);
```

schließlich ist auf den ersten Blick die Umkehrung der Funktion `strpbrk`: Sie sucht im String, auf dessen Anfang s1 zeigt, nach der Position des ersten Zeichen, das *nicht* im String enthalten ist, auf dessen Anfang s2 zeigt, und liefert als Funktionswert den Zeiger auf dieses Zeichen. Bevor sie terminiert, sucht sie von dieser Position an das erste Zeichen, das im String enthalten ist, auf dessen Anfang s2 zeigt. Wenn sie ein solches Zeichen findet, ersetzt sie es durch ein Stringende–Zeichen und „merkt" sich die Position des nächsten Zeichens.

Wenn man sie dann erneut aufruft, mit dem Nullzeiger als erstem Argument, setzt sie die Suche an genau der Stelle fort, die sie sich beim vorhergehenden Aufruf gemerkt hatte. Sie

bietet damit eine bequeme Möglichkeit, einen String nach und nach in seine Bestandteile
zu zerlegen.

Beispiel: Das kleine Programm

```c
#include <stdio.h>
#include <string.h>

int main (void)
{
    char str[] = "abc, de, fgh", sep[] = " ,", *p;

    p = strtok (str, sep);
    while (p != NULL)
    {
        printf ("'%s'\n", p);
        p = strtok (NULL, sep);
    }

    return 0;
}
```

liefert die drei Ausgabezeilen

```
'abc'
'de'
'fgh'
```

8.13.5   Längenbestimmung

Die Funktion

```c
size_t strlen (const char *s);
```

liefert die Anzahl der Zeichen des Strings, auf dessen Anfang s zeigt. Das Stringende-
Zeichen des Strings wird dabei nicht mitgezählt.

8.13.6   Füllen von Speicherbereichen

Die Funktion

```c
void *memset (void *s, int c, size_t n);
```

schreibt in einen Speicherbereich, auf dessen Anfang s zeigt, n-mal hintereinander das
Zeichen c (umgewandelt in unsigned char).

8.13.7   Umsetzung von Fehlernummern

Die Funktion

```c
char *strerror (int Kennzahl);
```

liefert den Zeiger auf den Anfang des Strings, der die Klarschrift–Fehlermeldung zum Fehler mit dem Fehlercode `Kennzahl` enthält.

Die rufende Routine darf den Text der Fehlermeldung nicht verändern.

8.14   Termine und Zeiten (`<time.h>`)

Auch diese Header–Datei enthält die Deklaration des Typs `size_t` und des Macro `NULL` (vgl. `<stddef.h>`).

8.14.1   Darstellungsformate

Zur Darstellung von Terminen und Zeiten werden drei Formate verwendet. Die beiden Typen

```
clock_t
time_t
```

sind numerische Typen, der Typ

```
struct tm
```

ist eine Struktur, die zumindest die folgenden Komponenten besitzen muß:

```
int tm_sec;     /* Sekunde in der Minute, 0 .. 61        */
int tm_min;     /* Minute in der Stunde, 0 .. 59         */
int tm_hour;    /* Stunde seit Mitternacht, 0 .. 23      */
int tm_mday;    /* Tag im Monat, 1 .. 31                 */
int tm_mon;     /* Monat seit Januar, 0 .. 11            */
int tm_year;    /* Jahr seit 1900                        */
int tm_wday;    /* Tag in der Woche (ab Sonntag), 0 .. 6 */
int tm_yday;    /* Tag seit 1. Januar, 0 .. 365          */
int tm_isdst;   /* Sommerzeit-Marke (daylight saving time) */
```

Die Reihenfolge der Komponenten wird durch den Standard nicht festgelegt.

Der „merkwürdige" Wertebereich für die Sekunden wurde gewählt, um bis zu zwei Schaltsekunden zu erlauben.

Bei der Sommerzeit–Marke gilt:

- Ein positiver Wert markiert, daß die Sommerzeit in Kraft ist.

- Null markiert, daß die Sommerzeit nicht in Kraft ist.

- Ein negativer Wert markiert, daß die Information nicht verfügbar ist.

8.14.2   Maschinenzeiten

Die Funktion

```
clock_t clock (void);
```

liefert die Zeit, die seit dem Programmstart vergangen ist, in der implementations-spezifischen Maßeinheit `clock_t`. Um diesen Wert in Sekunden umzurechnen, muß man ihn durch den Wert des Macro

```
CLOCKS_PER_SEC
```

dividieren. Falls die Zeitangabe auf einem Rechner nicht zur Verfügung steht, liefert die Funktion `clock` den Wert `(clock_t) -1`.

Die Funktion

```
time_t time (time_t *Zeit);
```

liefert, sofern verfügbar, augenblickliches (lokales) Datum und Uhrzeit in einer implementations-spezifischen Darstellung, sonst den Wert `(time_t) -1`. Wenn der Parameter nicht der Nullzeiger ist, wird der Funktionswert zusätzlich in den Parameter geschrieben.

8.14.3 Umcodierung von Zeiten

In welcher Form Zeiten durch Werte mit dem Typ `time_t` dargestellt werden, überläßt der Standard, wie eben gesehen, den Implementatoren. Dafür verlangt der Standard jedoch, daß Funktionen zur Umwandlung zur Verfügung stehen.

Die Umwandlung einer Zeit mit dem Typ `time_t` in eine Struktur mit dem Typ `tm` besorgen zwei Funktionen:

```
struct tm *gmtime (const time_t *Zeit);
struct tm *localtime (const time_t *Zeit);
```

Der Unterschied beider Funktionen besteht in der Art, wie der Inhalt der resultierenden Struktur zu interpretieren ist: `gmtime` liefert die Greenwich–Standardzeit, falls verfügbar, sonst den Nullzeiger; `localtime` liefert die örtliche Zeit.

Die umgekehrte Umwandlung nimmt die Funktion

```
time_t mktime (struct tm *Zeitpunkt);
```

vor. Sie unterstellt, daß die Struktur eine lokale Zeit enthält.

Allerdings leistet diese Funktion noch mehr. Sie unterstellt nämlich nicht, daß die Werte der Komponenten der Struktur „normiert" sind, d.h. innerhalb der erlaubten Wertebereiche liegen, sondern führt vielmehr als erstes die Normierung durch, bestimmt dabei selbst die korrekten Werte für die Strukturkomponenten `tm_wday` und `tm_yday`.

Die Funktionen `gmtime` und `mktime` sind nicht unproblematisch: Beide berücksichtigen die Sommerzeit; `gmtime` muß außerdem die Zeitzone kennen, in der der Rechner steht, um die lokale Zeit in Greenwich–Standardzeit umrechnen zu können. Den jeweiligen Installations-Handbüchern ist zu entnehmen, wie den beiden Funktionen die entsprechenden Informationen auf einem speziellen Rechner verfügbar gemacht werden können.

Beispiel: Es ist die (lokale) Zeit zu bestimmen und auszugeben. Anschließend kann der Benutzer berechnen lassen, welcher Termin und Wochentag in oder vor einer beliebigen Anzahl von Tagen und Stunden sein wird oder war.

Die Realisierung:

```c
/******************************************************************\
*                                                                *
*    Umrechnung von Zeiten                                       *
*                                                                *
\******************************************************************/

#include <stdio.h>
#include <time.h>

void melde_Termin (struct tm *Termin);

/*** Hauptprogramm **********************************************/

int main (void)
{
   time_t Zeit;
   struct tm *Termin;
   int ti = 0, si = 0;

   Zeit = time ((time_t *) NULL);      /*  bestimme das aktuelle */
   Termin = localtime (&Zeit);         /*  Datum                 */

   do
   {
      Termin->tm_mday += ti;           /*  addiere gewuenschte   */
      Termin->tm_hour += si;           /*  Verschiebung und nor- */
      mktime (Termin);                 /*  malisiere den Termin  */

      melde_Termin (Termin);           /*  melde den Termin      */

      printf ("Termin-Verschiebung (Tage/Stunden)?  ");
   } while (scanf ("%d%d", &ti,&si) != EOF);

    return 0;
}

/*** Klarschrift der Wochentage *******************************/

static const char *const Wochentag[] =
{
   "Sonntag", "Montag", "Dienstag", "Mittwoch", "Donnerstag",
   "Freitag", "Sonnabend", "-unbekannt-"
};

/*** melde einen Termin ***************************************/

void melde_Termin (struct tm *t)
{
```

```c
    printf ("Termin: %d.%.2d.%d, %d:%.2d:%.2d Uhr.\n",
            t->tm_mday, t->tm_mon + 1, t->tm_year + 1900,
            t->tm_hour, t->tm_min, t->tm_sec);
if (t->tm_wday < 0 || t->tm_wday > 7)
    t->tm_wday = 7;
printf ("  Wochentag: %s; Sommerzeit: ",
        Wochentag[t->tm_wday]);
if (t->tm_isdst > 0)
    printf ("ja.\n");
else if (t->tm_isdst == 0)
    printf ("nein.\n");
else
    printf ("unbekannt.\n");
}
```

8.14.4 Umwandlung in Klarschrift

Drei Funktionen erlauben es, Zeiten in Strings umzuwandeln.

Die Funktion

```c
char *asctime (const struct tm *Zeitpunkt);
```

wandelt den gegebenen Zeitpunkt in einen String mit festem Format um. Ein Beispiel für
dieses Format ist

```c
Sun Sep 16 01:03:52 1973\n\0
```

Die Funktion

```c
char *ctime (const time_t *Zeit);
```

arbeitet prinzipiell wie `asctime`: Der Aufruf `ctime (Zeit)` hat dieselbe Wirkung wie der
Aufruf `asctime (localtime (Zeit))`.

Die dritte Funktion

```c
size_t strftime (char *s, size_t Maximallaenge,
                const char *Format,
                const struct tm *Zeitpunkt);
```

erlaubt dem Programmierer, in ganz detaillierter Weise das gewünschte Format der Darstellung zu beschreiben. Dazu stehen 22 (!) Spezifikationen zur Verfügung, die teilweise
auf die länderspezifischen Informationen der Kategorie `LC_TIME` zugreifen. Auf diese
Funktion kann hier nicht näher eingegangen werden.

8.14.5 Zeitdifferenzen

Die Funktion

```c
double difftime (time_t Zeit1, time_t Zeit2);
```

subtrahiert den zweiten Parameter vom ersten und liefert die Differenz in Sekunden,
dargestellt als `double`-Wert.

Kapitel 9

Ein–/Ausgabe

Die Header–Datei `<stdio.h>` enthält alle Typ– und Macrodeklarationen sowie alle Funktionsprototypen, die für die Ein–/Ausgabe benötigt werden.

9.1 Grundlagen

Bevor die Funktionen zur Ein–/Ausgabe behandelt werden können, ist zunächst eine Reihe grundlegender Begriffe zu klären.

9.1.1 Dateien und Dateien

Grundsätzlich muß man zwischen Dateien im Sinne des Betriebssystems und Dateien im Sinne einer Programmiersprache sauber unterscheiden, auch wenn Ein–/Ausgabe letztlich voraussetzt, daß zwischen beiden Arten eine Zuordnung vorgenommen wird. Zwei Gründe sind für die Unterscheidung maßgeblich:

- Das Betriebssystem kennt die verschiedensten Geräte, auf denen Dateien gespeichert sein oder die als Dateien betrachtet werden können: Tastaturen, Bildschirme, Plattenlaufwerke, usw.. Für ein Programm ist diese Unterscheidung dagegen oft völlig irrelevant: Ob die Resultat eines Programms auf einen Drucker, den Bildschirm oder eine Platte geschrieben werden, kann dem Programm selbst gleichgültig sein.

- Verschiedene Betriebssysteme verwenden unter Umständen völlig verschieden aufgebaute Dateien. Wenn ein Programm portabel sein soll, muß es jedoch ein überall identisches Format vorfinden.

Der Standard verwendet den Begriff des **Stream** als Bezeichnung für Dateien im Sinne von C. Hier soll auch für Dateien im Sinne von C der Begriff **Datei** verwendet werden. Zweideutigkeiten können dadurch nicht entstehen, da ohnehin einer Datei im Sinne von C eine Datei im Sinne des Betriebssystems zugeordnet werden muß, bevor man die Datei lesen oder in sie schreiben kann. Man muß nur stets im Auge behalten, daß gelesene bzw. zu schreibende Daten das von C vorgeschriebene Format besitzen bzw. besitzen müssen. Die eventuell erforderlichen Änderungen am Format werden von den entsprechenden Standardfunktionen automatisch vorgenommen.

9.1.2 Textdateien und Binärdateien

C kennt mit den Textdateien und den Binärdateien zwei grundsätzlich verschiedene Dateitypen.

Der einfachere Typ sind die Binärdateien: Sie sind geordnete, sonst aber nicht strukturierte Folgen von Zeichen. Betrachtet man den Inhalt eines beliebigen Speicherbereichs als Zeichenfolge und schreibt ihn in eine Binärdatei, so müssen, wenn man den Inhalt der Binärdatei wieder in einen identisch strukturierten Speicherbereich einliest, identische Werte resultieren.

Eine Restriktion ist allerdings zu beachten. Und die erweist sich als sehr schwerwiegend: Identische Werte müssen beim Lesen einer Binärdatei nur dann resultieren, wenn das Lesen durch dieselbe Implementation erfolgt wie das Schreiben! Binärdateien sind also grundsätzlich *nicht portabel*!

Textdateien sind dagegen prinzipiell portabel.

Auch Textdateien sind geordnete Folgen von Zeichen. Allerdings besitzen sie zusätzlich eine **Zeilenstruktur**. Jede der Zeilen kann leer sein oder Zeichen enthalten; sie wird durch ein Zeilenende–Zeichen abgeschlossen. Der Standard schreibt vor, daß mindestens 254 Zeichen pro Zeile erlaubt sein müssen, das Zeilenende–Zeichen dabei mitgezählt.

Die Ausgaberoutinen müssen ggf. Umformungen vornehmen, um aus einer solchen Zeile das Format herzustellen, das das Betriebssystem benötigt. Umgekehrt müssen die Eingaberoutinen ggf. dieses Zeilenformat erzeugen. Entsprechend gibt es nur wenige Fälle, in denen gelesene Zeilen nicht mit den zuvor geschriebenen Zeilen übereinstimmen, selbst wenn das Lesen durch eine andere Implementation erfolgt als das Schreiben:

1. Leerzeichen und horizontale Tabulatoren, die unmittelbar vor einem Zeilenende–Zeichen stehen, dürfen beim Schreiben entfernt werden. Wenn sie entfernt wurden, fehlen sie natürlich beim erneuten Lesen.

2. Hinter der letzten Zeile darf ein Zeilenende–Zeichen angefügt werden, sofern es beim Schreiben nicht explizit angegeben wird.

3. Verschiedene Implementationen dürfen Steuerzeichen, abgesehen vom horizontalen Tabulator und dem Zeilenende–Zeichen, verschieden behandeln. Entsprechend darf man nicht damit rechnen, alle Steuerzeichen, die man geschrieben hat, beim Lesen wieder zu erhalten. Umgekehrt müssen druckbare Zeichen, horizontaler Tabulator und Zeilenende–Zeichen von allen Implementationen gleich behandelt werden. Schreibt man eine Zeichenfolge, die nur aus diesen Zeichen besteht, so muß man diese Zeichenfolge (abgesehen von den ersten beiden Ausnahmen) beim Lesen unverändert erhalten, unabhängig davon, ob das Lesen mit derselben oder einer anderen Implementation erfolgt.

Eine weitere Restriktion sollte selbstverständlich sein: Bei der Portierung einer Textdatei von einem Rechner auf einen anderen kann es erforderlich sein, eine **Zeichenkonvertierung** vorzunehmen. Was ein Rechner als das Zeichen „1" interpretiert, kann ein anderer Rechner ganz anders interpretieren. Dieses dürfte in der Regel aber kein Problem sein, weil entsprechende Konvertierungsprogramme zur Verfügung stehen.

Schreiben in und Lesen aus Textdateien ist in der Regel mit einer Umcodierung der Werte verbunden: Wird zum Beispiel der Wert eines Ausdrucks mit einem ganzzahligen Typ geschrieben, so muß die Bitfolge, die den Wert intern repräsentiert, in die entsprechende Zeichenfolge umgewandelt werden. Diese Umwandlung bezeichnet man als **Formatierung**.

9.1.3   Lesen oder Schreiben?

Bei der Zuordnung einer C–Datei zu einer Betriebssystem–Datei muß man festlegen, ob
man die Datei lesen oder in sie schreiben will – oder beides in beliebiger Reihenfolge.

Völlig frei ist man in der Wahl nicht. Dafür zwei Beispiele:

- Wenn die Betriebssystem–Datei ein bestimmtes Gerät ist, kann man unter Umständen nur lesen oder nur schreiben: Schreiben auf die Tastatur ist ebenso sinnlos wie Lesen vom Bildschirm oder einem Drucker.

- Eine Plattendatei kann man zum ausschließlichen Lesen nur dann zuordnen, wenn sie bereits existiert.

9.1.4   Gepufferte Ein–/Ausgabe

Wie die Übertragung letztlich abläuft, ist für den Programmierer in vielen Fällen transparent, nicht aber in allen.

Man unterscheidet **gepufferte** und **ungepufferte** Ein–/Ausgabe:

- Bei ungepufferter Ein–/Ausgabe wird jedes Zeichen *sofort* einzeln übertragen.
- Bei gepufferter Ein–/Ausgabe werden Gruppen von Zeichen gemeinsam übertragen.

Der Unterschied soll anhand der Tastatureingabe verdeutlicht werden.

Bei gepufferter Tastatureingabe existiert ein **Eingabepuffer**, der gerade eine ganze Eingabezeile aufnehmen kann. Wird eine Routine aufgerufen, die von der Tastatur lesen soll, so schaut diese Routine nach, ob der Eingabepuffer noch zu interpretierende Zeichen enthält. Ist das nicht der Fall, so ruft sie eine andere Routine auf, die eine neue Zeile von der Tastatur holt. Diese zweite Routine holt so lange Zeichen und schreibt sie in den Eingabepuffer, bis sie ein Zeilenende–Zeichen findet. Erst dann gibt sie die Kontrolle an die Routine zurück, durch die sie aufgerufen wurde. Jetzt kann die erste Routine den Inhalt der Zeile interpretieren und das Resultat an die sie rufende Routine zurückgeben. Diese Aufteilung der Aufgaben erlaubt es zum Beispiel, Anschläge falscher Tasten zu korrigieren, ohne daß das Programm sich um eventuelle falsche Anschläge zu kümmern braucht: Die Routine, die die Zeichen von der Tastatur holt, kennt in der Regel eigene Steuerzeichen, die sie nicht in den Eingabepuffer überträgt, sondern sofort selbst verarbeitet. Im einfachsten Fall kennt sie ein Zeichen mit der Bedeutung „lösch das letzte zuvor angeschlagene Zeichen". Komfortablere Routinen sind kleine Editoren, die beliebiges Ändern in den bereits angeschlagenen Zeichen erlauben – bis die Taste angeschlagen wird, die das Zeilenende markiert.

Bei ungepufferter Eingabe wird jedes angeschlagene Zeichen direkt dem Programm übergeben. Wenn zum Beispiel die Korrektur von falschen Anschlägen möglich sein soll, muß das Programm selbst vor der Interpretation eines Zeichen stets prüfen, ob nicht ein anderes Zeichen folgt, das dieses Zeichen löscht.

Bei Tastatureingabe hängt es vom jeweiligen Programm ab, ob gepufferte oder ungepufferte Eingabe zweckmäßig ist. Bei anderer Ein–/Ausgabe gibt es in der Regel eine „naheliegende" Form: Bei Bildschirmausgabe möchte man die Ausgabe in der Regel sofort auf dem Bildschirm sehen und nicht erst mit Verzögerung – ungepufferte Ausgabe. Beim Schreiben in Plattendateien spielt es in der Regel keine Rolle, ob jedes Zeichen sofort übertragen wird, oder ob die Übertragung erst erfolgt, wenn sich eine bestimmte Anzahl von Zeichen angesammelt hat. Ebenso spielt es beim Lesen aus einer Plattendatei in der Regel keine Rolle, ob die Zeichen direkt aus der Datei oder aus einem Puffer geholt werden, der der Datei zugeordnet ist.

Bei gepufferter Ein–/Ausgabe wird noch zwischen **zeilengepufferter** und **vollständig gepufferter** Übertragung unterschieden:

- Bei zeilengepufferter Übertragung wird jeweils genau eine Zeile übertragen, wie kurz oder lang diese Zeile auch sein mag. (Klar: Zeilengepufferte Übertragung ist nur für Textdateien möglich.)

- Bei vollständig gepufferter Übertragung wird jeweils eine bestimmte Anzahl Zeichen übertragen. Falls es sich um eine Textdatei handelt, wird deren Zeilenstruktur nicht berücksichtigt.

9.1.5 Positionierung

Um eine Datei sequentiell, d.h. Zeichen für Zeichen, verarbeiten zu können, muß in der Regel in irgendeiner Form markiert werden, an welcher Position in der Datei das letzte geschriebene oder gelesene Zeichen steht. Eine solche Markierung ist nur für Geräte nicht nötig, die von sich aus sequentiell arbeiten (Tastaturen, Bildschirme, Drucker).

Um die Positionierung einer Datei braucht sich der Programmierer in der Regel nicht selber zu kümmern, da bei jedem Zugriff die Positionierung automatisch um die Anzahl der übertragenen Zeichen verändert wird. Wenn eine Datei im Sinne von C einer Betriebssystem–Datei zugeordnet ist, die nicht von sich aus sequentiell arbeitet, hat er allerdings, bei Textdateien nur eingeschränkt, bei Binärdateien uneingeschränkt, die Möglichkeit, die Positionierung zu verändern. Zum Beispiel kann er, nachdem er eine Datei ganz oder teilweise gelesen hat, sagen: „Jetzt möchte ich die Datei erneut von Anfang an lesen".

Einzelheiten werden im Abschnitt „Positionierung von Dateien" (9.8) beschrieben.

Teilweise liefern die Funktionen als Resultat den Wert des Macro `EOF` (end of file), um anzuzeigen, daß (weitere) Eingabe aus der Datei nicht möglich ist. `EOF` ist ein negativer ganzzahliger Wert.

9.1.6 Der Typ `FILE`, die Standarddateien

In `<stdio.h>` ist der Typ

```
FILE
```

definiert. Er umfaßt alle Informationen, die für den Zugriff auf eine Datei benötigt werden und ist entsprechend hochgradig implementations–spezifisch. Vorgeschrieben werden kann nur, daß er bestimmte Informationen enthalten *muß*. Diese sind

- Informationen über die momentane Positionierung der Datei, um zum Beispiel eine korrekte sequentielle Verarbeitung der in ihr enthaltenen Daten zu gewährleisten (sofern es sich nicht um ein Gerät mit automatischer Positionierung handelt),

- ein Zeiger auf den zugehörigen Puffer, wenn auf die Datei gepuffert zugegriffen wird, sowie

- **Kennungen für das Auftreten eines Fehlers oder das Erreichen des Dateiendes bei einem Zugriff.**

Die Zuordnung zwischen einer Datei im Sinne von C und einer Datei im Sinne des Betriebssystems besteht nicht zuletzt darin, daß ein derartiger Datensatz bereitgestellt und mit den geeigneten Informationen gefüllt wird. Dieses muß in der Regel durch den expliziten Aufruf spezieller Funktionen erfolgen. Die Ausnahme sind die drei Standarddateien

`stdin`	Standard–Eingabedatei
`stdout`	Standard–Ausgabedatei
`stderr`	Standarddatei für Fehlermeldungen

Sie besitzen den Typ `FILE *` und werden beim Start des Programms automatisch zugeordnet. Allerdings hängt es von der Umgebung ab, welchen Betriebssystem–Dateien sie zugeordnet werden:

- Bei Programmen, die interaktiv gestartet werden, ist in der Regel `stdin` die Tastatur, während die Ausgabedateien dem Bildschirm zugeordnet werden.

- Bei Programmen, die nicht interaktiv gestartet werden, hängt die Zuordnung von der jeweiligen Implementation ab.

`stderr` ist nie vollständig gepuffert. `stdin` und `stdout` sind dann und nur dann vollständig gepuffert, wenn sie keinem interaktiven Gerät (Tastatur, Bildschirm) zugeordnet sind.

9.2   Zuordnung von Dateien

Nach der Dauer ihrer Existenz unterscheidet man **permanente** und **temporäre** Dateien.

9.2.1   Permanente Dateien

Die Existenz einer permanenten Datei hängt prinzipiell nicht von den Programmen ab, die ausgeführt werden: Die Datei kann beliebig durch ein Programm oder auch außerhalb der Programme angelegt werden. Sie existiert so lange, bis sie ausdrücklich wieder gelöscht wird; das kann noch durch das Programm geschehen, das sie angelegt hat, durch ein späteres Programm oder außerhalb der Programme. Eine permanente Datei bietet also insbesondere die Möglichkeit, Daten von einem Programm an ein anderes weiterzugeben.

Da eine permanente Datei von der Laufzeit der Programme unabhängig ist, muß sie eine Datei im Sinne des Betriebssystems sein. Zu ihrer Bezeichnung wird ein Name verwendet, dessen Aufbau das jeweilige Betriebssystem regelt. Wie viele Zeichen ein zulässiger Name höchstens lang sein darf oder sollte, falls das Betriebssystem keine obere Schranke kennt, liefert der Macro `FILENAME_MAX` als konstanten ganzzahligen Ausdruck.

Die Zuordnung zwischen einer permanenten Datei, gekennzeichnet durch ihren Namen, und einer Datei im Sinne von C, gekennzeichnet durch einen Zeiger auf einen Speicherbereich mit dem Typ `FILE`, nimmt die Funktion

```
FILE *fopen (const char *Dateiname, const char *Zugriff);
```

vor. Der erste Parameter ist klar: Er zeigt auf den Betriebssystem–Namen der Datei, für
die die Zuordnung vorgenommen werden soll. Ebenso klar ist der Funktionswert: Er ist
der Zeiger auf einen Speicherbereich mit dem Typ FILE, falls die Zuordnung vorgenommen
werden konnte, bzw. der Nullzeiger sonst.

Komplizierter ist der zweite Parameter Zugriff. Mit ihm müssen verschiedenene Eigenschaften der Datei beschrieben werden:

- Handelt es sich um eine Text– oder Binärdatei?

- Soll nur geschrieben, nur gelesen oder beliebig geschrieben und gelesen werden?

- Wie soll die Datei anfänglich positioniert sein?

- Soll die Datei neu angelegt werden, wenn sie bislang noch nicht existiert?

Der Standard legt die Zeichen bzw. Zeichenkombinationen fest, mit denen der String
beginnen muß, auf den Zugriff zeigt. Implementations–spezifisch können weitere, nachfolgende Zeichen mit Bedeutung belegt sein. Die folgende Tabelle enthält die vorgeschrie-
benen Zeichen und Zeichenkombinationen:

Zugriff	Dateityp	lesen/schreiben	Position
r	Text	nur lesen	Anfang
rb	Binär	nur lesen	Anfang
r+	Text	wahlweise	Anfang
r+b	Binär	wahlweise	Anfang
rb+	Binär	wahlweise	Anfang
w	Text	nur schreiben	neu
wb	Binär	nur schreiben	neu
w+	Text	wahlweise	neu
w+b	Binär	wahlweise	neu
wb+	Binär	wahlweise	neu
a	Text	nur schreiben	Ende
ab	Binär	nur schreiben	Ende
a+	Text	wahlweise	Ende
a+b	Binär	wahlweise	Ende
ab+	Binär	wahlweise	Ende

Einige zusätzliche Regeln sind zu beachten.

Die Kennungen, die mit r („read") beginnen, dürfen nur für bereits existierende Dateien
verwendet werden; die anderen Kennungen bewirken, daß die Datei neu angelegt wird,
wenn sie noch nicht existiert.

In der Tabelle ist „Position" die Position, auf die die Datei bei der Zuordnung gesetzt
wird: „Anfang" bzw. „Ende" bedeuten, daß die Datei auf ihr erstes bzw. hinter ihr letztes
Byte positioniert wird. „neu" bedeutet dagegen, daß die Datei neu angelegt wird, falls sie
bislang noch nicht existiert, bzw. daß ihr bisheriger Inhalt gelöscht wird, falls sie bereits
existiert.

Die Kennungen, die mit a („append") beginnen, positionieren nicht nur anfänglich auf
das bisherige Ende der Datei, sondern sie bewirken auch, daß *jede* Ausgabe hinter das
aktuelle Ende der Datei geschrieben werden. Versuche, dieses mit einer der Funktionen
zur Positionierung zu ändern, bleiben wirkungslos.

Die Ein-/Ausgabe erfolgt in der Regel vollständig gepuffert. Ausnahme: Bei der Zuordnung wird festgestellt, daß die Zuordnung für ein interaktives Gerät erfolgt. Für gepufferte Dateien wird ein Puffer automatisch bereitgestellt; diesen Puffer kann der Programmierer nachträglich durch einen eigenen Puffer ersetzen.

Dieses hat Konsequenzen für Dateien, die zum Schreiben und Lesen zugeordnet werden (+ in der Kennung):

- Eine Ausgabeoperation überträgt die Zeichen ja nur in den Puffer und nicht direkt in die Datei. Soll nach einem Schreiben als nächstes gelesen werden, muß also zunächst dafür gesorgt werden, daß der Inhalt des Puffers in die Datei übertragen wird. Dieses kann explizit durch Aufruf der Funktion `fflush` oder implizit durch eine der Positionierungsfunktionen erfolgen.

- Entsprechend muß nach einer Eingabeoperation erst eine der Positionierungsfunktionen aufgerufen werden, bevor geschrieben werden darf.

Schließlich löscht `fopen` die Fehlermarke und die Dateiende-Marke der Datei.

Gleichzeitig können in der Regel nicht beliebig viele Dateien zugeordnet sein. Die Mindestanzahl der Dateien, die gleichzeitig zugeordnet sein können, liefert der Macro `FOPEN_MAX` als konstanten ganzzahligen Ausdruck.

Die Zuordnung einer Datei löst die Funktion

```
int fclose (FILE *Datei);
```

Bevor die Zuordnung gelöst wird, wird ggf. erst noch der Inhalt des Puffers in die Datei übertragen.

Wenn der Puffer für die Datei automatisch bereitgestellt wurde, wird er von `fclose` wieder freigegeben. Der Funktionswert ist Null oder `EOF`, je nachdem, ob die Funktion fehlerfrei endete oder nicht.

Eine permanente Datei, deren Zuordnung durch `fclose` gelöst wurde, existiert in der Regel auch weiterhin, allerdings bleibt es der Implementation überlassen, die Datei zu löschen, wenn sie leer ist, d.h. wenn sie kein einziges Zeichen enthält.

Wenn ein Programm „ordnungsgemäß" endet, also durch das `return` des Hauptprogramms oder durch den Aufruf von `exit` an beliebiger Stelle, werden alle noch bestehenden Dateizuordnungen automatisch gelöst, so als ob `fclose` entsprechend aufgerufen wird. Wenn ein Programm anders endet, ist der Zustand der Dateien, die in diesem Moment noch zugeordnet sind, nicht definiert.

Eine Kombination aus `fclose` und `fopen` ist die Funktion

```
FILE *freopen (const char *Dateiname, const char *Zugriff,
        FILE *Datei);
```

Sie löst zunächst eine eventuelle Zuordnung der Datei; falls dabei ein Fehler auftritt, wird er ignoriert. Anschließend wird die neue Zuordnung hergestellt. Entsprechend besitzt der Parameter `Zugriff` dieselbe Bedeutung wie für `fopen`, ist der Funktionswert je nach Erfolg der Zeiger auf einen Speicherbereich mit dem Typ `FILE` oder der Nullzeiger.

In erster Linie interessant ist die Funktion für die drei Standarddateien `stdin`, `stdout` und `stderr`: Während für diese Dateien eine explizite Zuordnung in der Regel nicht möglich ist, kann man ihre Zuordnung mit `freopen` ohne weiteres ändern.

9.2.2 Temporäre Dateien

Die Existenz einer temporären Datei ist auf die Zeit der Ausführung des Programms beschränkt, das sie anlegt. Anders formuliert: Wenn ein Programm korrekt endet, werden alle temporären Dateien, die es angelegt hat, automatisch wieder gelöscht. (Bei einem Fehlerabbruch eines Programms ist undefiniert, ob die temporären Dateien gelöscht werden oder erhalten bleiben.)

Wie temporäre Dateien verwaltet werden, bleibt letztlich der jeweiligen Implementation vorbehalten. Zum Beispiel brauchen temporäre Dateien nicht notwendig Namen zu besitzen. Entsprechend ist der Aufruf der Funktion, die eine temporäre Datei bereitstellt, sehr einfach:

```
FILE *tmpfile (void);
```

Die Zugriffsart für die temporäre Datei ist `wb+`. Der Funktionswert ist der Zeiger auf die temporäre Datei bzw. der Nullzeiger, falls keine temporäre Datei bereitgestellt werden konnte.

Die Existenz einer temporären Datei endet, wie bereits gesagt, mit dem (korrekten) Ende des Programms. Sie kann durch einen entsprechenden Aufruf von `fclose` aber auch bereits vorzeitig beendet werden.

Der Standard enthält keinen Hinweis darauf, ob stets nur eine einzige oder auch gleichzeitig mehrere temporäre Dateien zugeordnet sein können. In der Regel werden mehrere temporäre Dateien gleichzeitig möglich sein. Allerdings lassen sich die Dateien, die durch `tmpfile` zugeordnet werden, ohnehin nur eingeschränkt nutzen, weil sie stets Binärdateien sind.

Der Standard bietet deshalb zusätzlich die Möglichkeit, quasi–temporäre Dateien zuzuordnen. Mit der Funktion

```
char *tmpnam (char *s);
```

kann man sich einen Namen beschaffen, der als Betriebssystem–Name einer Datei zulässig ist, und der gleichzeitig mit keinem Namen einer permanenten Datei übereinstimmt. Die Verwaltung der Dateien mit diesen Namen, also Zuordnung, Freigabe und Löschen, muß man selbst übernehmen, kann dafür aber bei der Zuordnung eine beliebige (zulässige) Zugriffsart wählen.

Die Intention ist natürlich, daß solche Dateien vor dem Ende des Programms nicht nur freigegeben sondern auch wieder gelöscht werden. Allerdings erfolgt das Löschen nicht automatisch wie bei temporären Dateien, so daß sie ggf. auch über das Ende des Programms hinaus erhalten bleiben.

Wenn die Funktion `tmpnam` in einem Programm mehrfach aufgerufen wird, muß sie verschiede Namen liefern, zumindest `TMP_MAX`–mal. Dabei muß der Wert des Macro `TMP_MAX` mindestens 25 sein.

Wenn s der Nullzeiger ist, speichert `tmpnam` den erzeugten Namen nur intern und liefert als Funktionswert den Zeiger auf diesen Speicher. Bei einem weiteren Aufruf kann `tmpnam` den Inhalt dieses Speichers modifizieren und so den ersten Namen überschreiben.

Wenn s nicht der Nullzeiger ist, muß der String, auf den s zeigt, mindestens so viele Zeichen aufnehmen können, wie der Wert des Macro `L_tmpnam` ergibt. In diesem Fall kopiert **tmpnam** den neu erzeugten Namen aus dem internen Speicher in den String, auf den **s** zeigt, und liefert den Wert von **s** als Funktionswert zurück.

9.3   Verwaltung der Dateipuffer

Die Funktion

```
int fflush (FILE *Datei);
```

überträgt den Inhalt der Puffers, der zu der Datei **Datei** gehört, in die Datei. Die letzte Operation vor dem Aufruf von **fflush** muß eine Ausgabeoperation gewesen sein.

Wenn **Datei** der Nullzeiger ist, wird die Operation für alle Dateien ausgeführt, deren Puffer noch nicht übertragenen Inhalt enthalten.

Der Funktionswert ist Null, wenn die Übertragung fehlerfrei verlief, sonst **EOF**.

In der Regel braucht man **fflush** nicht explizit aufzurufen, da beim Lösen der Zuordnung einer Datei, sei es durch Aufruf von **fclose** oder sei es beim Ende des Programms, eventueller Inhalt des Puffers automatisch übertragen wird. Eine Ausnahme sind Dateien die wahlweise zum Schreiben und Lesen zugeordnet sind (vgl. Abschnitt 9.2.1).

Die Funktion

```
int setvbuf (FILE *Datei, char *Puffer, int Modus,
        size_t Groesse);
```

hat zwei Zwecke:

- Über den Parameter **Modus** erlaubt sie die Wahl der Zugriffsart. Die zulässigen Werte für ihn sind die Macros

    _IOFBF   vollständige Pufferung

    _IOLBF   Zeilenpufferung

    _IONBF   keine Pufferung

- Über den Zeiger **Puffer** erlaubt sie es, den automatisch bereitgestellten Puffer durch einen eigenen Speicherbereich zu ersetzen. Die Größe des Puffers muß durch den Parameter **Groesse** zusätzlich übergeben werden.

    Falls **Puffer** der Nullzeiger ist, bleibt der automatisch bereitgestellte Puffer zugeordnet, ist der Wert von **Groesse** bedeutungslos.

    Man beachte: Wie der Inhalt des Puffers aussieht, wird durch den Standard nicht festgelegt, sondern bleibt der jeweiligen Implementation überlassen. Anders formuliert: Man sollte nicht versuchen, den Inhalt des Puffers selbst zu interpretieren.

Die Funktion *darf* erst aufgerufen werden, nachdem die Zuordnung für die Datei erfolgt ist. Sie *muß* aufgerufen werden, bevor zum ersten Mal auf die Datei zugegriffen wird.

Bei ordnungsgemäßem Abschluß ist der Funktionswert Null, sonst ungleich Null.

Eine Kurzform von **setvbuf** ist die Funktion

```
void setbuf (FILE *Datei, char *Puffer);
```

Gleichwertig sind die Aufrufe

```
setbuf (Datei, (char *) NULL);
setvbuf (Datei, (char *) NULL, _IONBF, (size_t) 0);
```

sowie, wenn **Puffer** nicht der Nullzeiger ist

```
setbuf (Datei, (char *) Puffer);
setvbuf (Datei, (char *) Puffer, _IOFBF, BUFSIZ);
```

Hier liefert der Macro **BUFSIZ** die Größe, die der Speicherbereich besitzen muß, auf den **Puffer** zeigt.

9.4 Formatierte Eingabe

Die drei Funktionen für formatierte Eingabe sind

```
int fscanf (FILE *Datei, const char *Format, ...);
int scanf (const char *Format, ...);
int sscanf (const char *s, const char *Format, ...);
```

Bei allen drei Funktionen ist **Format** der Zeiger auf einen String, der die Formatierung der nachfolgenden Parameter beschreibt. Diese weiteren Parameter müssen Zeiger auf die Variablen sein, in die die gelesenen Werte übertragen werden sollen. Wenn in der Folge kurz von „Eingabevariablen" die Rede ist, sind damit stets die Speicherplätze gemeint, auf die die übergebenen Zeiger zeigen.

Unterschiede bestehen darin, woher die Eingabe geholt wird:

- **fscanf** liest aus der Datei, auf die **Datei** zeigt.

- **scanf** liest aus der Standard–Eingabedatei **stdin**.

- **sscanf** liest aus keiner Datei, sondern verwendet den Inhalt des String, auf den **s** zeigt, als Eingabe. Dabei wird das Ende des String dem Dateiende als gleichwertig betrachtet.

9.4.1 Der Formatierungsstring

Der Formatierungsstring dient zwei verschiedenen Zwecken:

- Einerseits beschreibt er den Aufbau der Zeichenfolge, die aus der Eingabedatei zu holen ist.

- Andererseits beschreibt er, welche Typen die Eingabevariablen besitzen. Die Eingabefunktionen erhalten ja nur Zeiger auf die Eingabevariablen, müssen also durch Interpretation des Formatierungsstring feststellen, welche Typen die Eingabevariablen selbst besitzen.

Der Formatierungsstring setzt sich aus beliebigen Zeichen (ausgenommen das Prozentzeichen %) und **Formatbeschreibern** zusammen. Die Formatbeschreiber haben den folgenden Aufbau:

%<*><*Laenge*><*Typ*>*Kennung*

Dabei sind die in spitzen Klammern stehenden Einträge optional.

Der Formatierungsstring, die Zeichen aus der Eingabedatei und die Liste der Eingabevariablen werden linear abgearbeitet. Die Abarbeitung beginnt mit der Interpretation des Formatierungsstrings. Was weiter passiert, hängt von den dabei gefundenen Zeichen ab. Zunächst soll der einfachste Fall unterstellt werden, daß nämlich die Formatbeschreiber nur aus dem einleitenden Prozentzeichen und der Kennung *Kennung* bestehen, daß keine optionalen Einträge enthalten sind:

- Wenn im Formatierungsstring ein „white space" gefunden wird, werden so lange Zeichen aus der Eingabedatei geholt, bis das nächste Zeichen *kein* „white space" ist. Wenn dabei ein Fehler festgestellt wird, terminiert die Routine. Die übertragenen „white spaces" werden auf jeden Fall ignoriert.

- Wenn im Formatierungsstring ein Zeichen gefunden wird, das kein Prozentzeichen und kein „white space" ist, wird es mit dem nächsten Zeichen der Eingabedatei verglichen. Wenn Übereinstimmung besteht, werden beide Zeichen ignoriert. Sonst werden so lange Zeichen in der Eingabedatei übersprungen, bis ein „white space" gefunden wird, und danach die Routine beendet.

- Wenn im Formatierungsstring ein Prozentzeichen gefunden wird, wird zunächst der vollständige Formatbeschreiber interpretiert.

  Dann werden, außer bei den Kennungen [, c und p, so lange Zeichen aus der Eingabedatei geholt, bis das nächste Zeichen *kein* „white space" ist. Wenn dabei ein Fehler festgestellt wird, terminiert die Routine. Die übertragenen „white spaces" werden auf jeden Fall ignoriert.

  Anschließend werden so lange Zeichen aus der Eingabedatei geholt, wie diese zur Kennung *Kennung* des Formatbeschreibers „passen". Wenn bereits das erste Zeichen nicht zur Kennung paßt, terminiert die Routine.

  Wenn diese Zeichenfolge nicht in die entsprechende interne Darstellung umgewandelt werden kann, terminiert die Routine. (Daß eine Zeichenfolge nicht umgewandelt werden kann, obwohl sie nur aus „passenden" Zeichen besteht, mag auf den ersten Blick merkwürdig erscheinen. Ein Beispiel: Ein Vorzeichen, dem keine Ziffer folgt, läßt sich nicht als Zahl interpretieren.)

  Schließlich wird das Resultat in der nächsten Eingabevariablen gespeichert.

Der Funktionswert ist in der Regel die Anzahl der Werte, die in Eingabevariablen gespeichert wurden, unabhängig davon, ob die Funktion normal endet, weil ihre Parameterliste vollständig abgearbeitet ist, oder ob sie wegen eines Fehlers vorzeitig beendet wird. Ausnahme: Wenn noch kein Wert gespeichert wurde, ist der Funktionswert nur bei einem nicht „passenden" Zeichen oder einer nicht umwandelbaren Zeichenfolge Null; nach einem anderen Fehler, zum Beispiel dem Ende der Datei, ist er der Wert des Macro EOF (kleiner Null).

9.4.2 Formatbeschreiber

Die Kennungen für die verschiedenen Datentypen bzw. ihre externen Darstellungen lassen sich in vier Gruppen unterteilen:

1. Eingabe ganzer Zahlen

Die Eingabevariable muß den Typ `int` bzw. `unsigned int` besitzen. Die erwartete externe Darstellung wird durch die folgenden Kennbuchstaben beschrieben:

i   ganze Zahl mit oder ohne Vorzeichen in C–Schreibweise, d.h. mit `0x` oder `0X` beginnende Zahlen werden als hexadezimal, andere mit `0` beginnende Zahlen als oktal dargestellt betrachtet; Zahlen, die nicht mit Null beginnen, werden als dezimal dargestellt betrachtet

d   ganze Zahl mit oder ohne Vorzeichen in dezimaler Darstellung

u   ganze Zahl ohne Vorzeichen in dezimaler Darstellung

o   ganze Zahl mit oder ohne Vorzeichen in oktaler Darstellung

x   ganze Zahl mit oder ohne Vorzeichen in hexadezimaler Darstellung, jedoch ohne einleitendes `0x` bzw. `0X`

X   wie `x`

2. Eingabe von Gleitkommazahlen

Die Eingabevariable muß den Typ `float` besitzen. Die verfügbaren Kennungen sind die Buchstaben `e`, `E`, `f`, `g` und `G`. Sie erwarten sämtlich eine beliebige zulässige Darstellung einer Gleitkommazahl, also mit oder ohne Vorzeichen, mit oder ohne Dezimalpunkt, mit oder ohne Exponententeil.

3. Eingabe von Zeichen und Strings

Die Eingabevariable muß den Typ `char` besitzen; in der Regel wird sie die erste Komponente eines Feldes sein müssen, das hinreichend groß ist, alle übertragenen Zeichen aufzunehmen. Die erwartete externe Darstellung wird durch die folgenden Kennungen beschrieben:

s   beliebige Zeichenfolge, beendet durch ein „white space"; an die Zeichenfolge wird automatisch ein Stringende–Zeichen angehängt

[wie `s`, jedoch kann explizit angegeben werden, bei welchen Zeichen die Übertragung stoppen soll (vgl. unten)

c   einzelnes Zeichen, das auch ein „white space" sein kann

4. Kennungen für verschiedene Zwecke

p   Erwartet wird ein Zeigerwert in implementations–spezifischer Darstellung; die Eingabevariable muß einen Zeigertyp besitzen. Die Kennung ist, wenn überhaupt, nur dann sinnvoll, wenn die zu lesende Eingabe unter derselben Implementation geschrieben wurde.

n   Es werden keine Zeichen aus der Eingabedatei geholt, sondern die Anzahl der bisher umgewandelten Werte in die nächste Eingabevariable übertragen. Diese Eingabevariable muß den Typ `int` besitzen.

%   Kennung für ein Prozentzeichen, das als Eingabezeichen erwartet wird.

Die optionalen Einträge eines Formatbeschreibers haben folgende Bedeutung:

*   Die Angabe bewirkt, daß die Zeichen der Eingabedatei „normal" interpretiert werden, dem Formatbeschreiber entsprechend, daß der Wert jedoch nicht in einer Eingabevariablen gespeichert sondern ignoriert wird. Dabei wird die Eingabevariable, die eigentlich „an der Reihe wäre", *nicht* übersprungen.

Laenge   Die Angabe muß eine ganze Zahl ohne Vorzeichen und ungleich Null sein. Sie gibt an, wie viele Zeichen maximal interpretiert werden sollen, wenn nicht zuvor ein „unpassendes" Zeichen gefunden wird. Besondere Bedeutung besitzt diese Angabe für den Kennbuchstaben c: Hier wird genau die angegebene Anzahl Zeichen übertragen. Die Zeichenfolge wird *nicht* durch ein Stringende–Zeichen abgeschlossen.

Typ   Diese Angabe erlaubt Zeiger auf Variablen mit anderen Typen als `int`, `unsigned int` und `float`. Sie besteht aus genau einem Buchstaben:

h   in Kombination mit der Kennung i, d, u, o, x oder X: die Eingabevariable besitzt den Typ `short int`

in Kombination mit der Kennung n: die Variable, in die die Anzahl der bereits übertragenen Werte zu schreiben ist, besitzt den Typ `short int`

l   in Kombination mit der Kennung i, d, u, o, x oder X: die Eingabevariable besitzt den Typ `long int`

in Kombination mit der Kennung e, E, f, g oder G: die Eingabevariable besitzt den Typ `double`

in Kombination mit der Kennung n: die Variable, in die die Anzahl der bereits übertragenen Werte zu schreiben ist, besitzt den Typ `long int`

L   in Kombination mit der Kennung e, E, f, g oder G: die Eingabevariable besitzt den Typ `long double`

Andere Kombinationen sind nicht zulässig.

Zurück noch einmal zum Einlesen von Strings. Die Kennung s ist vielfach unzureichend, weil Strings ja durchaus Leerzeichen enthalten können – die beim Lesen mit s die Übertragung stoppen. Die Kennung [erlaubt es, anzugeben, welche Zeichen als Bestandteil des String zu betrachten sind und welche nicht. Das geschieht in der Form

[Zeichenfolge]

bzw.

[^Zeichenfolge]

Im ersten Fall werden alle *angegebenen* Zeichen als zulässig betrachtet, so daß die Übertragung beim ersten *nicht angegebenen* Zeichen stoppt. Im zweiten Fall werden alle *nicht angegebenen* Zeichen als zulässig betrachtet, so daß die Übertragung beim ersten *angegebenen* Zeichen stoppt. In beiden Fällen wird das Zeichen, das die Übertragung gestoppt hat, beim nächsten Lesen als erstes geliefert; in beiden Fällen ist es ein Fehler, wenn in der Eingabe nicht mindestens ein zulässiges Zeichen gefunden wird.

Die Zeichenfolge *Zeichenfolge* kann nicht leer sein. Folgt also eine schließende eckige Klammer (]) unmittelbar der öffnenden Klammer ([) bzw. dem Dach (^), so wird sie nicht als Abschluß, sondern als Bestandteil der Zeichenfolge interpretiert. Die Zeichenfolge abschließen muß dann eine weitere schließende eckige Klammer (]).

Das Minuszeichen (-) muß, wenn es Bestandteil der Zeichenfolge sein soll, unmittelbar der öffnenden Klammer ([) bzw. dem Dach (^) folgen, da es an anderen Stellen implementations–spezifisch interpretiert werden kann.

Die Zeichenfolge darf Escapesequenzen enthalten.

9.4.3   Beispiele

Aus Eingabezeilen, die jeweils mit einer `int`-Zahl beginnen und dahinter beliebige Zeichen
enthalten, soll jeweils die Zahl am Anfang gelesen und geschrieben, der Rest der Zeile
jedoch ignoriert werden. Das folgende kleine Programm löst diese Aufgabe:

```
/*******************************************************************\
*                                                                 *
*    Ein Eingabeformat                                            *
*                                                                 *
\*******************************************************************/

#include <stdio.h>

int main (void)
{
    int a;

    while (scanf ("%d%*[^\n]", &a) != EOF)
        printf ("%d\n", a);

    return 0;
}
```

Anzumerken ist:

- Das Zeilenende-Zeichen bleibt jeweils im Puffer stehen; das stört hier allerdings nicht
  weiter, weil der Formatbeschreiber `%d` beim nächsten Schleifendurchlauf dafür sorgt,
  daß es übersprungen wird, ebenso wie eventuelle „white spaces" am Anfang der
  nächsten Eingabezeile.

- Der Funktionswert **1** gibt hier keine Auskunft darüber, ob die Funktion `scanf` normal
  oder vorzeitig beendet wurde; er besagt nur, daß der Variablen a ein Wert zugewiesen
  wurde. Der Formatbeschreiber `%*[^\n]` erfordert für ein normales Ende der Funktion,
  daß zwischen dem Wert und dem Zeilenende-Zeichen mindestens ein weiteres Zeichen
  steht.

  Dieses zeigt gleichzeitig, warum der erweiterte Formatierungsstring

      "%d%*[^\n]%*c"

  kein sicheres Mittel ist, das Zeilenende-Zeichen aus dem Puffer zu entfernen: Wenn
  das Zeilenende-Zeichen dem Wert unmittelbar folgt, wird der Formatbeschreiber `%*c`
  bei der Interpretation nicht mehr erreicht.

- Wenn eine Zeile eingegeben wird, deren erstes signifikantes Zeichen kein Vorzeichen
  und keine Ziffer ist, „hängt" das Programm in einer Endlosschleife: Das Zeichen
  stoppt die Interpretation, bleibt aber im Puffer stehen; der Funktionswert ist Null.
  Da der Formatbeschreiber `%*[^\n]` nicht mehr abgearbeitet wird, wird beim nächsten
  Schleifendurchlauf auf den unveränderten Pufferinhalt zugegriffen. Das Resultat ist
  entsprechend unverändert.

- Wenn eine Zeile eingegeben wird, deren erste signifikante Zeichen zum Beispiel `-␣1`
  sind, so ergibt das zwei Ausgabezeilen.

Die erste Zeile enthält einen undefinierten Wert: Nachdem das Minuszeichen gelesen ist, stoppt das Leerzeichen die Interpretation; der Variablen **a** wird kein Wert zugewiesen und der Formatbeschreiber **%*[^\n]** nicht mehr abgearbeitet.

Im nächsten Schleifendurchlauf wird im Puffer der Rest, nämlich ␣1 vorgefunden. Er ergibt eine Ausgabezeile mit dem Wert 1.

Ein weiteres Beispiel: Es sind Termine zu lesen, der Tag und der Monat jeweils zwei- und das Jahr vierstellig. Tag und Monat soll jeweils ein Punkt folgen, vor den Zahlen sollen Leerzeichen erlaubt sein.

Im Prinzip leistet dieses, bei geeignet definierten Variablen, die Anweisung

```
n = scanf ("%2d.%2d.%4d", &Tag, &Monat, &Jahr);
```

Der Wert der Variablen n erlaubt die Kontrolle des Erfolgs: Bei einem negativen Wert stand keine Eingabe zur Verfügung, beim Wert 3 wurden drei Werte gespeichert, beim Wert 0 war bereits der Tag falsch, beim Wert 1 war der Tag korrekt und der Monat falsch, beim Wert 2 waren Tag und Monat korrekt und das Jahr falsch.

Als „Schönheitsfehler" kann man es unter Umständen betrachten, daß die Eingabe auf mehrere Zeilen verteilt werden kann, da bei der Interpretation vor jeder Zahl „white spaces" und damit auch Zeilenende–Zeichen übersprungen werden. Es gibt verschiedene Möglichkeiten, dieses zu verhindern. Eine davon: Man liest zunächst die Zeile in eine Stringvariable und interpretiert dann mit **sscanf** den Inhalt dieser Variablen. Das folgende kleine Programm realisiert dieses.

```
/*******************************************************************\
*                                                                 *
*    Lesen mit 'sscanf'                                           *
*                                                                 *
\*******************************************************************/

#include <stdio.h>

#define str( t) #t
#define quote( t) str (t)

#define LAENGE 15

int main (void)
{
   char Zeile[LAENGE + 1];
   int Tag, Monat, Jahr;

   printf ("Der Termin: ");
   scanf ("%" quote (LAENGE) "[^\n]", Zeile);

   switch (sscanf (Zeile, "%2d.%2d.%4d", &Tag, &Monat, &Jahr))
   {
      case 0:
         printf ("Fehler beim Tag !\n");
```

```
                break;
        case 1:
            printf ("Fehler beim Monat !\n");
            break;
        case 2:
            printf ("Fehler beim Jahr !\n");
            break;
        case 3:
            printf ("Gelesener Termin: %d.%d.%d\n", Tag, Monat, Jahr);
            break;
        case EOF:
            printf ("Dateiende (oder Fehler) !\n");
    }

    return 0;
}
```

9.5 Formatierte Ausgabe

Die drei Grundfunktionen für formatierte Ausgabe sind

```
int fprintf (FILE *Datei, const char *Format, ...);
int printf (const char *Format, ...);
int sprintf (char *s, const char *Format, ...);
```

Bei allen drei Funktionen ist `Format` der Zeiger auf einen String, der die Formatierung der nachfolgenden Parameter beschreibt. Diese weiteren Parameter müssen, von wenigen Ausnahmen abgesehen, die zu übertragenden Werte sein.

Unterschiede bestehen darin, wohin die Ausgabe geschrieben wird:

- `fprintf` schreibt in die Datei, auf die `Datei` zeigt.

- `printf` schreibt in die Standard–Ausgabedatei `stdout`.

- `sprintf` schreibt in keine Datei, sondern in den String, auf den `s` zeigt. Die geschriebene Zeichenfolge wird automatisch durch ein Stringende–Zeichen abgeschlossen. Der Programmierer muß selbst dafür sorgen, daß der Platz in dem String für die Zeichen ausreicht, die erzeugt werden.

Einheitlich wird wieder der Funktionswert bestimmt: Wenn die Übertragung korrekt abgeschlossen wurde, wird die Anzahl der übertragenen Zeichen geliefert; falls ein Fehler auftritt, wird ein negativer Wert geliefert.

9.5.1 Der Formatierungsstring

Der Formatierungsstring dient zwei verschiedenen Zwecken:

- Einerseits beschreibt er den Aufbau der zu erzeugenden Zeichenfolge.

- Andererseits beschreibt er, welche Typen die Ausgabewerte besitzen. Man beachte dabei: Die Funktionen sind mit variabler Parameterliste definiert! Der Compiler kann für die Argumente im Aufruf also keine speziellen **Typumwandlungen** vornehmen, sondern wandelt automatisch alle **char**– und **short**–Werte in den Typ **int** oder **unsigned int** und alle **float**–Werte in den Typ **double** um, während andere Werte unverändert übergeben werden.

Der Formatierungsstring setzt sich aus beliebigen Zeichen (ausgenommen das Prozentzeichen %) und **Formatbeschreibern** zusammen. Die Formatbeschreiber haben den folgenden Aufbau:

> %*<Modus><Laenge><.Stellen><Typ>Kennung*

Dabei sind die in spitzen Klammern stehenden Einträge optional.

Der Formatierungsstring und die Liste der Ausgabewerte werden linear abgearbeitet. Die Abarbeitung beginnt mit der Interpretation des Formatierungsstring. Was weiter passiert, hängt von den dabei gefundenen Zeichen ab:

- Wenn im Formatierungsstring ein Prozentzeichen gefunden wird, wird zunächst der vollständige Formatbeschreiber interpretiert. Dann wird der nächste Ausgabewert ihm entsprechend in eine Zeichenfolge umgewandelt und in die Ausgabedatei übertragen.

- Wenn im Formatierungsstring ein anderes Zeichen gefunden wird, wird es ohne weiteres in die Ausgabedatei übertragen.

9.5.2 Formatbeschreiber

Die Kennungen für die verschiedenen Datentypen bzw. ihre externen Darstellungen lassen sich in vier Gruppen unterteilen:

1. Ausgabe ganzer Zahlen

   Der Ausgabewert muß den Typ **int** bzw. **unsigned int** besitzen. Die zu erzeugende externe Darstellung wird durch die folgenden Kennbuchstaben beschrieben:

i	der Wert wird als **signed int** betrachtet, die Darstellung erfolgt dezimal, ggf. mit Vorzeichen
d	wie i
u	der Wert wird als **unsigned int** betrachtet, die Darstellung erfolgt dezimal
o	der Wert wird als **unsigned int** betrachtet, die Darstellung erfolgt oktal
x	der Wert wird als **unsigned int** betrachtet, die Darstellung erfolgt hexadezimal unter Verwendung von Kleinbuchstaben
X	wie x, jedoch mit Großbuchstaben

2. Ausgabe von Gleitkommazahlen

   Der Ausgabewert wird als **double** erwartet. Die zu erzeugende externe Darstellung wird durch die folgenden Kennbuchstaben beschrieben:

f	Darstellung ohne Exponententeil
e	Darstellung mit Exponententeil, der Exponenten–Kennbuchstabe ist e; die Darstellung wird so normiert, daß links vom Dezimalpunkt genau eine Ziffer steht, die nur dann Null ist, wenn der Wert insgesamt Null ist

   E   wie e, jedoch mit Exponenten–Kennbuchstabe E

   g   wie f oder e, je nach Größenordnung des Ausgabewertes; Nullen am Ende der Ziffernfolge werden unterdrückt; der Dezimalpunkt wird nur geschrieben, wenn ihm eine Ziffer folgt

   G   wie g, jedoch wird ggf. E anstelle von e verwendet

Die letzte Ziffer wird jeweils gerundet.

3. Ausgabe von Zeichen und Strings

   s   der Ausgabeparameter wird als Zeiger auf einen String betrachtet, der Wert des String geschrieben

   c   der int–Wert wird in unsigned char umgewandelt geschrieben

4. Kennungen für verschiedene Zwecke

   p   der Wert wird als Zeiger betrachtet und in implementations–spezifischer Darstellung geschrieben

   n   es wird keine Ausgabe erzeugt, sondern die Anzahl der bislang übertragenen Zeichen in den nächsten Parameter der Ausgabeliste geschrieben; dieser Parameter muß entsprechend den Typ int * besitzen

   %   ein Prozentzeichen wird geschrieben (dem Formatbeschreiber wird kein Ausgabewert zugeordnet)

Wenn in einem Formatbeschreiber nur die Kennung *Kennung* angegeben ist, werden Werte mit bestimmten Typen erwartet, erfolgt die Darstellung in einem Standardformat. Zum Beispiel wird bei Verwendung des Formatbeschreibers u ein unsigned int–Wert erwartet. Auch werden bei der Umwandlung nur die signifikanten Ziffern des Wertes erzeugt. Abweichende Werte und Darstellungen lassen sich mit den optionalen Einträgen der Formatbeschreiber anzeigen bzw. erzeugen.

Laenge   Mindestzahl der zu erzeugenden Zeichen, die ggf. durch voran– oder nachgestellte Leerzeichen zu erreichen ist. Falls bei der Umwandlung des Wertes mehr Zeichen entstehen, wird die Angabe ignoriert.

Die Angabe kann explizit durch eine dezimale Konstante erfolgen oder durch einen Stern. Wenn ein Stern angegeben ist, wird der nächste Wert der Ausgabeliste als Wert von *Laenge* genommen und nicht geschrieben. Dieser Wert *muß* den Typ int besitzen.

Negative Längen sind nicht möglich (abgesehen davon, daß sie auch nicht sinnvoll sind): Ein Minuszeichen wird als Modifikator betrachtet (vgl. *Modus*), so daß für *Laenge* nur die angegebene Ziffernfolge übrigbleibt.

Stellen   Die Angabe kann explizit durch eine dezimale Konstante erfolgen oder durch einen Stern. Wenn ein Stern angegeben ist, wird der nächste Wert der Ausgabeliste als Wert von *Laenge* genommen und nicht geschrieben; dieser Wert *muß* den Typ int besitzen. Wenn der Wert negativ ist, wird er ignoriert.

Die Bedeutung hängt von der jeweiligen Kennung ab:

- Bei ganzzahligen Werten (Kennungen i, d, u, o, x und X) ist *Stellen* die Anzahl der mindestens zu schreibenden Ziffern: Wenn die Zahl weniger

Ziffern besitzt, werden führende Nullen geschrieben; wenn sowohl *Stellen* als auch der zu schreibende Wert Null sind, wird nichts geschrieben. Eine fehlende Angabe wird durch 1 ersetzt.

- Bei Gleitkommazahlen, die der Kennung f, e oder E entsprechend umgewandelt werden, ist *Stellen* die Anzahl der Stellen hinter dem Dezimalpunkt. Wenn *Stellen* den Wert Null besitzt, wird der Dezimalpunkt selbst auch unterdrückt; wenn die Angabe fehlt, wird 6 verwendet.

- Bei Gleitkommazahlen, die der Kennung g oder G entsprechend umgewandelt werden, ist *Stellen* erneut die Anzahl der Stellen hinter dem Dezimalpunkt; jedoch wird hier, wenn *Stellen* den Wert Null besitzt, statt dessen 1 verwendet.

- Bei der Übertragung eines String (Kennung s) hängt das Resultat von der Länge des String und vom Wert von *Stellen* ab: Die Übertragung von Zeichen aus dem String wird beendet, wenn entweder das Stringende–Zeichen erreicht wird oder die Anzahl der übertragenen Zeichen den Wert von *Stellen* erreicht. Wenn der Wert von *Stellen* die Anzahl der Zeichen des String übersteigt, werden zusätzlich Leerzeichen übertragen. (Das Stringende–Zeichen selbst wird auf jeden Fall *nicht* übertragen.)

Modus Zur Verfügung stehen fünf Steuerzeichen, die in beliebiger Kombination und Reihenfolge angegeben werden können. Die Zeichen und ihre Bedeutung sind:

- – Die bei der Umwandlung erzeugten Zeichen werden linksbündig statt wie üblich rechtsbündig in das Ausgabefeld geschrieben, das insgesamt aus *Laenge* Zeichen besteht.

- + Bei Zahlen mit Vorzeichen werden auch positive Vorzeichen geschrieben, und nicht nur negative wie üblich.

- *blank* Bei Zahlen mit Vorzeichen wird das positive Vorzeichen durch ein Leerzeichen ersetzt, das negative normal geschrieben. (Bei Kombination der Steuerzeichen + und *blank* hat + den Vorrang.)

- # Auswahl einer alternativen Darstellung des Ausgabewertes:

  - Vor Oktalzahlen wird eine Null eingefügt, wenn die erste Ziffer nicht ohnehin eine Null ist.
  - Vor Hexadezimalzahlen wird 0x oder 0X eingefügt.
  - Gleitkommawerte erhalten auch dann einen Dezimalpunkt, wenn keine Ziffern mehr folgen.
  - Bei Umwandlung gemäß g oder G werden Nullen am Ende der Ziffernfolge nicht unterdrückt.

- 0 Führende Nullen bleiben stehen und werden nicht durch Leerzeichen ersetzt. Verlangt werden darf dieses bei den Kennungen d, i, o, u, x, X, e, E, f, g und G.

  In zwei Fällen bleibt 0 wirkungslos, nämlich

  - wenn 0 und – kombiniert werden, oder

- wenn bei einer der Kennungen d, i, o, u, x oder X eine Mindestanzahl der zu schreibenden Stellen (optionaler Eintrag *Stellen*) vorgegeben ist.

Typ Wenn ein numerischer Ausgabewert nicht den Typ `int`, `unsigned int` oder `double` besitzt, muß dieses durch den Zusatz *Typ* angezeigt werden. Der Zusatz besteht jeweils aus einem Buchstaben.

h in Kombination mit den Kennungen i, d, u, o, x oder X: der Ausgabewert ist, bevor er geschrieben wird, in den Typ `short int` umzuwandeln

in Kombination mit der Kennung n: die Variable, die die Anzahl der bereits übertragenen Zeichen aufnehmen soll, besitzt den Typ `short int`

l in Kombination mit den Kennungen i, d, u, o, x und X: der Ausgabewert besitzt den Typ `long int`

in Kombination mit der Kennung n: die Variable, die die Anzahl der bereits übertragenen Zeichen aufnehmen soll, besitzt den Typ `long int`

L in Kombination mit den Kennungen e, E, f, g und G: der Ausgabewert besitzt den Typ `long double`

Andere Kombinationen sind nicht zulässig.

Die drei bislang genannten Funktionen lassen sich nur dann einsetzen, wenn die zu schreibenden Werte explizit angegeben werden können. Will man in einer Funktion mit variabler Argumentanzahl den Wert eines der variablen Argumente schreiben, so muß man die entsprechende von den drei Funktionen

```
int vfprintf (FILE *Datei, const char *Format, va_list Argument);
int vprintf (const char *Format, va_list Argument);
int vsprintf (char *s, const char *Format, va_list Argument);
```

verwenden. Im Resultat entsprechen diese Funktionen den Funktionen `fprintf`, `printf` bzw. `sprintf`.

9.6 Ein-/Ausgabe von Zeichen(folgen)

Ein-/Ausgabe von einzelnen Zeichen und Strings ist ohne weiteres mit den Funktionen für formatierte Ein-/Ausgabe möglich. Handlicher ist es in der Regel allerdings, die speziell dafür vorgesehenen Funktionen zu verwenden.

9.6.1 Lesen eines einzelnen Zeichens

Ein einzelnes Zeichen holt die Funktion

```
int fgetc (FILE *Datei);
```

aus der Datei, auf die `Datei` zeigt. Das Zeichen wird als `unsigned char` zu lesen versucht. Bei erfolgreichem Abschluß wird das Zeichen geliefert, umgewandelt in `int`, und die Positionierung der Datei um ein Zeichen verschoben; wenn das Ende der Datei bereits erreicht war, wird **EOF** geliefert; wenn ein Fehler auftrat, wird die Fehlermarke der Datei entsprechend gesetzt und ebenfalls **EOF** geliefert.

Zwei weitere Funktionen arbeiten wie `fgetc`. Diese Funktionen sind

```
int getc (FILE *Datei);
int getchar (void);
```

Beide Funktionen können als Macros realisiert und damit effektiver als „echte" Funktionen sein. Da sie als Macros ihren Parameter unter Umständen mehrfach auswerten, sollte man sie nur verwenden, wenn bei dieser Auswertung keine Nebeneffekte auftreten. `getchar` unterscheidet sich von `getc` nur dadurch, daß `getchar` immer aus der Standarddatei `stdin` liest.

9.6.2   Lesen von Strings

Die beiden Funktionen

```
char *fgets (char *s, int n, FILE *Datei);
char *gets (char *s);
```

erlauben das Lesen von Strings.

`fgets` erlaubt die explizite Angabe der Datei, aus der gelesen werden soll. Aus dieser werden höchstens `n-1` Zeichen geholt und in den String übertragen, auf den `s` zeigt. Hinter das letzte übertragene Zeichen wird ein Stringende–Zeichen geschrieben. Die Übertragung wird vorzeitig beendet, wenn ein Zeilenende–Zeichen gelesen oder das Dateiende erreicht wird; ein Zeilenende–Zeichen wird in den String übernommen, ein Dateiende–Zeichen nicht.

`gets` arbeitet im Prinzip wie `fgets`; nur greift die Funktion stets auf die Standarddatei `stdin` zu und die Möglichkeit, die Anzahl der zu lesenden Zeichen zu begrenzen, entfällt (das Lesen endet also stets erst am Ende einer Zeile bzw. am Ende der Datei).

Beide Funktionen liefern `s` als Funktionswert, wenn das Lesen ordnungsgemäß abgeschlossen wurde, sonst den Nullzeiger. Im Falle eines Lesefehlers ist der Inhalt des Strings undefiniert.

9.6.3   Mehrfaches Lesen von Zeichen

Eine auf den ersten Blick merkwürdige Wirkung hat die Funktion

```
int ungetc (int c, FILE *Datei);
```

Sie *schreibt* ein Zeichen in eine *Eingabedatei*! Was steckt dahinter? Wenn man Eingabe zeichenweise interpretiert, merkt man es häufig erst zu spät, daß man hätte aufhören müssen zu lesen, nämlich dann, wenn man bereits ein Zeichen zu viel gelesen hat. Genau für solche Fälle ist `ungetc` gedacht: Man kann das zu viel gelesene Zeichen wieder in die Datei zurückschreiben, erhält es dann beim nächsten Lesen erneut.

Tatsächlich ist die Funktion etwas allgemeiner formuliert: Das Zeichen, das erneut gelesen werden soll, muß als Argument der Funktion angegeben werden, braucht also nicht notwendig das letzte gelesene Zeichen zu sein. Wenn `ungetc` mehrfach hintereinander

aufgerufen wird, um mehrere Zeichen zum erneuten Lesen zurückzuschreiben, wird das
Zeichen, das als letztes zurückgeschrieben wurde, beim nachfolgenden Lesen als erstes
erneut geliefert. Der Standard verlangt allerdings nur, daß das Zurückschreiben jeweils
für ein einzelnes Zeichen sicher funktioniert.

Das Zeichen c wird für das Zurückschreiben in **unsigned char** umgewandelt. Es darf
nicht mit dem Wert des Macro **EOF** übereinstimmen.

Wenn **ungetc** erfolgreich arbeitet, wird die Dateiende–Marke der Datei *Datei gelöscht,
ist der Funktionswert das Zeichen c, umgewandelt in **unsigned char**. Bei Auftreten eines
Fehlers ist der Funktionswert **EOF**.

Eine weitere Restriktion ist zu beachten: Wenn die Datei *Datei explizit positioniert
wird (**fseek**, **fsetpos**, **rewind**), gehen alle zurückgeschriebenen Zeichen verloren. Solange
zurückgeschriebene Zeichen vorhanden sind, können **ftell** bzw. **fgetpos** Werte liefern,
die als Argumente für **fseek** bzw. **fsetpos** *nicht* geeignet sind.

Im übrigen: Die Realisierung der Funktion sieht etwas anders aus. Es wird nicht wirklich in die Eingabedatei geschrieben, sondern nur intern vermerkt, daß beim nächsten
Lesen nicht ein neues Zeichen aus der Datei zu holen, sondern eines der „zurückgeschriebenen" Zeichen zu liefern ist. Das sorgt insbesondere dafür, daß der Originalinhalt von
Plattendateien durch Zurückschreiben *nicht* verändert wird.

9.6.4 Schreiben eines einzelnen Zeichens

Die Funktion

```
    int fputc (int c, FILE *Datei);
```

schreibt den Wert c, umgewandelt in **unsigned char**, an die aktuelle Position der Datei
*Datei und verschiebt danach die Positionierung der Datei um dieses Zeichen. Wenn die
Funktion erfolgreich arbeitet, liefert sie das geschriebene Zeichen als Funktionswert; sonst
setzt sie die Fehlermarke der Datei und liefert als Funktionswert **EOF**.

Zwei weitere Funktionen arbeiten wie **fputc**. Diese Funktionen sind

```
    int putc (int c, FILE *Datei);
    int putchar (int c);
```

Beide Funktionen können als Macros realisiert und damit effektiver als „echte" Funktionen sein. Da sie als Macros ihre(n) Parameter unter Umständen mehrfach auswerten,
sollte man sie nur verwenden, wenn bei dieser Auswertung keine Nebeneffekte auftreten.
putchar unterscheidet sich von **putc** nur dadurch, daß **putchar** immer in die Standarddatei **stdout** schreibt.

9.6.5 Schreiben von Strings

Die beiden Funktionen

```
    int fputs (const char *s, FILE *Datei);
    int puts (const char *s);
```

erlauben das Schreiben von Strings.

Beide schreiben den Inhalt des Strings, auf den s zeigt, und stoppen, sobald das String-ende–Zeichen erreicht wird. Das Stringende–Zeichen wird selbst nicht geschrieben.

Während **fputs** die explizite Angabe der Datei erlaubt, in die geschrieben werden soll, schreibt **puts** stets in die Standarddatei **stdout**. Zusätzlich zu den Zeichen des Strings überträgt **puts** stets ein Zeilenende–Zeichen, was **fputs** nicht tut.

Der Funktionswert ist bei korrektem Abschluß ein nicht–negativer Wert, bei einem Fehler **EOF**.

9.7   Binäre Ein–/Ausgabe

Ein-/Ausgabe für Binärdateien erlauben die Funktionen

```
size_t fread (void *Daten, size_t Groesse, size_t Anzahl,
              FILE *Datei);
size_t fwrite (const void *Daten, size_t Groesse, size_t Anzahl,
              FILE *Datei);
```

Dabei sind:

Daten   Zeiger auf den Anfang des Feldes, dessen Komponenten zu lesen bzw. zu schreiben sind

Groesse   Größe der einzelnen Feldkomponenten, wie sie durch den Operator **sizeof** geliefert wird

Anzahl   Anzahl der zu lesenden bzw. zu schreibenden Feldkomponenten

Datei   Zeiger auf die Datei

Beide Funktionen liefern als Funktionswert die Anzahl der tatsächlich übertragenen Komponenten des Feldes. Fehler bei der Übertragung werden also dadurch angezeigt, daß der Funktionswert kleiner als **Anzahl** ist. (Beim Lesen ist der Funktionswert auch dann kleiner als **Anzahl**, wenn vorzeitig das Dateiende erreicht wurde.)

Die Positionierung der Datei wird der Übertragung entsprechend verändert. Allerdings: Wenn die Übertragung mit einem Fehler abgebrochen wird, ist die Positionierung undefiniert.

Wenn beim Lesen das Dateiende mitten innerhalb einer Feldkomponente erreicht wird, ist der Wert dieser Feldkomponente insgesamt undefiniert.

9.8   Positionierung von Dateien

Fünf Funktionen stehen zur Positionierung von Dateien zur Verfügung. Die einfachste von ihnen ist

```
void rewind (FILE *Datei);
```

Sie setzt die Datei *Datei auf ihren Anfang zurück und löscht ihre Fehlermarke.

Im Paar sind die beiden Funktionen

```
int fgetpos (FILE *Datei, fpos_t *Position);
int fsetpos (FILE *Datei, const fpos_t *Position);
```

zu verwenden: `fgetpos` liefert für die Datei `*Datei` die augenblickliche Position. Mit `fsetpos` kann man später diese Position wiederherstellen. Die Form, in der die Position verschlüsselt ist, bleibt der Implementation vorbehalten.

Bei ordnungsgemäßem Abschluß liefern beide Funktionen Null als Funktionswert; im Fall eines Fehlers setzen sie `errno` und liefern als Funktionswert einen Wert ungleich Null.

Ähnlich, ebenfalls im Paar, können die Funktionen

```
long int ftell (FILE *Datei);
int fseek (FILE *Datei, long int Offset, int Basis);
```

verwendet werden, um die aktuelle Position innerhalb einer Datei zu beschaffen oder neu zu setzen.

`ftell` liefert die Position als `long int`–Wert. Wie dieser Wert zu interpretieren ist, hängt von der Art der Datei ab:

- Für Binärdateien ist die Position die Nummer des Zeichens, gezählt vom Anfang der Datei.

- Für Textdateien ist der Wert implementations–spezifisch zu interpretieren. Insbesondere braucht die Differenz von zwei Positionen nicht notwendig die Anzahl der zwischenzeitlich gelesenen bzw. geschriebenen Zeichen zu sein.

Durch den Funktionswert `-1L` markiert `ftell` eventuelle Fehler. In solchen Fällen wird gleichzeitig eine entsprechende Kennung nach `errno` geschrieben.

Für `fseek` wird die zu setzende Position in zwei Bestandteilen angegeben: Der Wert `Offset` wird auf einen Wert addiert, der sich aus `Basis` ergibt. Zulässige Werte für `Basis` sind die Macros

`SEEK_SET`   `Basis` ist der Anfang der Datei (Null)

`SEEK_CUR`   `Basis` ist die aktuelle Position in der Datei

`SEEK_END`   `Basis` ist das Ende der Datei (für Binärdateien möglicherweise nicht definiert)

Nicht jede Kombination aus einem dieser Werte und einem beliebigen Offset ist sinnvoll. Insbesondere sind für Textdateien nur zwei Kombinationen zulässig:

- Alle drei Basiswerte sind zulässig, wenn gleichzeitig `Offset` den Wert Null besitzt.

- Wenn `SEEK_SET` als Basis verwendet wird, muß `Offset` ein Wert sein, der mit `ftell` beschafft wurde.

Der Funktionswert von `fseek` ist Null oder ungleich Null, je nachdem, ob die Funktion erfolgreich oder mit einem Fehler endete. Wenn kein Fehler auftrat, ist die Dateiende–Marke der Datei gelöscht.

Bei *allen* Positionierungen gehen eventuelle Zeichen verloren, die mit `ungetc` zum erneuten Lesen zurückgestellt wurden.

9.9   Behandlung von Fehlern

Die beiden Funktionen

```
int feof (FILE *Datei);
int ferror (FILE *Datei);
```

erlauben es, die Fehler– bzw. Dateiende–Marke einer Datei zu prüfen. Der Funktionswert ist gleich Null, wenn die jeweilige Marke *nicht* gesetzt ist, sonst ungleich Null. Sowohl die Fehler– als auch die Dateiende–Marke löscht die Funktion

```
void clearerr (FILE *Datei);
```

Außerdem erlaubt es die Funktion

```
void perror (const char *s);
```

die Fehlermeldungen der Implementation um eigene Zusätze zu erweitern: `perror` schreibt zunächst, sofern `s` nicht der Nullzeiger ist, den String, auf den `s` zeigt. Daran wird die Fehlermeldung der Implementation angeschlossen, die dem momentanen Wert von `errno` entspricht. Die Ausgabe erfolgt in die Datei `stderr`.

9.10   Verwaltung von Betriebssystem–Dateien

Die letzten beiden Funktionen beziehen sich auf Dateien im Sinne des Betriebssystems, haben also mit Ein–/Ausgabe allenfalls indirekt zu tun. Es sind

```
int remove (const char *Dateiname);
int rename (const char *alter_Name, const char *neuer_Name);
```

`remove` löscht die Datei mit dem angegebenen Namen vollständig. Wenn man den Namen nachfolgend bei einer Zuordnung verwendet, kann das nur geschehen, um die Datei neu anzulegen.

`rename` gibt der Datei, die den Namen `alter_Name` trägt, den Namen `neuer_Name`. Wenn bereits eine Datei mit dem Namen `neuer_Name` existiert, ist das Verhalten undefiniert.

Beide Funktionen sollten nur für Dateien verwendet werden, für die (momentan) keine Zuordnung besteht, da der Standard korrektes Arbeiten nur in diesem Fall vorschreibt. Sie liefern als Funktionswert den Wert Null oder einen Wert ungleich Null, je nachdem, ob sie ordnungsgemäß endeten oder nicht.

Kapitel 10

Was es sonst noch gibt

10.1 Weitere Datenattribute

Neben den bereits eingeführten Datenattributen `extern`, `static`, `auto` und `const` kennt C zwei weitere Datenattribute.

10.1.1 Das Attribut `register`

Interne Variablen einer Funktion können mit dem Attribut `register` deklariert werden.

Die Auswirkungen des Attributs sind in starkem Maße Rechner– bzw. Compiler–spezifisch: Unter Umständen erlaubt es dem Compiler, die Ablauf–Geschwindigkeit eines Programms wesentlich zu erhöhen; allerdings kann in ungünstigen Fällen auch der entgegengesetzte Effekt eintreten. Von vornherein sollte man das Attribut deshalb nicht verwenden. Nur bei lange laufenden Programmen lohnt es sich, einmal auszuprobieren, ob sich durch einige `register`-Variablen (nicht zu viele!) an zeitkritischen Stellen eine Beschleunigung erreichen läßt.

Zulässig ist, daß ein Compiler das Attribut partiell oder sogar völlig ignoriert.

`register`-Variablen besitzen auf jeden Fall keine Adresse, gleichgültig wie der Compiler sie behandelt.

10.1.2 Das Attribut `volatile`

Ein weiteres Attribut ist `volatile`. Es dient dazu, unerwünschte Optimierung von Schleifen zu verhindern. Da dieses nur in seltenen Fällen nötig ist, zum Beispiel bei der Programmierung von Treibern für externe Geräte, soll nicht näher darauf eingegangen werden.

10.2 Verbunde

Bei Strukturen belegen die aufeinanderfolgenden Komponenten aufeinanderfolgende Plätze im Speicher. In seltenen Fällen kann es aber auch nützlich sein, zu verschiedenen Zeiten denselben Speicher für verschiedene Zwecke zu verwenden. Diese Möglichkeit schaffen die **Verbunde**.

Deklariert und angesprochen werden sie wie Strukturen:

```
union Verbund
{
    int i;
    float f;
```

```
    char c;
} v;
...
v.i = 7;
```

Nach einer Wertzuweisung an eine bestimmte Komponente steht nur diese eine Komponente zur Verfügung – allerdings nur logisch, nicht formal. Wird das eben betrachtete Beispiel um die Zeile

```
printf ("%f", v.f);
```

erweitert, so akzeptiert das der Compiler – nur kann nichts gescheites herauskommen, da der Speicherplatz von `v.f` ganz oder teilweise mit einem `int`–Wert belegt ist.

Man ist also gezwungen, sich stets zu merken, welche der Verbundkomponenten gerade belegt ist. Dieses wird man häufig so realisieren, daß man den Verbund als Komponente einer Struktur deklariert, daß man in einer weiteren Strukturkomponente die aktive Verbundkomponente vermerkt. Typisch ist etwa diese Anweisungsfolge:

```
enum (INT, FLOAT, CHAR);
struct Struktur
{
    int Typ;
    union Verbund
    {
        int i;
        float f;
        char c;
    } v;
} s;
...
s.v.i = 7; s.Typ = INT;
...
switch (s.Typ)
{
    case INT:
        printf ("%d", s.v.i);
        break;
    case FLOAT:
        printf ("%f", s.v.f);
        break;
    case CHAR:
        printf ("%c", s.v.c);
}
```

10.3   Verarbeitung von Bits

Aus verschiedenen Gründen kann es gelegentlich erforderlich oder zweckmäßig sein, auf einzelne Bits zuzugreifen oder mit ihnen zu rechnen. Zum Beispiel kann es bei der Ansteuerung externer Geräte erforderlich sein, dem Gerät bestimmte Bitfolgen zu schicken; gelegentlich ist es sinnvoll, große Datenmengen in einzelnen Bits zu speichern.

C unterstützt dieses wie sonst in der Regel nur Assemblersprachen.

10.3.1   Bitoperatoren

Es gibt drei Gruppen von Operatoren zur Verarbeitung von Bits.

- Die **Verschiebungsoperatoren (shift operators)** `<<` und `>>` sind binäre Operatoren. Sie bewirken, daß die Bitfolge ihres linken Operanden um die Anzahl von Bits nach links bzw. rechts verschoben wird, die der Wert des zweiten Operand angibt.
- Der unäre Negationsoperator `~` invertiert jedes Bit seines Operanden.
- Die binären Operatoren `&` und `|` bilden bitweise das logische Produkt bzw. die logische Summe ihrer Operanden. Der binäre Operator `^` realisiert bitweise das exklusive Oder.

Bei allen Operatoren müssen die Bitfolgen einen ganzzahligen Typ besitzen. Einzelne Bits von Gleitkommawerten können grundsätzlich nicht angesprochen werden.

Zu den fünf binären Operatoren gibt es jeweils den entsprechenden kombinierten Zuweisungsoperator für Operation und nachfolgende Wertzuweisung.

Der Verschiebungsoperator `<<` füllt die rechts frei werdenden Bitpositionen stets mit (binären) Nullen; in gleicher Weise füllt der Verschiebungsoperator `>>` die links frei werdenden Bitpositionen mit (binären) Nullen, falls sein Operand einen `unsigned`-Typ besitzt. Für Operanden mit einem `signed`-Typ können beim Operator `>>` die links frei werdenden Bits mit Vorzeichenbits („arithmetische Verschiebung") oder mit Nullen („logische Verschiebung") gefüllt werden, je nach Implementation.

Auf manchen Rechnern hat der Negationsoperator die gleiche Wirkung wie der Vorzeichenoperator `-`, aber längst nicht auf allen.

Stets beachten muß man, daß die bitweisen Operatoren zwar ähnlich wie die logischen Operatoren arbeiten, aber keineswegs identisch. Sind etwa `x` und `y` `int`-Variablen mit den Werten `x = 1` und `y = 2`, so ergibt sich

Ausdruck	Wert		Ausdruck	Wert
x | y	3		x & y	0
x || y	1		x && y	1

Beim Arbeiten mit einzelnen Bits ist besondere Vorsicht geboten, damit die Programme portabel bleiben. Insbesondere muß man die Programme so formulieren, daß sie von der Anzahl der Bits unabhängig sind, die für einen bestimmten ganzzahligen Typ auf einem bestimmten Rechner verwendet wird.

Will man etwa die letzten, rechten 6 Bit in einem Wert auf Null setzen, so sollte man

```
x &= ~0x3f;
```

schreiben. Mehraufwand bei der Ausführung entsteht dadurch nicht, weil `~0x3f` als konstanter Ausdruck bereits vom Compiler ausgewertet werden kann. Andererseits kann `~0x3f`, je nach Typ von `x` und Architektur des Rechners, völlig verschiedene Werte repräsentieren, etwa `0xc0` (8 Bit), `0xffc0` (16 Bit), `0x3ffc0` (18 Bit), `0xffffffc0` (32 Bit), `0xfffffffc0` (36 Bit), usw..

Die Ansteuerung externer Geräte ist naturgemäß eine vollständig gerätespezifische Sache. Deshalb soll hier ein Beispiel für die bitweise Speicherung von großen Datenmengen betrachtet werden.

Zu bestimmen sind Primzahlen. Dafür bietet sich das „Sieb des Eratosthenes"[43] an. Das funktioniert so: Im ersten Schritt werden alle zu untersuchenden Zahlen aufgeschrieben $(2, 3, \ldots, n)$. Im zweiten Schritt werden alle Vielfachen von 2 weggestrichen (2 selbst bleibt stehen). In den weiteren Schritten wird jeweils die nächste nicht weggestrichene Zahl gesucht, werden ihre Vielfachen weggestrichen, während die Zahl selbst stehen bleibt. Wenn so die anfangs aufgeschriebenen Zahlen vollständig durchlaufen sind, sind die nicht weggestrichenen Zahlen gerade die Primzahlen zwischen 2 und n einschließlich.

Zur Realisierung sind einige Vorüberlegungen anzustellen.

Zum „Aufschreiben" der Zahlen bietet sich ein eindimensionales Feld an. Allerdings braucht man in seine Komponenten nicht die jeweiligen Zahlen hineinzuschreiben, sondern nur eine Markierung, ob die Zahl weggestrichen ist oder nicht – der Wert der Zahl wird ja durch ihren Index eindeutig repräsentiert.

Für eine ja/nein–Markierung reicht ein einzelnes Bit aus. Und die Bits einer `int`–Variablen kann man ja durchaus als Bitvektor betrachten. Allerdings gibt es keinen ganzzahligen Typ, der über die erforderliche Anzahl von Bits verfügt, wenn man etwa die Primzahlen bis 1000 bestimmen will. Aber man kann so vorgehen: Man unterteilt die zu untersuchenden Zahlen in gleich große Gruppen, so daß jede der Gruppen durch eine `int`–Variable dargestellt werden kann; um die verschiedenen Gruppen darzustellen, definiert man ein passendes Feld.

Bei der Suche von Primzahlen „stört" die Zahl 2, weil sie die einzige gerade Primzahl ist. Man wird sie also gesondert behandeln und braucht dann nur noch die ungeraden Zahlen zu untersuchen.

Der Mindestwert für `UINT_MAX` (vgl. `<limits.h>`, Abschnitt 8.6) ergibt, daß eine Variable mit dem Typ `unsigned int` mindestens 16 Bit umfassen muß. Wenn dieser Typ verwendet wird, können die Gruppen jeweils 32 Zahlen (16 ungerade) umfassen. Der Zugriff auf eine Zahl erfolgt jetzt in zwei Schritten: Im ersten Schritt wird die Zahl (ganzzahlig) durch 2 dividiert, um die geraden Zahlen zu eliminieren. Im zweiten Schritt liefern ganzzahlige Division durch 16 und der Rest bei der Division gerade die Feldkomponente und den Index des Bit in ihr, durch das die Zahl repräsentiert wird.

Um bequemer (und schneller) auf die einzelnen Bits zugreifen zu können, wird man ein zweites Feld definieren, das Bitmasken enthält, in denen nur das erste, zweite, usw. Bit gesetzt ist.

Realisiert wird das Sieb des Eratosthenes, unter Berücksichtigung dieser Überlegungen, durch das folgende Programm:

```
/*****************************************************************\
*                                                               *
*    Primzahl-Suche  ---  Sieb des Eratosthenes                 *
*                                                               *
\*****************************************************************/

#include <stdio.h>

#define MAX 1000                /* groesste zu untersuchende Zahl */
```

---

[43]Eratosthenes von Kyrene, um 225 v.Chr.

```c
#define BITS 16                              /* Bits pro int-Variable */
#define LAENGE MAX / (2 * BITS) + 1              /* Sieb-Laenge */

unsigned int sv[LAENGE], mv[BITS];            /* Sieb und Masken */
#define Index( k) + (k / 2)          /* Aussieben gerader Zahlen */
#define Sieb( k) sv[Index (k) / BITS]        /* Zugriff auf Sieb */
#define Maske( k) mv[Index (k) % BITS]     /* Zugriff auf Maske */

int main (void)
{
   int i, j;

   /*** Berechnung der Bitmasken  ****************************/

   mv[0] = 1;
   for (i = 1; i < BITS; i++)
      mv[i] = mv[i-1] << 1;

   /*** Suchen der Primzahlen  ********************************/

   for (i = 3; i <= MAX; i += 2)
      if ((Sieb (i) & Maske (i)) == 0)
         for (j = 3 * i; j <= MAX; j += 2 * i)
            Sieb (j) |= Maske (j);

   /*** Ausgabe der Primzahlen  ******************************/

   j = 1;
   printf ("%4d", 2);                 /* Sonderbehandlung fuer '2' */
   for (i = 3; i <= MAX; i += 2)
      if ((Sieb (i) & Maske (i)) == 0)
      {
         printf ("%4d", i);
         j++;
      }
   printf ("\ngefunden wurden %d Primzahlen", j);
   return 0;
}
```

Eines ist klar: Die Reduzierung des Speicherbedarfs durch die Markierung jeder Zahl
durch ein einzelnes Bit wird durch erhöhten Rechenaufwand erkauft – statt direkt auf
Komponenten eines Feldes zuzugreifen, muß stets vorher dividiert werden. Aber das
ist ein generelles Problem des Programmierens: Oft läßt sich der Speicherbedarf durch
zusätzlichen Rechenaufwand reduzieren, oft kann man den Rechenaufwand durch zusätzlichen Speicher reduzieren. Bei einem lange laufenden Programm mit wenig Speicherbedarf wird man versuchen, die Laufzeit durch Bereitstellung zusätzlichen Speichers zu
verkürzen; rechnet ein Programm mit großem Speicherbedarf nur kurz, wird man den
Speicherbedarf auf Kosten der Rechenzeit zu reduzieren versuchen.

10.3.2 Bitfelder

Bei der Primzahl–Bestimmung wurden `int`-Variablen als Bitvektoren betrachtet. Gelegentlich kann es zweckmäßig sein, einzelne Bits oder Gruppen von Bits mit eigenen Namen ansprechen zu können. Diese Möglichkeit schaffen die **Bitfelder**.

Bitfelder sind stets Komponenten von Strukturen. Die Deklaration erfolgt, indem dem Namen ein Doppelpunkt und die Anzahl der Bits als konstanter ganzzahliger Ausdruck nachgestellt wird. Die Bitfelder müssen stets einen ganzzahligen Typ besitzen und können wie kleine ganzzahlige Werte verarbeitet werden; in der Regel wird man sie außerdem als vorzeichenlose Größen deklarieren.

Ein Beispiel: Zu Zeichen soll deren Klassifizierung gespeichert werden.

```
struct
{
    char c;
    unsigned int Steuerzeichen :  1;
    unsigned int Sonderzeichen :  1;
    unsigned int Buchstabe     :  1;
    unsigned int Ziffer        :  1;
} Zeichen;
...
if (Zeichen.c = ' ')
{
    Zeichen.Steuerzeichen = 0;
    Zeichen.Sonderzeichen = 1;
    Zeichen.Buchstabe = Zeichen.Ziffer = 0;
}
```

Bei den Bitfeldern überläßt der Standard fast alle Einzelheiten den Implementatoren. Insbesondere wird die Reihenfolge nicht festgelegt, in der aufeinanderfolgend deklarierte Bitfelder im Speicher aufeinanderfolgen. Allgemein gelten nur die folgenden Regeln:

- Bitfelder dürfen unbenannt sein. Sie ergeben dann Lücken, die nicht einzeln angesprochen werden können. Durch sie kann man die nachfolgenden Bitfelder ausrichten, genaue Kenntnis der Anordnung der Bitfelder in der jeweiligen Implementation vorausgesetzt.

- Bitfelder dürfen die Länge Null besitzen. Sie dienen dazu, nachfolgende Bitfelder auf eine implementations–spezifische Grenze im Speicher auszurichten.

- Bitfelder besitzen keine individuellen Adressen. Entsprechend darf der Adressoperator auf sie nicht angewendet werden.

Es gilt wieder: Durch die Verwendung von Bitfeldern kann man unter Umständen viel Speicherplatz sparen. Der Aufwand für den Zugriff auf ein einzelnes Bitfeld ist jedoch in der Regel sehr viel größer als der Aufwand für den Zugriff auf eine Variable mit einem Standardtyp – auch wenn das für den Programmierer verdeckt bleibt und automatisch durch den Compiler erledigt wird.

10.4 Der Komma–Operator

Ein auf den ersten Blick ziemlich merkwürdiger Operator ist der Komma–Operator (,).
Er bewirkt, daß die Ausdrücke, die er verknüpft, von links nach rechts ausgewertet werden. Das Gesamtresultat des Ausdrucks ist der Wert des zuletzt ausgewerteten Teilaus-
drucks, während die Resultate der anderen Teilausdrücke unberücksichtigt bleiben (bzw.
nur durch ihre Nebeneffekte wirken) – anschaulicher wäre es also, wenn man sagte „der
Komma–Operator trennt seine Operanden".

Als Beispiel soll eine Funktion betrachtet werden, die den Inhalt eines Strings invertiert.
Hier sind zwei Indizes zu führen, von denen der eine „von unten nach oben" und der
andere „von oben nach unten" läuft:

```c
#include <string.h>
...
void invertier (char *s)
{
    int c, i, j;
    for (i = 0, j = strlen (s) - 1; i < j; i++, j--)
    {
        c = s[i];
        s[i] = s[j];
        s[j] = c;
    }
}
```

Bei konsequenter Nutzung des Komma–Operators kann man noch kürzer schreiben:

```c
#include <string.h>
...
void invertier (char *s)
{
    int c, i, j;
    for (i = 0, j = strlen (s) - 1; i < j; i++, j--)
        c = s[i], s[i] = s[j], s[j] = c;
}
```

Ein anderes Beispiel sind Benutzerabfragen. Ohne den Komma–Operator hat man häufig
das Schema

```c
printf ("Daten eingeben:  ");
while (scanf (...)  != EOF)
{
    /* Daten verarbeiten */
    printf ("Daten eingeben:  ");
}
```

wobei die Eingabeanforderung doppelt vorkommt. Mit dem Komma–Operator reicht eine
Eingabeanforderung aus:

```
while (printf ("Daten eingeben:  "), scanf (...)  != EOF)
{
    /* Daten verarbeiten */
}
```

Der Lesbarkeit eines Programms ist der Komma–Operator in der Regel sicher nicht gerade zuträglich. Entsprechend sollte man ihn nur sehr sparsam einsetzen.

In der Hierarchie der Operatoren steht der Komma–Operator auf der niedrigsten Stufe. Entsprechend ist eine Klammerung seiner Teilausdrücke nie erforderlich.

Die Kommas, die die Argumente in einem Funktionsaufruf voneinander trennen, sind übrigens etwas ganz anderes als der Komma–Operator. Insbesondere garantieren sie keine Auswertung der Argumente von links nach rechts.

Anhang A

Der Zeichensatz von C

Der Zeichensatz von C umfaßt 92 druckbare Zeichen und 7 Steuerzeichen.

Die druckbaren Zeichen bestehen aus vier Gruppen:

- 26 Großbuchstaben des (englischen) Alphabets

```
A  B  C  D  E  F  G  H  I  J  K  L  M
N  O  P  Q  R  S  T  U  V  W  X  Y  Z
```

- 26 Kleinbuchstaben des (englischen) Alphabets

```
a  b  c  d  e  f  g  h  i  j  k  l  m
n  o  p  q  r  s  t  u  v  w  x  y  z
```

- 10 Ziffern

```
0  1  2  3  4  5  6  7  8  9
```

- 30 Sonderzeichen, nämlich das Leerzeichen und

```
!  "  #  %  &  '  (  )  *  +  ,  -  .  /  :
;  <  =  >  ?  [  \  ]  ^  _  {  |  }  ~
```

Die 7 Steuerzeichen sind zur Steuerung von Ausgabegeräten wie Bildschirm und Drucker
gedacht, teilweise auch für die Eingabe, etwa von der Tastatur. Sie sind als Escapesequenzen definiert:

\a   Piepen (alert)

\b   Versetzen um eine Position nach links (backspace)

\f   Seitenvorschub (formfeed)

\n   Zeilenvorschub oder Zeilenende (linefeed bzw. new line)

\r   Positionierung auf Zeilenanfang (carriage return)

\t   Horizontaler Tabulator (horizontal tab)

\v   Vertikaler Tabulator (vertical tab)

Was diese Zeichen im einzelnen bewirken, bleibt der jeweiligen Implementation überlassen.

Vier weitere Escapesequenzen erzeugen druckbare Zeichen. Sie dienen nur dazu, Fehlin-
terpretationen durch den Compiler zu verhindern:

\'   Apostroph innerhalb einer Zeichenkonstanten, nicht deren Abschlußsymbol

\"   Anführungszeichen innerhalb einer Stringkonstanten, nicht deren Abschlußsymbol

\?   Fragezeichen, nicht Bestandteil eines Trigraphen (siehe unten)

\\   Backslash, nicht Einleitung einer Escapesequenz

Die druckbaren Zeichen entsprechen fast genau dem Umfang des Standard–ASCII–Code.
Um die Eingabe von C–Programmen auch bei Verwendung anderer Zeichencodes zu
ermöglichen, kennt C neun **Trigraphen**, die als Ersatzzeichen für nicht verfügbare Sonderzeichen verwendet werden können. Diese Trigraphen bestehen jeweils aus zwei Fragezeichen, denen das eigentliche Ersatzzeichen folgt:

Zeichen	Trigraph	Zeichen	Trigraph	Zeichen	Trigraph
#	??=	{	??<	|	??!
[	??(	}	??>	~	??-
]	??)	\	??/	^	??'

Die Umlaute und das ß, die man auf deutschen Tastaturen in der Regel findet und die
Drucker hierzulande in der Regel drucken können, kennt C nicht. Ob sich daraus Pro-
bleme für die Ein– und Ausgabe von C–Programmen ergeben, hängt von der jeweiligen
Behandlung der Umlaute ab:

- Geräte, die prinzipiell mit dem ASCII–Code arbeiten, verwenden teilweise eine „deutsche Version" des ASCII–Code. In ihr ersetzen die Umlaute einige Sonderzeichen des
  Standard–ASCII–Code, z.B. Ä bzw. Ü die eckigen und ä bzw. ü die geschweiften Klammern.

  Es kann also zum Beispiel erforderlich sein, stets Ä zu tippen, wenn man [meint.
  Umgekehrt kann es zum Beispiel sein, daß in einer gedruckten Liste überall Ä erscheint,
  wo [stehen sollte. Zwei Abhilfen sind möglich: Unter Umständen kann man das Gerät
  so umstellen, daß es den Standard–ASCII–Code anstelle seiner deutschen Version
  verwendet; alternativ kann man grundsätzlich die Trigraphen verwenden.

- Teilweise werden erweiterte Codes verwendet, die zusätzlich zu den Zeichen des Standard–ASCII–Code weitere Zeichen umfassen. Bei diesen Codes gibt es keine Probleme
  mit der Ein– und Ausgabe von C–Programmen.

  C erlaubt die zusätzlichen Zeichen in Zeichen– und Stringkonstanten. Jedoch muß
  man bedenken: Programme, die die zusätzlichen Zeichen verwenden, sind nur eingeschränkt portabel, da die Zuordnung zwischen den Zeichen und ihren Werten nicht
  normiert ist, von Rechner zu Rechner und Ausgabegerät zu Ausgabegerät also verschieden sein sein kann.

Anhang B

Schlüsselwörter

C kennt 32 Schlüsselwörter.

Groß-/Kleinschreibung ist bei den Schlüsselwörtern, wie auch sonst in C, signifikant. Innerhalb eines Programms dürfen die Schlüsselwörter nur mit der Bedeutung verwendet werden, die durch die Sprache festgelegt ist.

Die Schlüsselwörter sind

```
auto        double      int         struct
break       else        long        switch
case        enum        register    typedef
char        extern      return      union
const       float       short       unsigned
continue    for         signed      void
default     goto        sizeof      volatile
do          if          static      while
```

Spezielle Implementationen kennen vielfach zusätzliche Schlüsselwörter.

Anhang C

Operator–Übersicht

Die folgende Tabelle enthält die Operatoren von C in der Reihenfolge ihres Vorrangs (die Operatoren mit höchstem Vorrang zuerst). Für jede Vorrangstufe ist zusätzlich angegeben, ob die auf ihr stehenden Operatoren ggf. von links nach rechts ($\rightarrow$) oder von rechts nach links ($\leftarrow$) abgearbeitet werden.

Stufe 15	`( )`	Auswertung einer Funktion	$\rightarrow$
	`[ ]`	Auswahl einer Feldkomponente	
	`->` `.`	Auswahl einer Strukturkomponente	
Stufe 14	`!` `~`	Negation (logisch, bitweise)	$\leftarrow$
	`++` `--`	Inkrementierung, Dekrementierung (Präfix oder Postfix)	
	`+` `-`	Vorzeichen (unär)	
	`(`*Typ*`)`	Typumwandlung	
	`&` `*`	Adressbildung, Dereferenzierung (unär)	
	`sizeof`	Bestimmung des Speicherbedarfs	
Stufe 13	`*` `/`	Multiplikation (binär), Division	$\rightarrow$
	`%`	Rest bei ganzzahliger Division	
Stufe 12	`+` `-`	Summe, Differenz (binär)	$\rightarrow$
Stufe 11	`<<` `>>`	bitweise Verschiebung nach links, rechts	$\rightarrow$
Stufe 10	`<` `<=`	Vergleich auf kleiner, kleiner oder gleich	$\rightarrow$
	`>` `>=`	Vergleich auf größer, größer oder gleich	
Stufe 9	`==` `!=`	Vergleich auf gleich, ungleich	$\rightarrow$
Stufe 8	`&`	Und (bitweise)	$\rightarrow$
Stufe 7	`^`	exklusives Oder (bitweise)	$\rightarrow$
Stufe 6	`|`	inklusives Oder (bitweise)	$\rightarrow$
Stufe 5	`&&`	Und (logisch)	$\rightarrow$
Stufe 4	`||`	inklusives Oder (logisch)	$\rightarrow$
Stufe 3	`?` `:`	bedingte Auswertung (nur paarweise!)	$\leftarrow$
Stufe 2	`=`	Wertzuweisung	$\leftarrow$
	`+=`	kombinierte Verknüpfung und Wertzuweisung (die weiteren Operatoren: `*=`, `/=`, `%=`, `-=`, `<<=`, `>>=`, `&=`, `^=`, `|=`)	
Stufe 1	`,`	sequentielle Auswertung	$\rightarrow$

Anhang D

Formatierung

Dieser Anhang enthält, in tabellarischer Form, die Formatbeschreiber für Ein– und Ausgabe. Vollständigkeit der Beschreibung wird hier *bewußt nicht* angestrebt. Dafür sei auf die entsprechenden Textabschnitte „Formatierte Eingabe" (9.4) und „Formatierte Ausgabe" (9.5) verwiesen.

D.1 Formatierung der Eingabe

Die Formatbeschreiber haben die Form

%<*><*Laenge*><*Typ*>*Kennung*

Dabei sind

*	Vgl. Abschnitt „Formatierte Eingabe" (9.4)
Laenge	Maximalzahl der zu interpretierenden Zeichen
Typ	Abweichungen vom „Standard"–Typ:

    h   `short` bei ganzzahligen Werten

    l   `long` bei ganzzahligen Werten

       `double` bei Gleitkommawerten

    L   `long double` bei Gleitkommawerten

Kennung	erwartete Zeichenfolge	„Standard"–Typ
i	ganzzahlig dezimal, mit	`signed int *`
d	oder ohne Vorzeichen	
u	ganzzahlig dezimal	`unsigned int *`
o	ganzzahlig oktal	
x	ganzzahlig hexadezimal	
X	ganzzahlig hexadezimal	
f	Gleitkommawert, mit	`float *`
e	oder ohne Vorzeichen,	
E	mit oder ohne Dezimal-	
g	punkt, mit oder ohne	
G	Exponententeil	
c	einzelnes Zeichen oder	`char *`
	Zeichenfolge	
s	Zeichenfolge	`char *`

D.2   Formatierung der Ausgabe

Die Formatbeschreiber haben die Form

%*<Modus><Laenge><.Stellen><Typ>Kennung*

Dabei sind

Modus	Vgl. Abschnitt „Formatierte Ausgabe" (9.5)
Laenge	Mindestzahl der zu übertragenden Zeichen
Stellen	Je nach *Kennung*:

- Mindestzahl der Ziffern bei ganzzahligen Werten
- Stellen hinter dem Komma bei Gleitkommawerten
- Höchstzahl der Zeichen bei Strings
- sonst undefiniert

Typ Abweichungen vom „Standard"–Typ:

- h   `short` bei ganzzahligen Werten
- l   `long` bei ganzzahligen Werten
- L   `long` bei Gleitkommawerten

(`float`–Werte werden beim Aufruf in `double` umgewandelt)

Kennung

	„Standard"–Typ	Darstellung
i	`signed int`	ganzzahlig dezimal
d		
u	`unsigned int`	ganzzahlig dezimal
o		ganzzahlig oktal
x		ganzzahlig hexadezimal
X		ganzzahlig hexadezimal
f	`double`	exponentenfrei, mit oder ohne Dezimalpunkt
e	`double`	halblogarithmisch
E		
g	`double`	exponentenfrei oder halblogarithmisch
G		
c	`char`	einzelnes Zeichen
s	`char *`	Zeichenfolge

Anhang E

Minimale Maxima

Für viele Dinge gibt es in jeder realen Implementation Schranken, zum Beispiel für die zulässige Länge von Namen und die Schachtelungstiefe von Schleifen.

Der Standard kann und will für diese Dinge keine festen Schranken angeben, sondern beschränkt sich darauf, Mindestwerte für verschiedene Schranken anzugeben, die eine Implementation nicht unterschreiten darf, wenn sie sich standard-konform nennen will. Jeder Implementation steht es andererseits frei, diese Schranken zu überschreiten. Solche Erweiterungen kann der Programmierer nutzen; er geht damit jedoch das Risiko ein, daß sein Programm von einem anderen Compiler nicht mehr akzeptiert wird oder auf einem anderen Rechner nicht mehr korrekt arbeitet. So betrachtet ist der Programmierer, der portable Programme schreiben will, zur Einhaltung der hier genannten Schranken gezwungen.

Manche der Schranken sind so hoch angesetzt, daß sie in der Praxis kaum erreicht werden düften (falls doch, muß man überlegen, ob das Programm vernünftig strukturiert ist!). Andere können dagegen durchaus als wesentlich empfunden werden.

E.1 Schranken für das Quellprogramm

1. Deklarationen

   - Bei lokalen Namen eines Moduls werden die ersten 31 Zeichen unterschieden.

   - Bei globalen Namen werden die ersten 6 Zeichen unterschieden. Groß- und Kleinbuchstaben brauchen nicht unterschieden zu werden.

   - In einem Modul können bis zu 511 externe Namen deklariert sein.

   - Bis zu 12 Zeiger-, Feld- und Funktionsdeklaratoren, in beliebiger Kombination, dürfen zur Modifikation einer Deklaration verwendet werden.

   - Die Schachtelungstiefe von Deklarationen darf allgemein 31 erreichen. Innerhalb einer einzelnen Struktur- oder Verbunddeklaration darf sie 15 sein.

   - Strukturen und Verbunde können bis zu 127 Komponenten besitzen.

   - In einer Aufzählung können bis zu 127 Werte deklariert werden.

2. Ausdrücke

   - Eine Stringkonstante darf, nach eventueller Konkatenation, bis zu 509 Zeichen lang sein.

   - Die Schachtelungstiefe von (geklammerten) Ausdrücken darf 32 erreichen.

3. Programmstruktur

   - Innerhalb eines Blocks können bis zu 127 lokale Namen deklariert werden.

- Zusammengesetzte Anweisungen, Schleifen und Auswahl von Alternativen dürfen insgesamt eine Schachtelungstiefe von 15 erreichen.

- Innerhalb einer `switch`-Anweisung dürfen bis zu 257 verschiedene Fälle vorgesehen sein.

- Funktionen dürfen bis zu 31 Parameter besitzen.

- Ein Funktionsaufruf darf bis zu 31 Argumente aufweisen.

4. Präprozessor

  - Die Schachtelung durch `#include`-Direktiven darf 8 erreichen.

  - Bei Macronamen werden die ersten 31 Zeichen unterschieden.

  - In einem Modul dürfen bis zu 1024 Macronamen gleichzeitig definiert sein.

  - Macros dürfen bis zu 31 Parameter besitzen.

  - Bedingte Compilation durch `#if` usw. ist bis zur Schachtelungstiefe 8 möglich.

5. Diverses

  - Eine Quellzeile darf bis zu 509 Zeichen lang sein.

  - Aus einem Modul darf eine Quelldatei mit bis zu 32767 $(= 2^{15} - 1)$ Byte resultieren.

E.2   Schranken für die Wertebereiche

1. Ein Byte muß mindestens 8 Bit lang sein.

2. Die Intervalle, die die Wertebereiche der ganzzahligen Typen umfassen müssen, sind in der folgenden Tabelle aufgelistet.

Typ	kleinster Wert	größter Wert
`signed char`	$-127\ (= -2^7 + 1)$	$127\ (= 2^7 - 1)$
`unsigned char`	0	$255\ (= 2^8 - 1)$
`signed short int`	$-32767\ (= -2^{15} + 1)$	$32767\ (= 2^{15} - 1)$
`unsigned short int`	0	$65535\ (= 2^{16} - 1)$
`signed int`	$-32767\ (= -2^{15} + 1)$	$32767\ (= 2^{15} - 1)$
`unsigned int`	0	$65535\ (= 2^{16} - 1)$
`signed long int`	$-2147483647\ (= -2^{31} + 1)$	$2147483647\ (= 2^{31} - 1)$
`unsigned long int`	0	$4294967295\ (= 2^{32} - 1)$

3. Die Gleitkommatypen müssen alle drei den Wertebereich

$$[-10^{37}, -10^{-37}] \cup \{0\} \cup [10^{-37}, 10^{37}]$$

umfassen. Die minimale relative Genauigkeit ist

Typ	Genauigkeit	Stellen
`float`	10^{-5}	6
`double`	10^{-9}	10
`long double`	10^{-9}	10

Anhang F

Die Syntax von C

Wiedergegeben ist hier die Syntax von C, wie sie der ANSI–Standard als Anhang enthält. Die Regeln sind so zu verstehen:

- Die erste Zeile jeder Regel enthält die neu zu definierende **syntaktische Variable**, gefolgt von einem Doppelpunkt. Syntaktische Variablen werden in *italic* gesetzt.

- Die weiteren, einheitlich eingerückten Zeilen einer Regel sind alternative Definitionen der Variablen. In einigen Fällen, in denen Fortsetzungszeilen nötig sind, sind diese weiter eingerückt.

- In Ausnahmefällen werden Alternativen in einer Zeile direkt hintereinander genannt. In diesen Fällen enthält die erste Zeile den Zusatz „one of'".

- Optionale Einträge sind durch das tiefgestellte Postfix $_{opt}$ markiert.

- **Terminale Symbole**, d.h. die letztlich im Programm stehenden Zeichen und Zeichenfolgen, sind in `Schreibmaschinenschrift` gesetzt. Alle Sonderzeichen sind terminale Symbole.

- Die Leerzeichen, die hier zwischen den einzelnen Symbolen erscheinen, brauchen in einem konkreten Programm vielfach nicht zu stehen, dürfen es teilweise sogar nicht.

F.1   Namen

1.1   *identifier:*
    nondigit
    identifier   nondigit
    identifier   digit

1.2   *nondigit:* one of

```
_  a  b  c  d  e  f  g  h  i  j  k  l  m
   n  o  p  q  r  s  t  u  v  w  x  y  z
   A  B  C  D  E  F  G  H  I  J  K  L  M
   N  O  P  Q  R  S  T  U  V  W  X  Y  Z
```

1.3   *digit:* one of

```
0  1  2  3  4  5  6  7  8  9
```

F.2   Konstanten

2.1   *constant:*
    floating–constant
    integer–constant
    enumeration–constant

      character–constant

2.2   *floating–constant:*
      fractional–constant exponent–part$_{opt}$ floating–suffix$_{opt}$
      digit–sequence exponent–part floating–suffix$_{opt}$

2.3   *fractional–constant:*
      digit–sequence$_{opt}$. digit–sequence
      digit–sequence .

2.4   *exponent–part:*
      e *sign$_{opt}$ digit–sequence*
      E *sign$_{opt}$ digit–sequence*

2.5   *sign:* one of
      + -

2.6   *digit–sequence:*
      digit
      digit–sequence digit

2.7   *floating–suffix:* one of
      f F l L

2.8   *integer–constant:*
      decimal–constant integer–suffix$_{opt}$
      octal–constant integer–suffix$_{opt}$
      hexadecimal–constant integer–suffix$_{opt}$

2.9   *decimal–constant:*
      nonzero–digit
      decimal–constant digit

2.10 *octal–constant:*
      0
      octal–constant octal–digit

2.11 *hexadecimal–constant:*
      0x *hexadecimal–digit*
      0X *hexadecimal–digit*
      hexadecimal–constant hexadecimal–digit

2.12 *nonzero–digit:* one of
      1 2 3 4 5 6 7 8 9

2.13 *octal–digit:* one of
      0 1 2 3 4 5 6 7

2.14 *hexadecimal–digit:* one of
      0 1 2 3 4 5 6 7 8 9
      a b c d e f
      A B C D E F

2.15   *integer-suffix:*
       unsigned-suffix   long-suffix$_{opt}$
       long-suffix   unsigned-suffix$_{opt}$

2.16   *unsigned-suffix:*   one of
       u   U

2.17   *long-suffix:*   one of
       l   L

2.18   *enumeration-constant:*
       identifier

2.19   *character-constant:*
       '   *c-char-sequence*   '
       L'   *c-char-sequence*   '

2.20   *c-char-sequence:*
       c-char
       c-char-sequence   c-char

2.21   *c-char:*
       any member of the source character set except
          the single-quote ', backslash \, or new-line character
       escape-sequence

2.22   *escape-sequence:*
       simple-escape-sequence
       octal-escape-sequence
       hexadecimal-escape-sequence

2.23   *simple-escape-sequence:*   one of
       \'   \"   \?   \\   \a   \b   \f   \n   \r   \t   \v

2.24   *octal-escape-sequence:*
       \ *octal-digit*
       \ *octal-digit   octal-digit*
       \ *octal-digit   octal-digit   octal-digit*

2.25   *hexadecimal-escape-sequence:*
       \x *hexadecimal-digit*
       hexadecimal-escape-sequence   hexadecimal-digit

2.26   *string-literal:*
       "   *s-char-sequence*$_{opt}$ "
       L"   *s-char-sequence*$_{opt}$ "

2.27   *s-char-sequence:*
       s-char
       s-char-sequence   s-char

2.28   *s-char:*
       any member of the source character set except
          the double-quote ", backslash \, or new-line character
       escape-sequence

F.3   Ausdrücke

3.1   *primary–expression:*
      identifier
      constant
      string–literal
      (*expression*)

3.2   *postfix–expression:*
      primary–expression
      postfix–expression [*expression*]
      postfix–expression (*argument–expression–list$_{opt}$*)
      postfix–expression . *identifier*
      postfix–expression -> *identifier*
      postfix–expression ++
      postfix–expression --

3.3   *argument–expression–list:*
      assignment–expression
      argument–expression–list , *assignment–expression*

3.4   *unary–expression:*
      postfix–expression
      ++ *unary–expression*
      -- *unary–expression*
      unary–operator cast–expression
      sizeof *unary–expression*
      sizeof (*type–name*)

3.5   *unary–operator:* one of
      & * + - ~ !

3.6   *cast–expression:*
      unary–expression
      (*type–name*) *cast–expression*

3.7   *multiplicative–expression:*
      cast–expression
      multiplicative–expression * *cast–expression*
      multiplicative–expression / *cast–expression*
      multiplicative–expression % *cast–expression*

3.8   *additive–expression:*
      multiplicative–expression
      additive–expression + *multiplicative–expression*
      additive–expression - *multiplicative–expression*

3.9   *shift–expression:*
      additive–expression
      shift–expression << *additive–expression*
      shift–expression >> *additive–expression*

3.10   *relational-expression:*
        shift-expression
        relational-expression < *shift-expression*
        relational-expression > *shift-expression*
        relational-expression <= *shift-expression*
        relational-expression >= *shift-expression*

3.11   *equality-expression:*
        relational-expression
        equality-expression == *relational-expression*
        equality-expression != *relational-expression*

3.12   *AND-expression:*
        equality-expression
        AND-expression & *equality-expression*

3.13   *exclusive-OR-expression:*
        AND-expression
        exclusive-OR-expression ^ *AND-expression*

3.14   *inclusive-OR-expression:*
        exclusive-OR-expression
        inclusive-OR-expression | *exclusive-OR-expression*

3.15   *logical-AND-expression:*
        inclusive-OR-expression
        logical-AND-expression && *inclusive-OR-expression*

3.16   *logical-OR-expression:*
        logical-AND-expression
        logical-OR-expression || *logical-AND-expression*

3.17   *conditional-expression:*
        logical-OR-expression
        logical-OR-expression ? *expression* : *conditional-expression*

3.18   *assignment-expression:*
        conditional-expression
        unary-expression assignment-operator assignment-expression

3.19   *assignment-operator:* one of
        = *= /= %= += -= <<= >>= &= ^= |=

3.20   *expression:*
        assignment-expression
        expression , *assignment-expression*

3.21   *constant-expression:*
        conditional-expression

F.4   Deklarationen

4.1   *declaration:*
        declaration-specifiers init-declarator-list$_{opt}$;

4.2   *declaration–specifiers:*
         storage–class–specifier declaration–specifiers$_{opt}$
         type–specifier declaration–specifiers$_{opt}$
         type–qualifier declaration–specifiers$_{opt}$

4.3   *init–declarator–list:*
         init–declarator
         init–declarator–list , init–declarator

4.4   *init–declarator:*
         declarator
         declarator = initializer

4.5   *storage–class–specifier:*
         typedef
         extern
         static
         auto
         register

4.6   *type–specifier:*
         void
         char
         short
         int
         long
         float
         double
         signed
         unsigned
         struct–or–union–specifier
         enum–specifier
         typedef–name

4.7   *struct–or–union–specifier:*
         struct–or–union identifier$_{opt}$ **{** *struct–declaration–list* **}**
         struct–or–union identifier

4.8   *struct–or–union:*
         struct
         union

4.9   *struct–declaration–list:*
         struct–declaration
         struct–declaration–list struct–declaration

4.10   *struct–declaration:*
         specifier–qualifier–list struct–declarator–list **;**

4.11   *specifier–qualifier–list:*
         type–specifier specifier–qualifier–list$_{opt}$
         type–qualifier specifier–qualifier–list$_{opt}$

4.12   *struct–declarator–list:*
       struct–declarator
       struct–declarator–list , *struct–declarator*

4.13   *struct–declarator:*
       declarator
       $declarator_{opt}$: *constant–expression*

4.14   *enum–specifier:*
       enum $identifier_{opt}$ { *enumerator–list* }
       enum *identifier*

4.15   *enumerator–list:*
       enumerator
       enumerator–list , *enumerator*

4.16   *enumerator:*
       enumeration–constant
       enumeration–constant = *constant–expression*

4.17   *type–qualifier:*
       const
       volatile

4.18   *declarator:*
       $pointer_{opt}$ *direct–declarator*

4.19   *direct–declarator:*
       identifier
       (*declarator*)
       direct–declarator [$constant–expression_{opt}$]
       direct–declarator (*parameter–type–list*)
       direct–declarator ($identifier–list_{opt}$)

4.20   *pointer:*
       * $type–qualifier–list_{opt}$
       * $type–qualifier–list_{opt}$ *pointer*

4.21   *type–qualifier–list:*
       type–qualifier
       type–qualifier–list *type–qualifier*

4.22   *parameter–type–list:*
       parameter–list
       parameter–list , ...

4.23   *parameter–list:*
       parameter–declaration
       parameter–list , *parameter–declaration*

4.24   *parameter–declaration:*
       declaration–specifiers *declarator*
       declaration–specifiers $abstract–declarator_{opt}$

4.25   *identifier-list:*
      identifier
      identifier-list , identifier

4.26   *type-name:*
      specifier-qualifier-list abstract-declarator$_{opt}$

4.27   *abstract-declarator:*
      pointer
      pointer$_{opt}$ direct-abstract-declarator

4.28   *direct-abstract-declarator:*
      (abstract-declarator)
      direct-abstract-declarator$_{opt}$ [constant-expression$_{opt}$]
      direct-abstract-declarator$_{opt}$ (parameter-type-list$_{opt}$)

4.29   *typedef-name:*
      identifier

4.30   *initializer:*
      assignment-expression
      { initializer-list }
      { initializer-list , }

4.31   *initializer-list:*
      initializer
      initializer-list , initializer

F.5   Anweisungen

5.1   *statement:*
      labeled-statement
      compound-statement
      expression-statement
      selection-statement
      iteration-statement
      jump-statement

5.2   *labeled-statement:*
      identifier : statement
      `case` *constant-expression : statement*
      `default` : *statement*

5.3   *compound-statement:*
      { declaration-list$_{opt}$ statement-list$_{opt}$ }

5.4   *declaration-list:*
      declaration
      declaration-list declaration

5.5   *statement–list:*
      statement
      statement–list   statement

5.6   *expression–statement:*
      $expression_{opt}$;

5.7   *selection–statement:*
      `if` (*expression*) *statement*
      `if` (*expression*) *statement* `else` *statement*
      `switch` (*expression*) *statement*

5.8   *iteration–statement:*
      `while` (*expression*) *statement*
      `do` *statement* `while` (*expression*) ;
      `for` ($expression_{opt}$; $expression_{opt}$; $expression_{opt}$) *statement*

5.9   *jump–statement:*
      `goto` *identifier* ;
      `continue` ;
      `break` ;
      `return` $expression_{opt}$;

F.6   Externdeklarationen

6.1   *translation–unit:*
      external–declaration
      translation–unit   external–declaration

6.2   *external–declaration:*
      function–definition
      declaration

6.3   *function–definition:*
      $declaration\text{–}specifiers_{opt}$ *declarator* $declaration\text{–}list_{opt}$
         compound–statement

F.7   Syntax des Präprozessors

7.1   *preprocessing–token:*
      header–name
      identifier
      pp–number
      character–constant
      string–literal
      operator
      punctuator
      each non–white–space character that cannot be one of the above

7.2   *operator:* one of
          [ ] ( ) . ->
          ++ -- & * + - ~ ! sizeof
          / % << >> < > <= >= == != ^ | && ||
          ? :
          = *= /= %= += -= <<= >>= &= ^= |=
          , # ##

7.3   *punctuator:* one of
          [ ] ( ) { } * , : = ; ... #

7.4   *header–name:*
          < *h–char–sequence* >
          " *q–char–sequence* "

7.5   *h–char–sequence:*
          h–char
          h–char–sequence *h–char*

7.6   *h–char:*
          any member of the source character set except
             the new–line character and >

7.7   *q–char–sequence:*
          q–char
          q–char–sequence *q–char*

7.8   *q–char:*
          any member of the source character set except
             the new–line character and "

7.9   *pp–number:*
          digit
          . *digit*
          pp–number *digit*
          pp–number *nondigit*
          pp–number e *sign*
          pp–number E *sign*
          pp–number .

7.10   *preprocessing–file:*
          group$_{opt}$

7.11   *group:*
          group–part
          group *group–part*

7.12   *group–part:*
          pp–tokens$_{opt}$ *new–line*
          if–section
          control–line

7.13   *if–section:*
        if–group elif–groups$_{opt}$ *else–group*$_{opt}$ *endif–line*

7.14   *if–group:*
        # if *constant–expression new–line group*$_{opt}$
        # ifdef *identifier new–line group*$_{opt}$
        # ifndef *identifier new–line group*$_{opt}$

7.15   *elif–groups:*
        elif–group
        elif–groups elif–group

7.16   *elif–group:*
        # elif *constant–expression new–line group*$_{opt}$

7.17   *else–group:*
        # else *new–line group*$_{opt}$

7.18   *endif–line:*
        # endif *new–line*

7.19   *control–line:*
        # include *pp–tokens new–line*
        # define *identifier replacement–list new–line*
        # define *identifier lparen identifier–list*$_{opt}$ *) replacement–list*
            new–line
        # undef *identifier new–line*
        # line *pp–tokens new–line*
        # error *pp–tokens*$_{opt}$ *new–line*
        # pragma *pp–tokens*$_{opt}$ *new–line*
        # *new–line*

7.20   *lparen:*
        the left–parenthesis character without preceding white space

7.21   *replacement–list:*
        pp–tokens$_{opt}$

7.22   *pp–tokens:*
        preprocessing–token
        pp–tokens preprocessing–token

7.23   *new–line:*
        the new–line character

Anhang G

Syntaxdiagramme

Dieser Anhang enthält die formale Beschreibung von C in der Form von **Syntaxdiagrammen**. Diese Diagramme sind so aufgebaut:

- Der Name der zu definierenden syntaktischen Variablen steht über der linken oberen Ecke des Diagramms.

- Rechtecke enthalten syntaktische Variablen, auf die Bezug genommen wird.

- Kreise und Ovale enthalten terminale Symbole.

- Linien mit Pfeilen geben die Richtung an, in der ein Diagramm durchlaufen werden darf. Ihre Verzweigungen sind im Sinne eines „Gleisnetzes" zu verstehen.

G.1 Namen

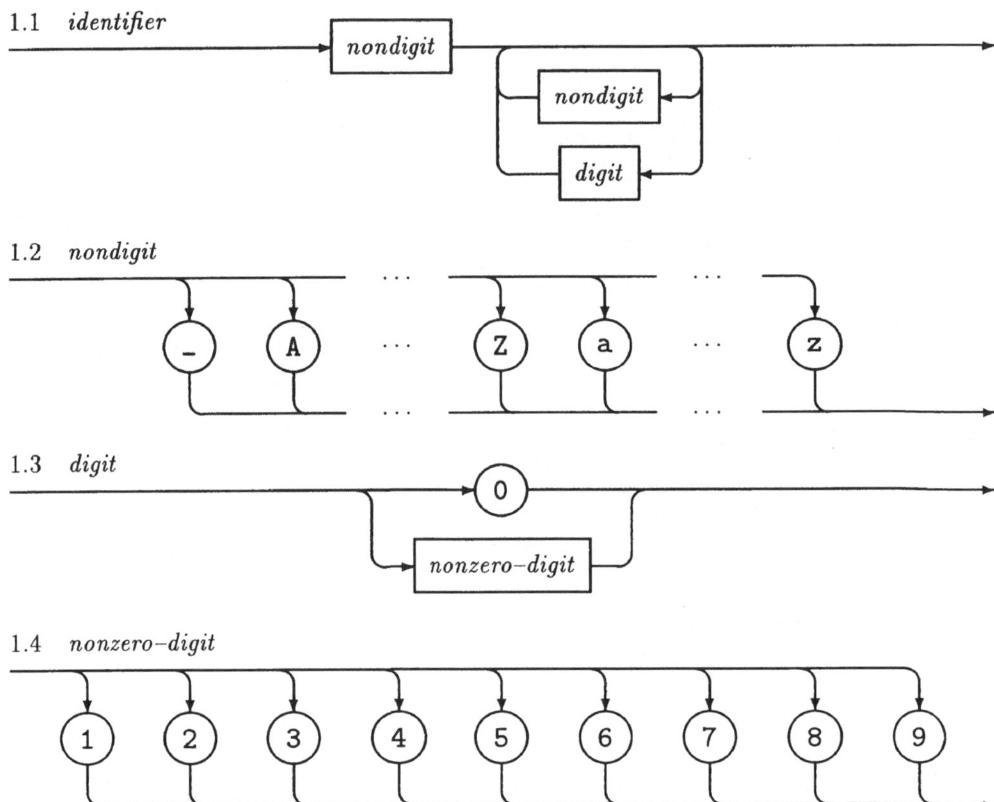

G.2   Konstanten

2.1   *constant*

2.2   *integer-constant*

2.3   *decimal-constant*

2.4   *octal-constant*

2.5   *hexadecimal-constant*

2.6   *octal-digit*

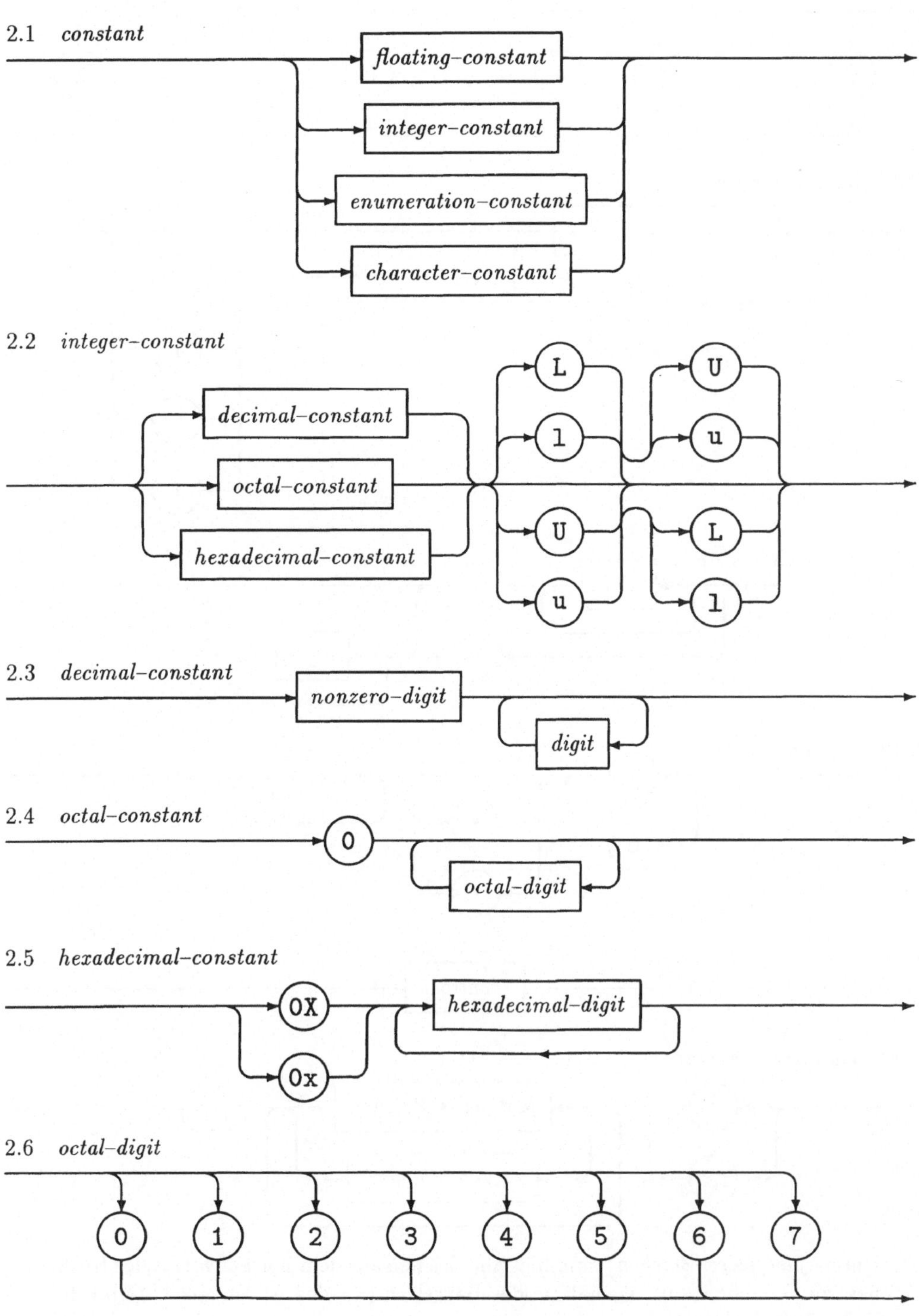

2.7   *hexadecimal-digit*

2.8   *floating-constant*

2.9   *fractional-constant*

2.10   *exponent-part*

2.11   *enumeration-constant*

2.12   *character-constant*

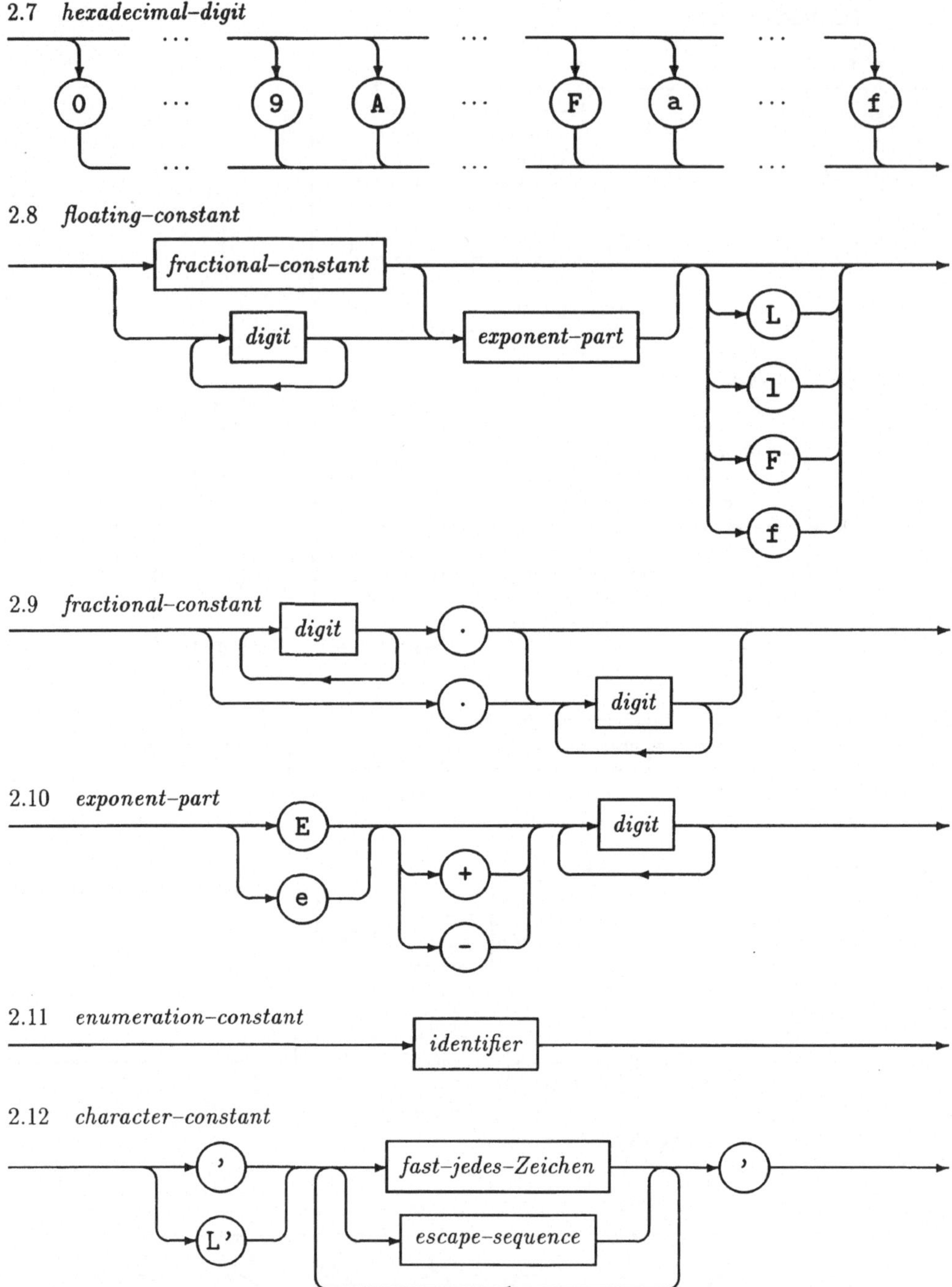

Unter „*fast-jedes-Zeichen*" sind hier alle Zeichen aus dem Zeichenvorrat des Rechners zu verstehen, mit Ausnahme des Backslash (\), des Apostroph (') und des Zeilenende-Zeichens.

2.13 *escape–sequence*

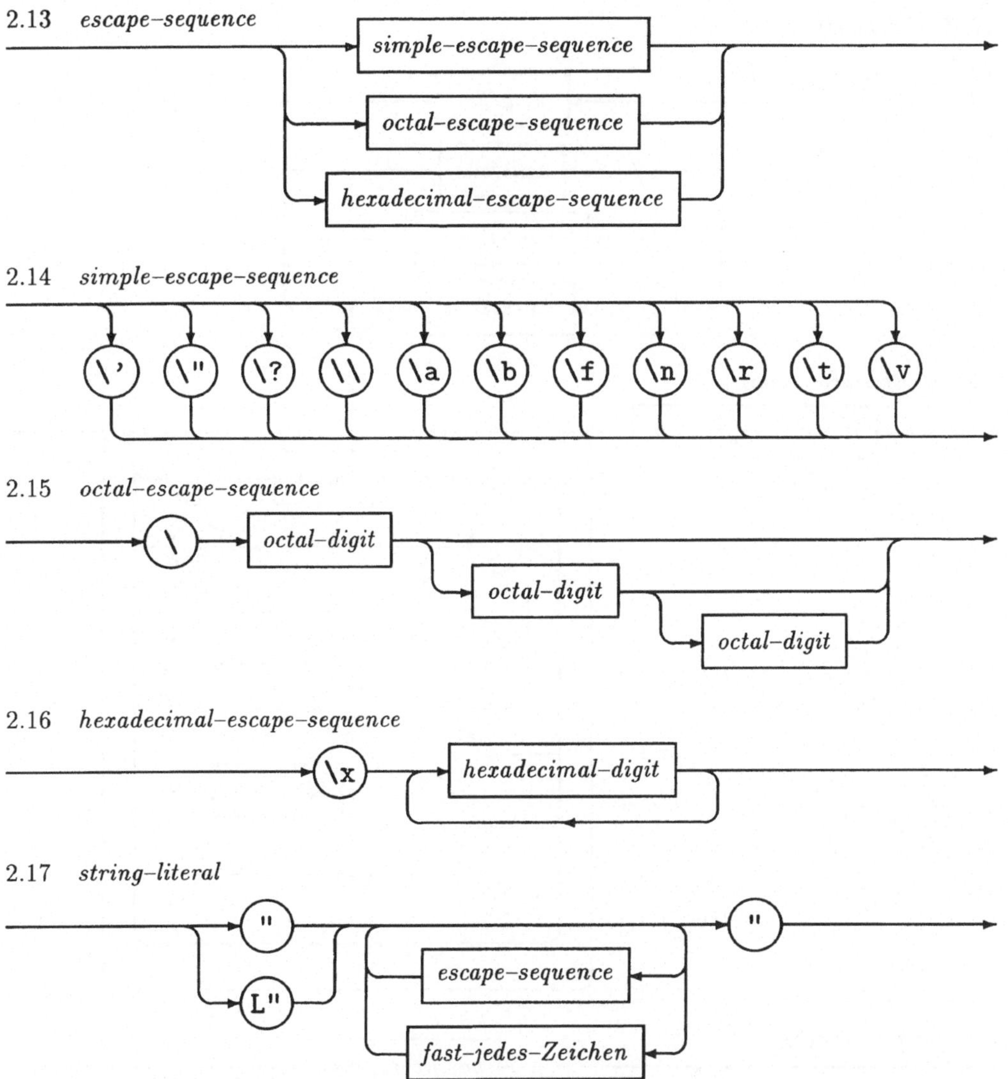

Unter „*fast–jedes–Zeichen*" sind hier alle Zeichen aus dem Zeichenvorrat des Rechners zu verstehen, mit Ausnahme des Backslash (\), des Anführungs–Zeichens (") und des Zeilenende–Zeichens.

G.3 Ausdrücke

3.1 *primary-expression*

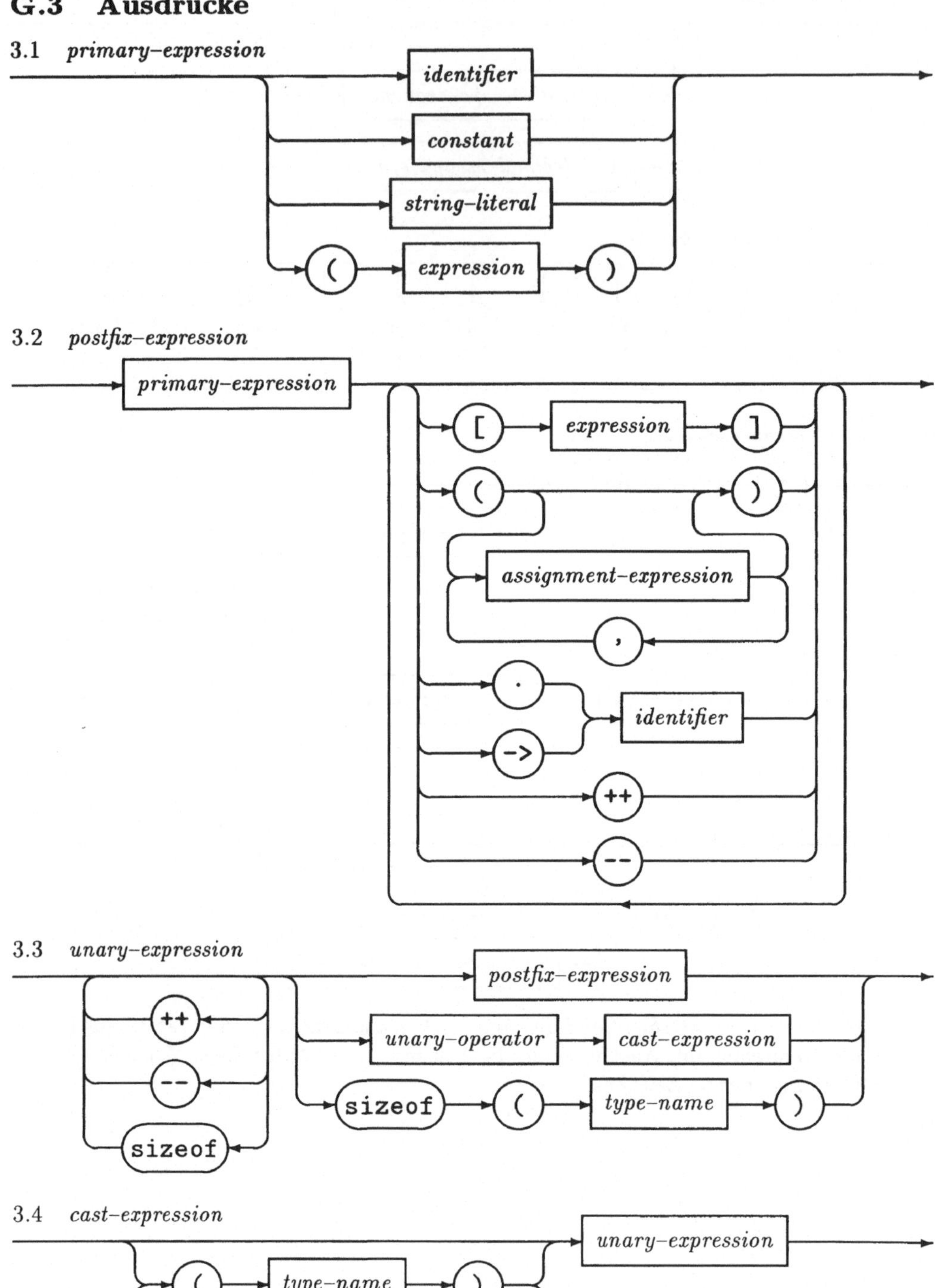

3.2 *postfix-expression*

3.3 *unary-expression*

3.4 *cast-expression*

3.5   *unary–operator*

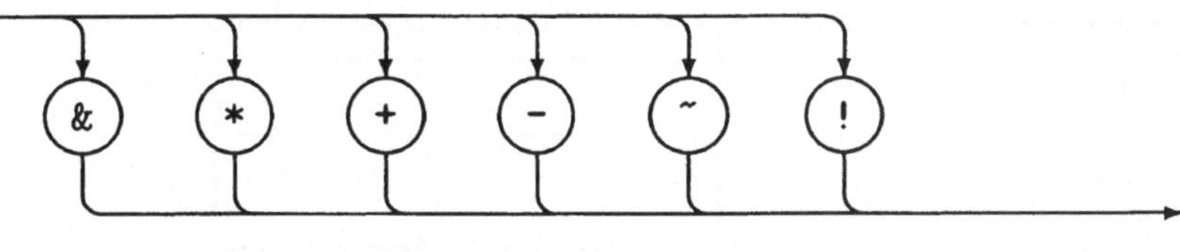

3.6   *multiplicative–expression*

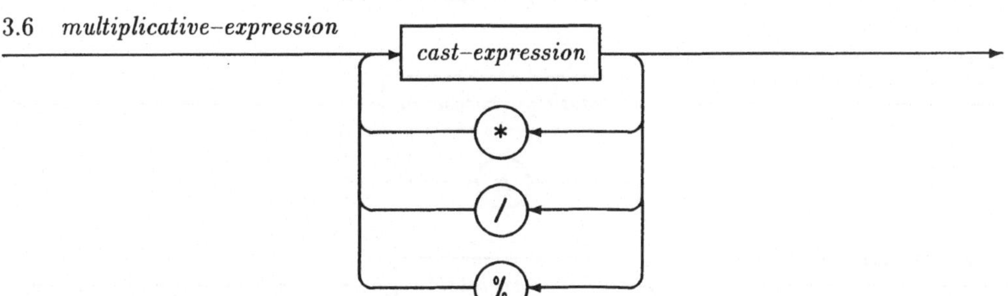

3.7   *additive–expression*

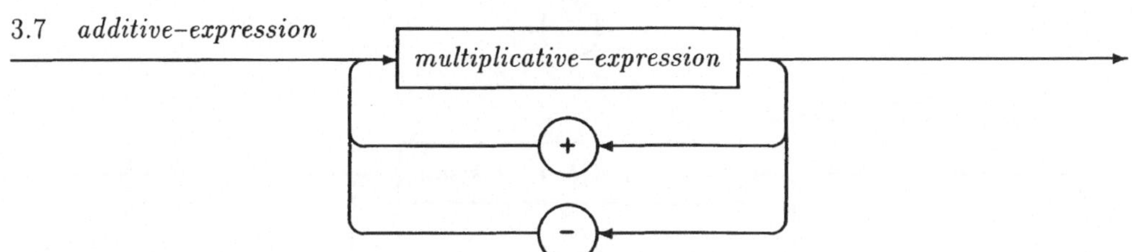

3.8   *shift–expression*

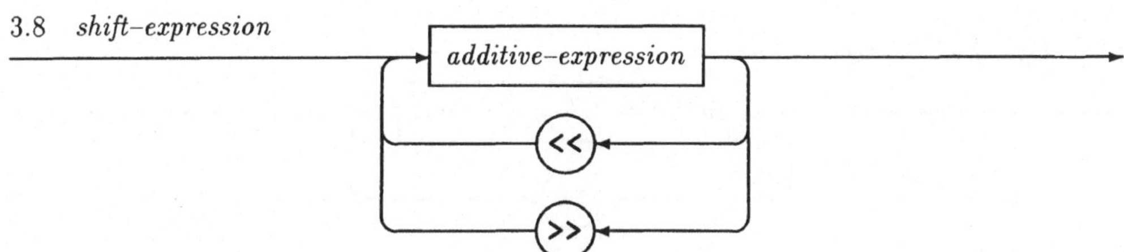

3.9   *relational–expression*

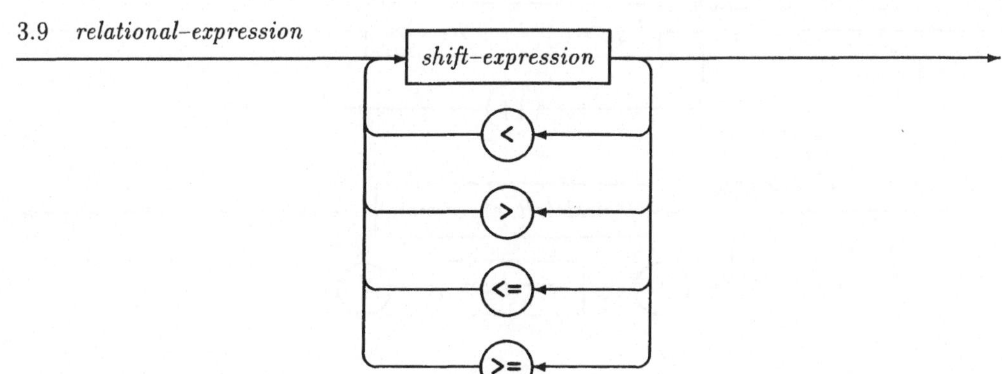

3.10 *equality-expression*

3.11 *AND-expression*

3.12 *exclusive-OR-expression*

3.13 *inclusive-OR-expression*

3.14 *logical-AND-expression*

3.15 *logical-OR-expression*

3.16 *conditional-expression*

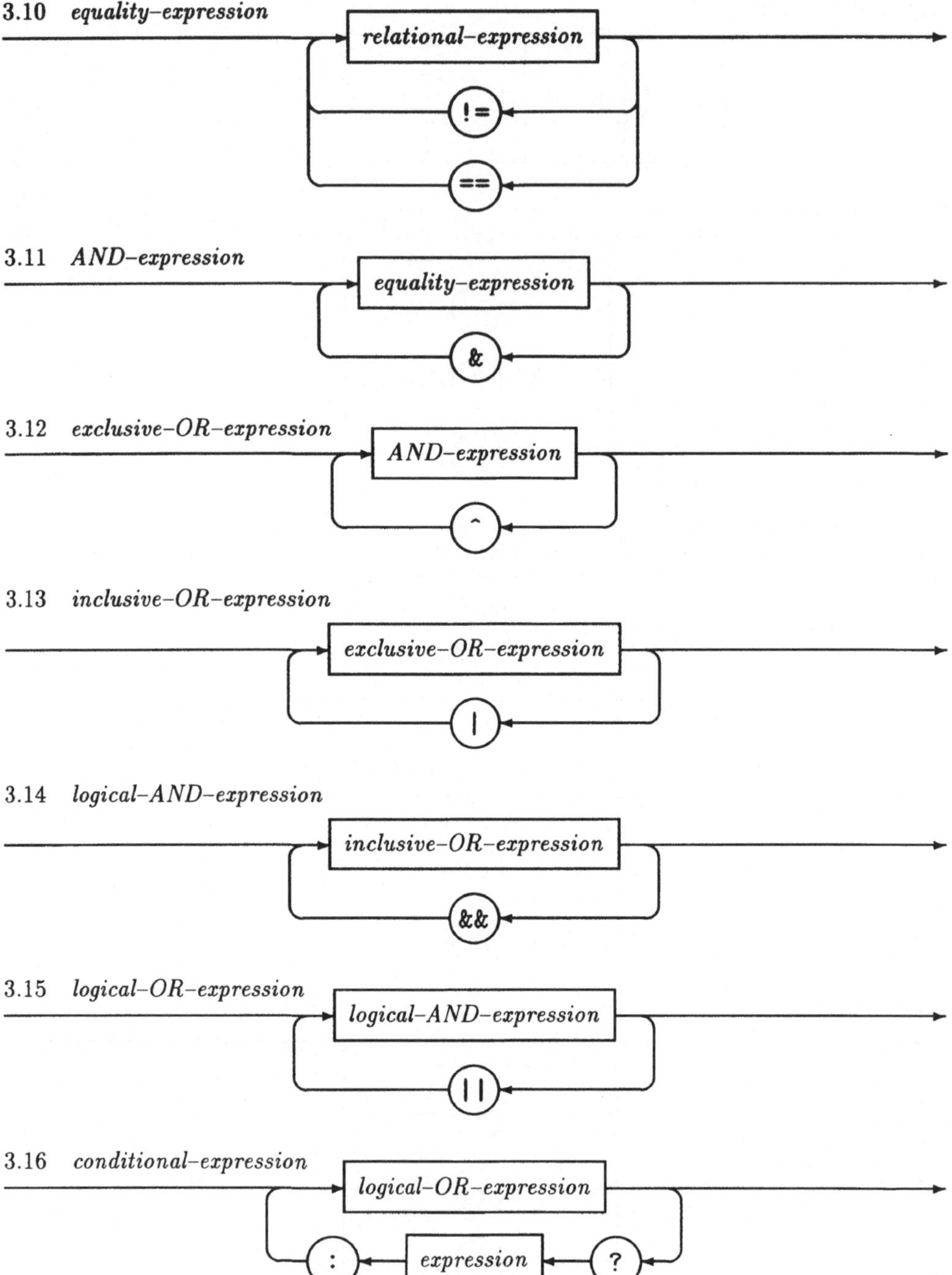

3.17 *assignment–expression*

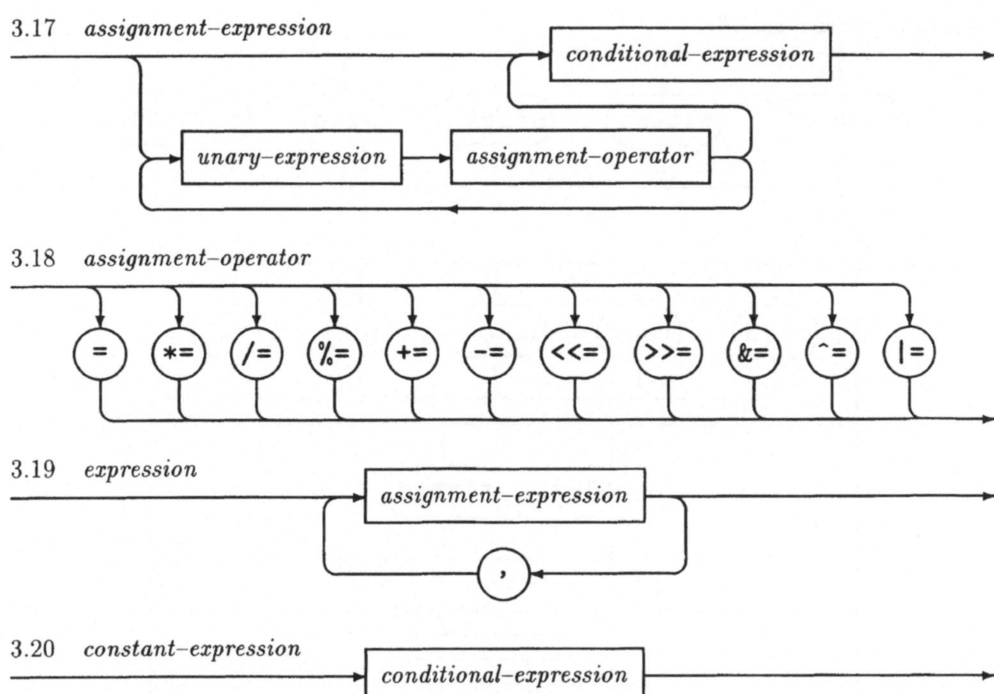

3.18 *assignment–operator*

3.19 *expression*

3.20 *constant–expression*

G.4 Deklarationen

4.1 *declaration*

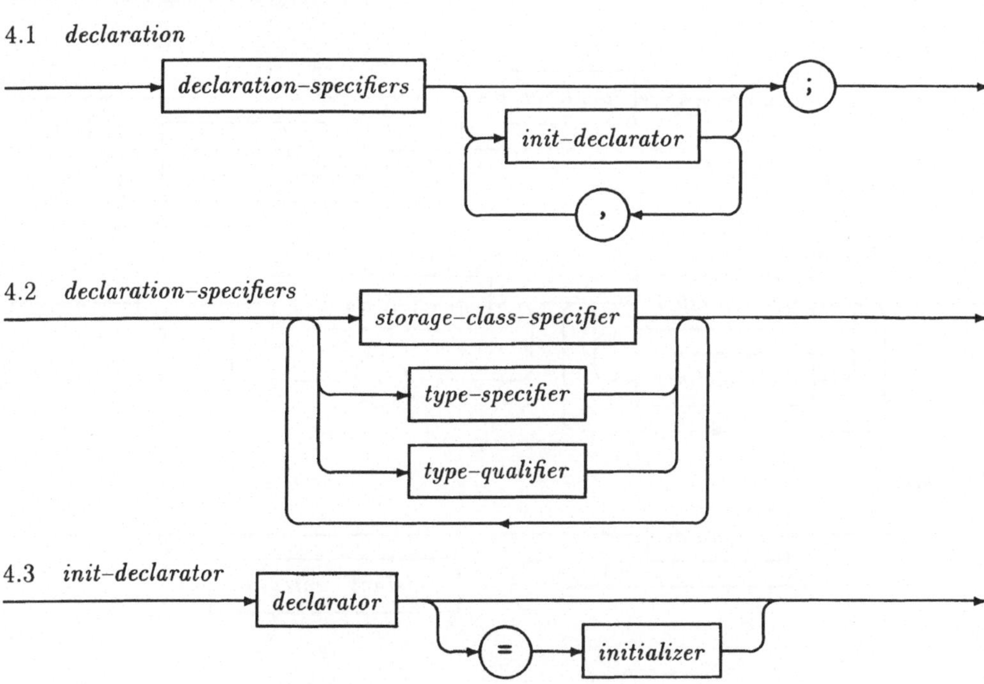

4.2 *declaration–specifiers*

4.3 *init–declarator*

4.4 *storage–class–specifier*

4.5 *type–specifier*

4.6 *struct–or–union–specifier*

4.7 *struct–declaration*

4.8 *struct–declarator*

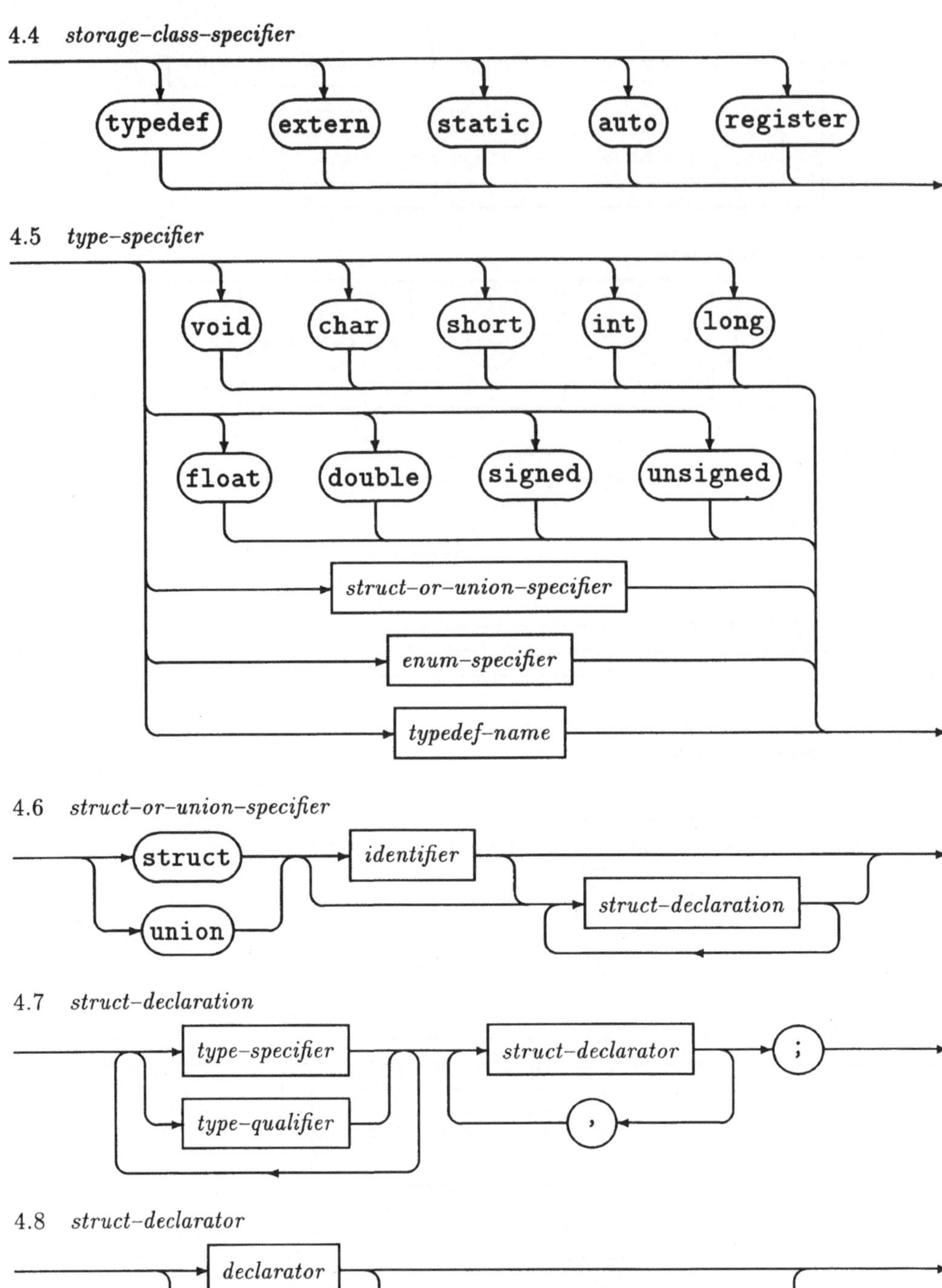

4.9 *enum–specifier*

4.10 *enumerator*

4.11 *type–qualifier*

4.12 *declarator*

4.13 *pointer*

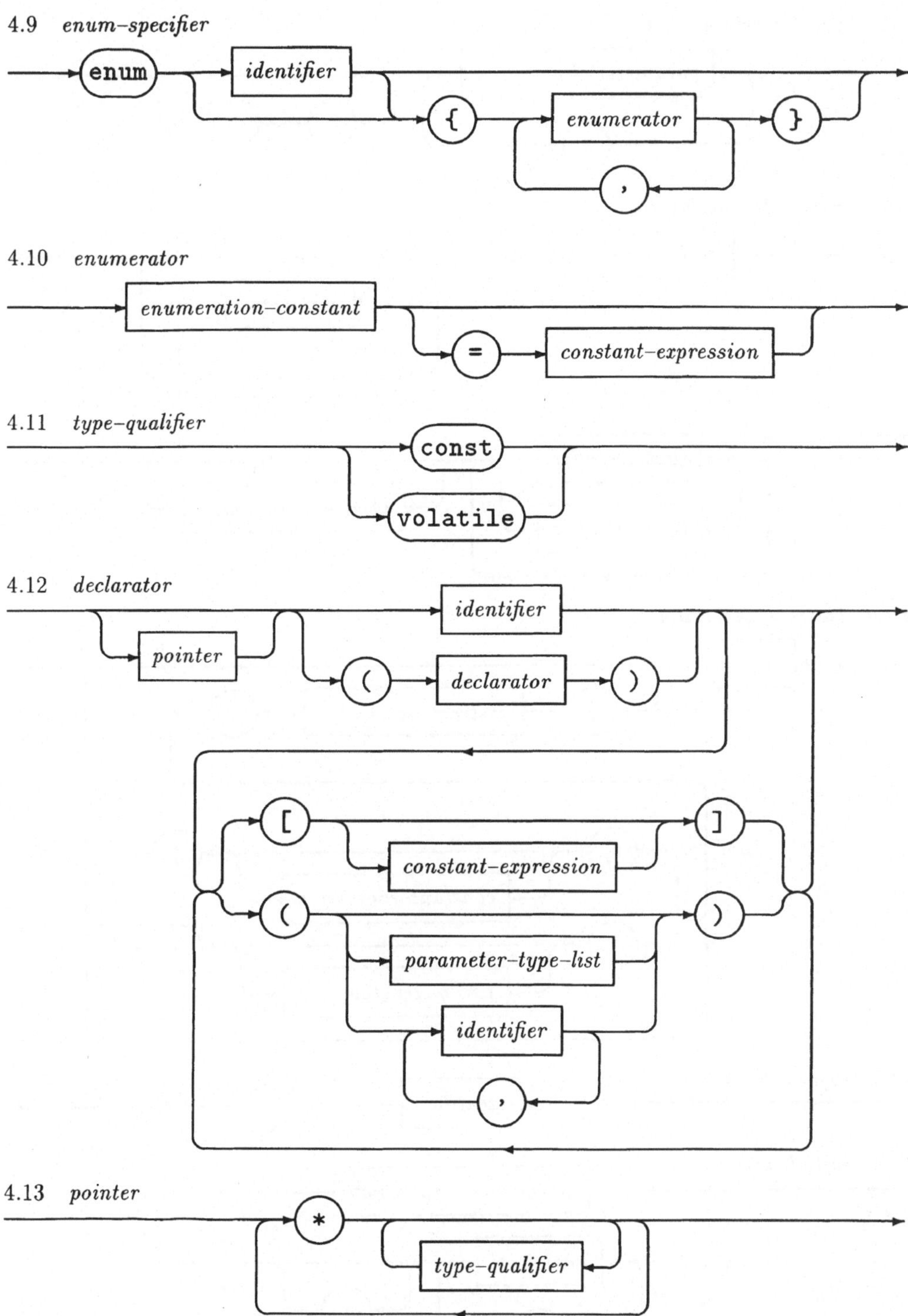

4.14 *parameter-type-list*

4.15 *parameter-declaration*

4.16 *type-name*

4.17 *abstract-declarator*

4.18 *typedef-name*

4.19 *initializer*

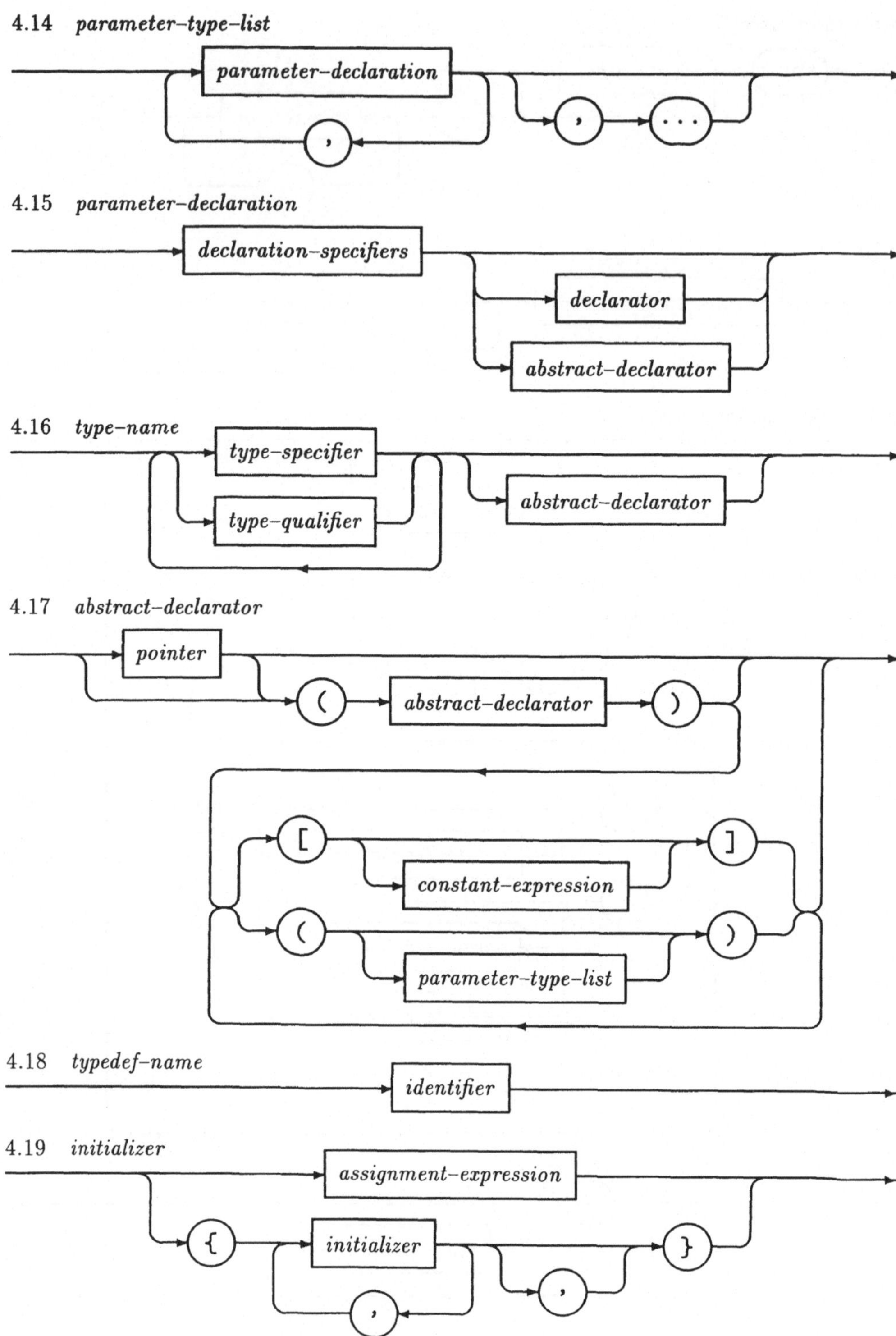

G.5   Anweisungen

5.1   *statement*

5.2   *labeled-statement*

5.3   *compound-statement*

5.4   *expression-statement*

5.5   *selection-statement*

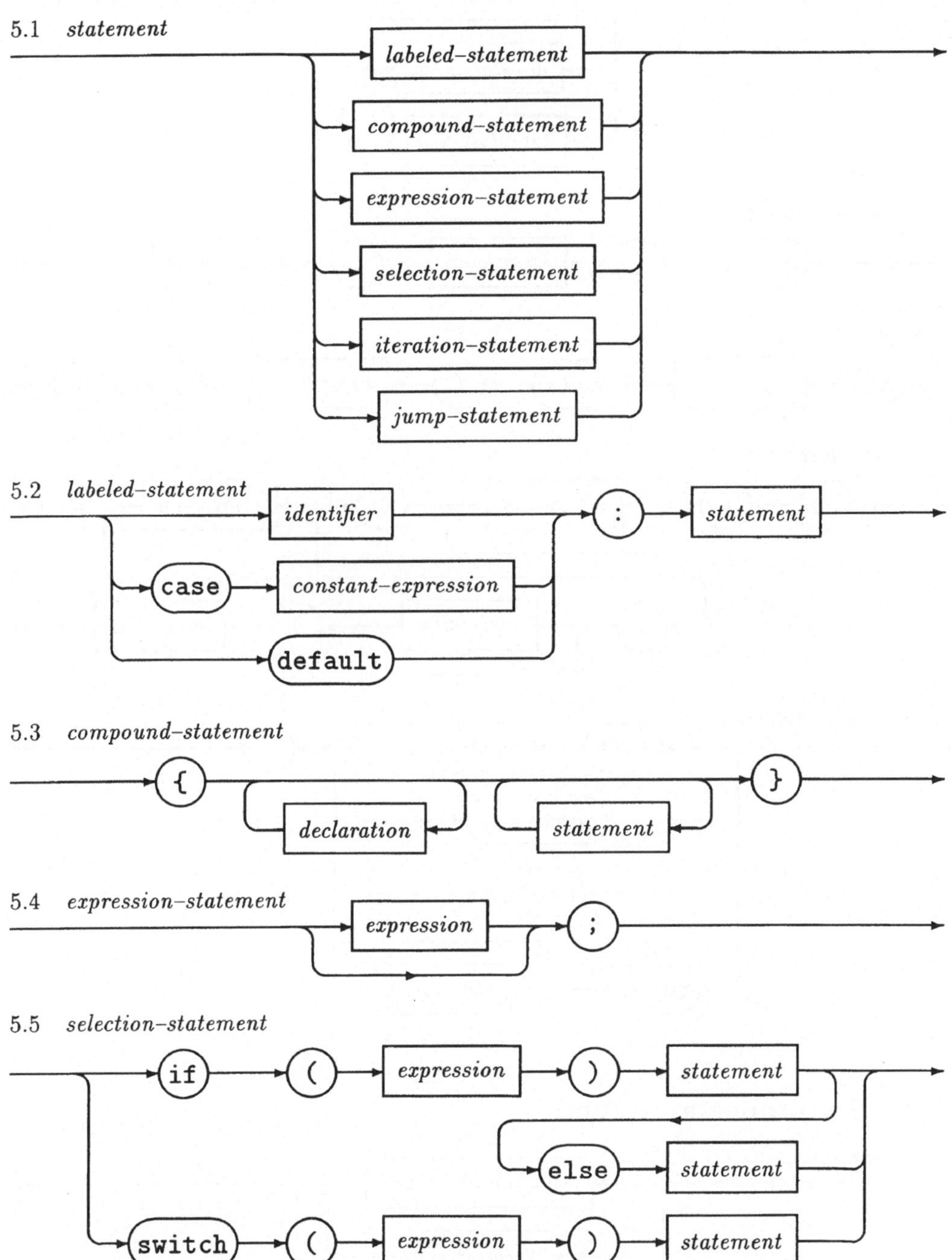

5.6 *iteration–statement*

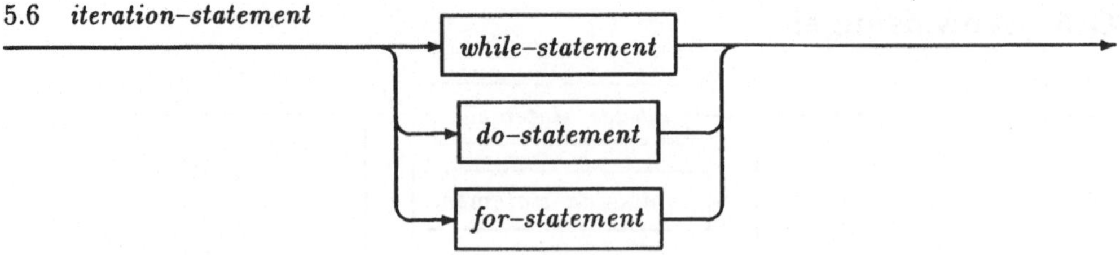

5.7 *while–statement*

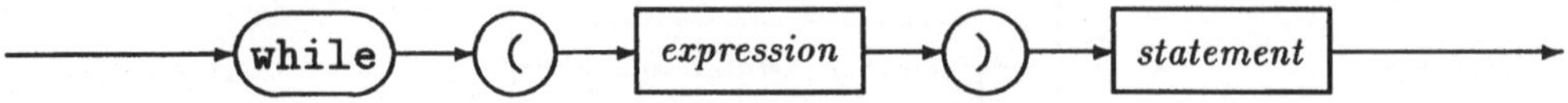

5.8 *do–statement*

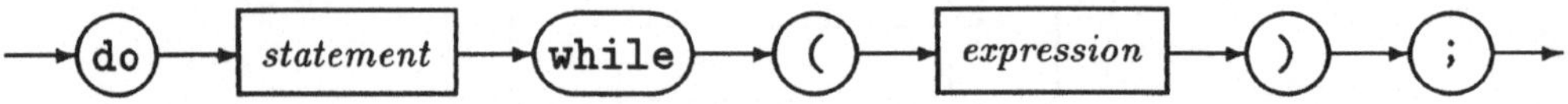

5.9 *for–statement*

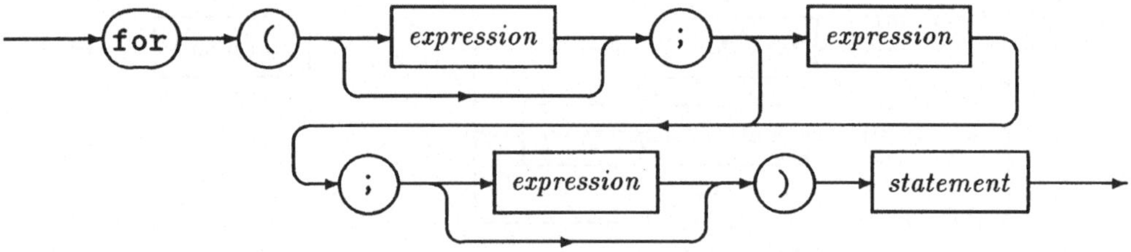

5.10 *jump–statement*

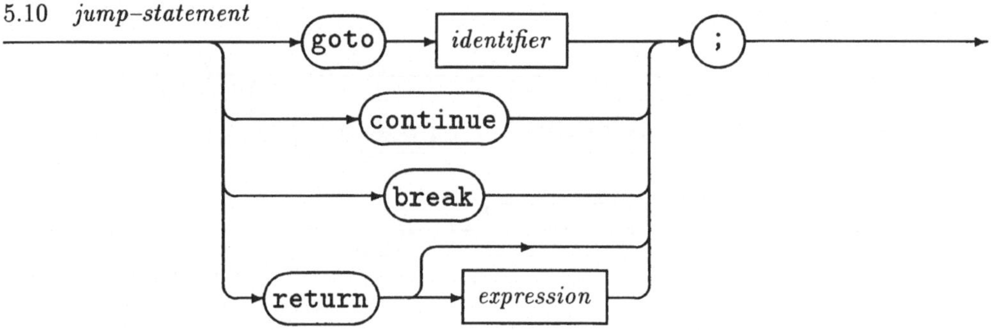

G.6   Externdeklarationen

6.1 *translation–unit*

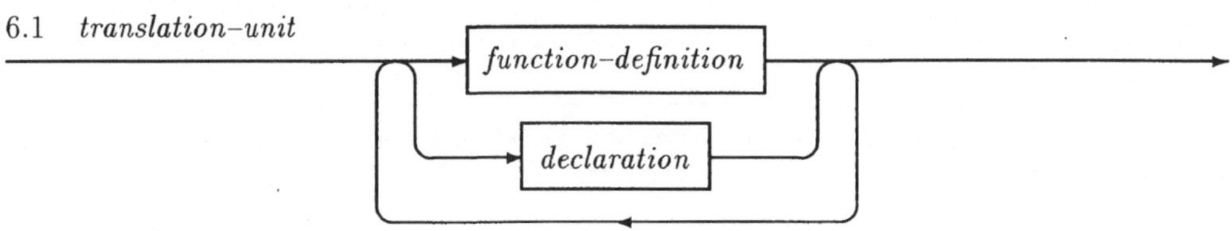

6.2   *function–definition*

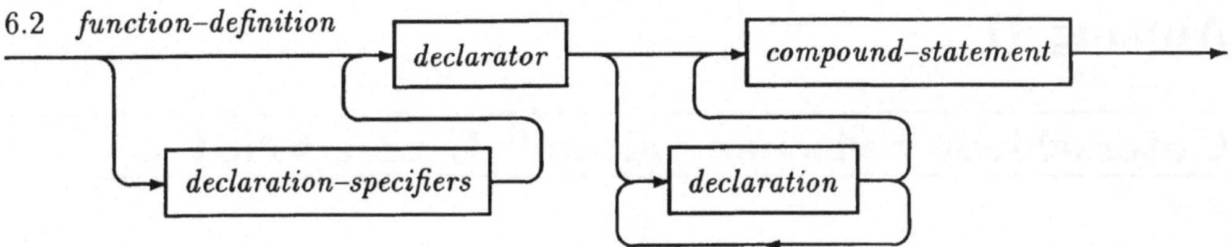

Anhang H

Unterschiede zwischen „altem" C und ANSI–C

Hier werden, ohne Anspruch auf Vollständigkeit, die wesentlichen Unterschiede zwischen dem „alten" C und der durch den ANSI–Standard definierten Sprache aufgelistet. Für Einzelheiten sei auf die entsprechenden Textabschnitte verwiesen.

- Formalien

  - Bei interne Namen sind mindestens 31 Zeichen signifikant, während die garantierte Grenze bei globalen Namen bei 6 Zeichen bleibt.

  - Trigraphen erlauben die Darstellung aller Zeichen des C–Zeichensatzes, auch wenn sie in einem speziellen Zeichensatz nicht vorhanden sein sollten.

  - Zusätzliche Escapesequenzen sind verfügbar.

  - Fortsetzungszeilen (durch einen Backslash am Ende der vorhergehenden Zeile) sind überall im Programm erlaubt.

  - Der Präprozessor ist exakt definiert und in seinen Möglichkeiten erweitert.

  - Aufeinanderfolgende Stringkonstanten werden konkateniert.

- Datentypen

  - Die Datenattribute `volatile` und `signed` stehen neu zur Verfügung.

  - Das Datenattribut `void` erlaubt die explizite Deklarationen von Funktionen ohne Funktionswert und/oder ohne Parameter. Mit `void *` steht ein nicht typgebundener Zeiger–Grundtyp zur Verfügung.

  - Das Datenattribut `const` erlaubt es, Variablen vor Veränderung zu schützen; Stringkonstanten besitzen dieses Attribut und dürfen entsprechend nicht verändert werden.

  - Mit `enum` können benannte Konstanten deklariert werden.

  - Die Verarbeitung erweiterter Zeichensätze ist vorgesehen.

  - Der Typ `long float` entfällt als Synonym für `double`. Dafür gibt es den neuen Typ `long double` mit möglicherweise größerer Genauigkeit als `double`.

  - Mindestwerte für die Wertebereiche und Genauigkeiten der verschiedenen Datentypen sind vorgeschrieben. Die Dateien `<limits.h>` und `<float.h>` (vgl. Abschnitt 8.6) enthalten standardisierte Angaben über die implementationsspezifischen Wertebereiche und Genauigkeiten.

  - `register`–Variablen besitzen grundsätzlich keine Adresse, unabhängig von ihrer Behandlung durch eine spezielle Implementation.

- Operatoren und Ausdrücke

  - Bei kombinierten Zuweisungsoperatoren müssen die Zeichen, aus denen sie bestehen, unmittelbar aufeinanderfolgen.

- In Analogie zum unären Operator - gibt es den unären Operator +.

- Der Compiler darf Klammern in Ausdrücken nicht mehr ignorieren.

- Wertzuweisung zwischen Strukturen ist erlaubt; Strukturen können als Parameter an Funktionen übergeben und von Funktionen als Funktionswerte geliefert werden.

- Das Resultat des Operators `sizeof` und die Differenz zweier Zeiger werden implementations–spezifisch durch die Typen `size_t` bzw. `ptrdiff_t` beschrieben (vgl. `<stddef.h>`, Abschnitt 8.2).

- Der Adressoperator & darf auf Felder angewendet werden und liefert den Zeiger auf die erste Komponente des Feldes.

- Zeiger auf Funktionen dürfen verwendet werden, ohne daß der Dereferenzierungsoperator * explizit angegeben wird.

- Zeiger direkt hinter das Ende eines Feldes sind erlaubt. Sie dürfen in Vergleichen und sonstiger Zeigerarithmetik verwendet werden.

- Die Ausdrücke in `switch`– und `case`–Anweisungen dürfen beliebige ganzzahlige Typen besitzen.

- Programmstruktur

  - Die Deklaration von Funktionen kann durch Prototypen erfolgen, die neben dem Typ des Funktionswertes auch die Typen der Parameter festlegen. Beim Aufruf der Funktionen werden die Argumente entsprechend umgewandelt. (Die alte Form der Funktionsdeklaration, ohne Parameterliste, ist weiterhin erlaubt – mit allen Problemen, die sich daraus ergeben.)

  - Die Funktionen mit variabler Parameterzahl sind standardisiert.

  - Namen, die in einem Block deklariert werden, sind grundsätzlich nur innerhalb dieses Blocks bekannt, auch wenn sie das Attribut `extern` besitzen.

  - Die Namen der Parameter einer Funktion und die auf oberster Ebene in der Funktion deklarierten Namen stehen auf gleicher Stufe. Umgekehrt formuliert: Namen, die in einer Funktion auf oberster Ebene deklariert werden, dürfen nicht mit den Namen der Parameter der Funktion übereinstimmen.

  - Namen von Sprungmarken brauchen nur innerhalb ihrer Gruppe eindeutig zu sein.

  - Namen von Struktur– oder Verbundkomponenten brauchen nur innerhalb des jeweiligen Struktur– bzw. Verbundtyps eindeutig zu sein.

  - Automatische Variablen können initialisiert werden, auch wenn sie einen strukturierten Typ besitzen (allerdings nur eingeschränkt).

Anhang I

Erste Schritte mit UNIX

UNIX ist ein time–sharing–Betriebssystem. Dieses bedeutet, daß sich mehrere Benutzer an verschiedenen Terminals gleichzeitig die Resourcen eines Rechners (Speicher, Platten, Drucker, usw.) teilen können (vgl. Abbildung 21).

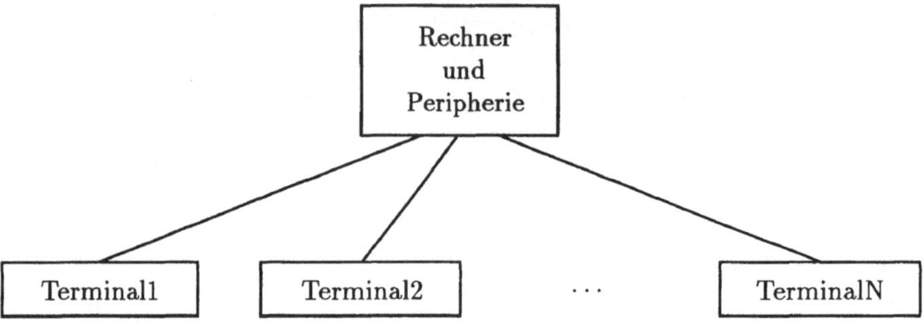

Abbildung 21: Mehrbenutzersystem

Jeder Benutzer besitzt einen Benutzernamen und ein nur ihm und dem System bekanntes Passwort. Unter den Benutzern gibt es einen, der unbeschränkte Privilegien besitzt, mit dem Namen **root**. Der Benutzer **root** kann dem System einen neuen Benutzernamen mit Passwort mitteilen und somit einem neuen Benutzer den Zugang zum System ermöglichen. Genauso kann er den Namen eines Benutzers aus dem System entfernen und somit diesem die Rechenberechtigung entziehen.

I.1   Ein– und Ausloggen, Passwort

Jeder Benutzer muß vor jeder Sitzung am Terminal durch Eintippen seines Benutzernamen (`„login“`) und seines Passwortes (`„Password“`) nachweisen, daß er zur Benutzung des Rechners berechtigt ist. Beide Angaben sind durch Drücken der RETURN-Taste abzuschließen. Das Echo des Benutzernamen erscheint auf dem Bildschirm, das des Passwortes nicht.

Wenn Benutzername und Passwort korrekt eingegeben wurden, erscheint auf dem Bildschirm, bei Fensteroberfläche in einem neuen Fenster, das Prompt–Zeichen des Systems, oft

    $

Es bedeutet, daß das System jetzt auf Kommandos des Benutzers wartet.

Das Beenden einer Sitzung erfolgt durch die Eingabe des Kommandos

    $ logout ↵

oder noch einfacher durch

    $ ctrl-d

Das Zeichen ←┘ bedeutet Drücken der RETURN-Taste.

Der Benutzer kann sein Passwort mit dem Kommando `passwd` ändern. Er sollte dieses in nicht zu großen Abständen tun. Zur besseren Sicherung sollte das Passwort mindestens ein Sonderzeichen enthalten, nicht nur Buchstaben und Ziffern.

Die Beschreibung von beliebigen Kommandos kann man sich auf dem Bildschirm mit dem Befehl

    $ man *Kommandoname* ←┘

(„manual") ansehen. Man erhält dann die entsprechenden Seiten des UNIX–Manuals aufgelistet. So erhält man die Erläuterung des Kommandos `passwd` durch

    $ man passwd ←┘

Weitere Kommandos, die kürzere Beschreibungen von Kommandos und Schlüsselwörtern des UNIX–Manuals auf dem Bildschirm ausgeben, sind `whatis` und `apropos`. Ihre Anwendung auf das Kommando `passwd`:

    $ whatis passwd ←┘
    $ apropos passwd ←┘

Die genaue Beschreibung kann man sich auch mit dem Kommando `man` holen:

    $ man whatis ←┘
    $ man apropos ←┘

Auf Rechnern, auf denen eine Fensteroberfläche auf der Basis von X11 installiert ist, verfügt man in der Regel auch über das alternative Kommando `xman`, das gegenüber dem traditionellen Kommando `man` wesentliche Vorteile hat. Zum einen bietet es dem Benutzer eine Übersicht aller Kommandos, zu denen Manualpages vorhanden sind; zum anderen erlaubt es ein Zurückblättern, das beim Kommando `man` nicht möglich ist.

I.2   Das Dateisystem

Der gesamte Massenspeicher, d.h. alle dem Rechner zugänglichen Platten, ist in Form einer einheitlichen baumartigen Dateistruktur organisiert, in der jeder Benutzer über einen eigenen Teil des Dateibaumes (einen Ast) verfügt, in dem er Dateien erzeugen und löschen darf. Dem Benutzer **root** gehört der gesamte Baum (vgl. Abbildung 22).

Das UNIX–Filesystem unterscheidet zwischen **Verzeichnisdateien (directories)** und anderen Dateien. Alle inneren Knoten des Dateibaumes, die Wurzel eingeschlossen, sind Verzeichnisdateien. Blätter des Baumes können (noch) leere Verzeichnisdateien oder andere Dateien sein, zum Beispiel Text– oder ausführbare Programmdateien.

Die Lage einer Datei in der Baumstruktur kann eindeutig durch den **Pfad** beschrieben werden, den Weg von der Wurzel des Baumes zu der betreffenden Datei. Der **Pfadname** besteht aus der Folge der Namen der dabei durchlaufenen Knoten, die selber Dateien sind. Die einzelnen Dateinamen werden durch einen Schrägstrich (**/**) voneinander getrennt; die Wurzel wird nur durch einen Schrägstrich bezeichnet.

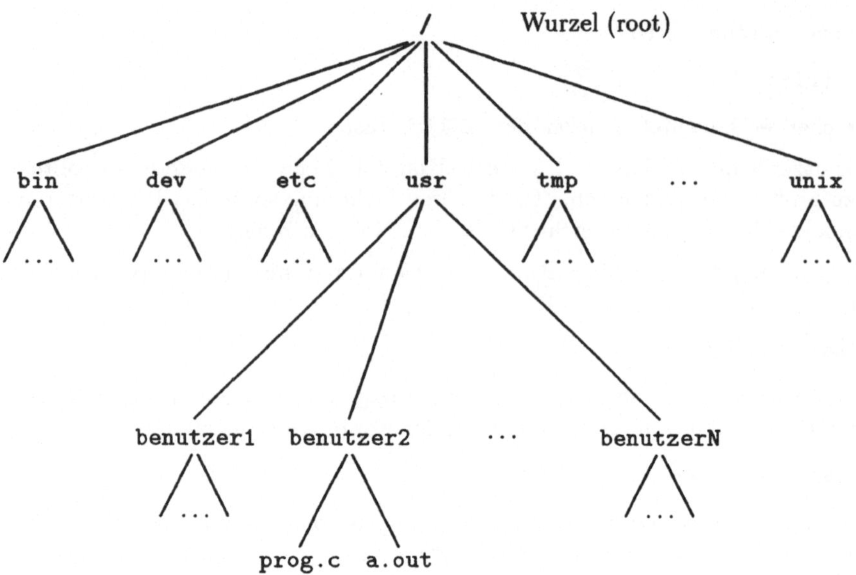

Abbildung 22: Beispiel eines UNIX–Filesystems

Der so angegebene Weg von der Wurzel zu einer Datei ist gleichzeitig ihr vollständiger
Name. Zum Beispiel sind die vollen Namen der Dateien prog.c und a.out im Baumabschnitt von benutzer2 im Beispiel (vgl. Abbildung 22)

```
/usr/benutzer2/prog.c
/usr/benutzer2/a.out
```

Kein Benutzer muß die Namen seiner Dateien stets vollständig angeben, denn das System gibt jedem Dateinamen, der nicht vollständig angegeben wird, ein Präfix. Nach
dem Einloggen beschreibt dieses Präfix den Weg von der Wurzel zum Baumabschnitt des
Benutzers. Im Beispiel ist für benutzer2 dieses Präfix /usr/benutzer2/. So sind die
Eingabe

```
$ a.out  ↵
```

und die Eingabe

```
$ /usr/benutzer2/a.out  ↵
```

äquivalent. Allgemein ist das Präfix der Pfadname einer Verzeichnisdatei, die man auch
working directory nennt. Welches Präfix das System momentan den Dateinamen gibt,
läßt sich durch das Kommando

```
$ pwd  ↵
```

(„print working directory") feststellen. Ändern kann man es durch das Kommando

```
$ cd Pfadname  ↵
```

(„change directory") wobei *Pfadname* den Weg von der Wurzel zu einer Verzeichnisdatei
beschreibt. Mit dem Kommando

```
$ cd .. ↵
```

wird das gegenwärtige Präfix um den letzten Namen gekürzt. Dieses entspricht einer
Bewegung in der Richtung zur Wurzel im Dateibaum. Mit dem Kommando

```
$ cd Name ↵
```

wird das gegenwärtige Präfix um den angegebenen Namen erweitert, sofern in der ge-
genwärtigen Verzeichnisdatei eine Verzeichnisdatei mit diesem Namen vorhanden ist. Dieses entspricht einer Bewegung in der Richtung weg von der Wurzel im Dateibaum.

I.3 Verwaltung von Dateien

Welche Dateien eine Verzeichnisdatei mit dem Namen *Name* enthält, läßt sich mit dem
Kommando

```
$ ls Name ↵
```

(„list") feststellen. Beispiele:

```
$ ls / ↵
$ ls /usr ↵
$ ls /usr/benutzer2 ↵
```

Das erste Kommando zeigt alle Einträge in der Wurzel, das zweite alle Einträge in der
Verzeichnisdatei /usr, das dritte alle Einträge in der Verzeichnisdatei /usr/benutzer2.

Gibt man nur das Kommando

```
$ ls ↵
```

ein, so werden alle Einträge der aktuellen Verzeichnisdatei gezeigt, d.h. der Verzeichnisdatei, deren Pfadname durch **pwd** geliefert wird.

Mit der Option -l („long") wird für jeden Eintrag der Verzeichnisdatei mehr Information
ausgegeben: Jede Zeile enthält Angaben zu einer Datei, deren Name am Ende der Zeile
steht. Die ersten 10 Zeichen haben die Form

```
d rwx rwx rwx
```

und bedeuten:

- **d**   die Datei ist eine Verzeichnisdatei (directory)
- **r**   die Datei darf gelesen werden
- **w**   in die Datei darf geschrieben werden
- **x**   die Datei darf (als Programm) ausgeführt werden bzw. darf aufgelistet werden,
  wenn sie eine Verzeichnisdatei ist

Steht an der Position von **d** ein Bindestrich -, so handelt es sich nicht um eine Ver-
zeichnisdatei. An den anderen Stellen bedeutet ein Bindestrich, daß das entsprechende
Zugriffsrecht *nicht* besteht. Die drei Gruppen **rwx** markieren, von links nach rechts, die
Zugriffsrechte für den Besitzer der Datei, für seine Gruppe und für andere Benutzer.

Die Zugriffsrechte, also insbesondere der Schutz der Dateien, können mit dem Kommando chmod („change mode") geändert werden. Allerdings: Das Zugriffsrecht x zu setzen, macht natürlich nur dann Sinn, wenn der Inhalt der Datei ihr Ausführen erlaubt.

Will man die Art einer bestimmten Datei wissen, so verwendet man das Kommando

    $ file *Dateiname*

Neue Verzeichnisdateien werden mit dem Kommando

    $ mkdir *Dateiname* ↵

(„make directory") angelegt. Leere Verzeichnisdateien werden mit dem Kommando

    $ rmdir *Dateiname* ↵

(„remove directory") gelöscht, entsprechende Zugriffsrechte vorausgesetzt. Andere Dateien werden mit

    $ rm *Dateiname1 Dateiname2 ... DateinameN* ↵

(„remove") gelöscht, ebenfalls entsprechende Zugriffsrechte vorausgesetzt. Angelegt werden neue Dateien dadurch, daß man ihren Inhalt schreibt.

Zum Kopieren bzw. Umbenennen von Dateien stehen die Kommandos

    $ cp *Quelldatei Zieldatei* ↵

(„copy") bzw.

    $ mv *Quelldatei Zieldatei* ↵

(„move") zur Verfügung.

Bei manchen Kommandos ist es wünschenswert und möglich, nicht nur einzelne Dateien anzusprechen, sondern Gruppen von mehreren Dateien. Hierzu dienen die **Jokerzeichen** (**wild cards**) ? und *. ? steht in einem Dateinamen für genau ein beliebiges Zeichen; * steht für eine beliebig lange Folge beliebiger Zeichen. Außerdem kann man einen Punkt (.) zur Bezeichnung der „working directory" verwenden. Beispiele:

```
$ rm * ↵
$ cp ../alt/*.c .  ↵
$ ls -l kap0?.tex ↵
```

Das erste Kommando löscht *alle* Dateien in der „working directory". Das zweite Kommando kopiert alle Dateien, deren Namen mit .c enden und im übrigen beliebig sind, aus der parallelen Verzeichnisdatei alt in die „working directory". Das dritte Kommando erzeugt eine ausführliche Liste aller Dateien in der „working directory", deren Namen mit kap0 beginnen, dann ein beliebiges Zeichen aufweisen und schließlich mit .tex enden.

Beim Kommando rm gibt es zwei sehr nützliche Optionen:

- Die Option -i bewirkt, daß für jede Datei noch einmal durch y(es) ausdrücklich das Löschen bestätigt werden muß. Dieses ist vor allem bei der Verwendung von Jokerzeichen sinnvoll:

```
$ rm -i * ↵
```

fragt alle Dateien in der „working directory" ab und löscht die, für die die Frage
bestätigt wird.

- Die Option -r erfordert Namen von Verzeichnisdateien. Sie bewirkt, daß die gesamten Teilbäume gelöscht werden, die in den genannten Verzeichnisdateien wurzeln,
  einschließlich der Verzeichnisdateien selbst. So löscht

      $ rm -r alt ↵

im Unterverzeichnis alt der „working directory" alle Dateien einschließlich eventuell
enthaltener weiterer Unterverzeichnisse sowie auch das Unterverzeichnis alt selbst.

Ähnlich bewirkt die Option -r beim Kommando cp, daß ein ganzer Teilbaum kopiert
wird, wenn als Quelle eine Verzeichnisdatei angegeben wird.

I.4 Bearbeitung von Textdateien

Zum Schreiben von Textdateien verfügt ein UNIX–System üblicherweise über einen zei-
lenorientierten Texteditor (ed) und einen bildschirmorientierten Texteditor (vi).

Auf vielen Systemen findet man außerdem den bildschirmorientierten Editor emacs. Er
bietet eine tutoriale Einführung, die man im Anschluß an seinen Aufruf durch ctrl-h-t
starten kann. Auch sonst bietet er jederzeit die Möglichkeit, sich Hilfen geben zu lassen.

Eine Beschreibung auch nur der wesentlichsten Möglichkeiten auch nur eines dieser Editoren würde den Rahmen dieser Kurzeinführung sprengen.

Textdateien können mit verschiedenen Kommandos auf den Bildschirm ausgegeben werden, entweder kontinuierlich (cat) oder bildschirmweise (more) oder auch in anderer Weise
formatiert:

      $ cat *Dateiname* ↵
      $ more *Dateiname* ↵

Die Bildschirmausgabe kann bei cat mit ctrl-s unterbrochen, die Unterbrechung mit
ctrl-q wieder rückgängig gemacht werden.

Zur Ausgabe auf den Drucker dient das Kommando

      $ lpr *Dateiname* ↵

(„lineprinter"). Wenn man Ausgabe mit lpr abgeschickt hat, der Drucker aber nicht
arbeitet, muß man sich zunächst mit dem Kommando

      $ lpq ↵

(„lineprinter queue") die Warteschlange des Druckers ansehen (und eventuelle Fehlermeldungen zu verstehen versuchen). Wenn der Druckauftrag dort eingetragen ist, ist
erneutes Absenden völlig zwecklos! Stellt man etwa fest, daß ein Druckauftrag wegen
fehlender oder falscher Optionen im Kommando lpr den Drucker blockiert, kann man
mit dem Kommando

      $ lprm *Nummer* ↵

(„lineprinter remove") einen eigenen Druckauftrag aus der Warteschlange des Druckers
entfernen. *Nummer* ist dabei aus der Meldung des Kommandos lpq zu übernehmen.

I.5 Übersetzen von C–Programmen

Das Übersetzen und Linken eines C–Programms kann auf einem UNIX–System in einem
Schritt mit dem Kommando

```
$ cc prog.c ↵
```

erfolgen. Dabei ist `prog.c` der Name der C–Quelldatei. Das ausführbare Programm erhält
den Namen `a.out`. Die Eingabe seines Namens als Kommando

```
$ a.out ↵
```

bewirkt seine Ausführung.

Liegt der Quellcode eines C–Programms in mehreren Dateien vor, zum Beispiel `prog1.c`,
`prog2.c` und `prog3.c`, so sind diese Dateien im cc–Kommando hintereinander zu nennen:

```
$ cc prog1.c prog2.c prog3.c ↵
```

Soll das ausführbare Programm einen anderen Namen als `a.out` erhalten, zum Beispiel
`xyz`, so muß man die Option `-o` und den Namen zusätzlich in das cc–Kommando eintra-
gen:

```
$ cc -o xyz prog1.c prog2.c prog3 ↵
```

Das Einbinden von Bibliotheken erfolgt ebenfalls durch Optionen. Für die Bibliothek der
mathematischen Funktionen zum Beispiel ist dieses die Option `-lm`. Bei einigen Systemen
wird diese Option gleich nach dem Kommando–Namen angegeben, bei anderen erst am
Ende der Kommandozeile:

```
$ cc -lm prog.c ↵
$ cc prog.c -lm ↵
```

Auf vielen Systemen ist der C–Compiler `gcc` installiert, der in der gleichen Form durch

```
$ gcc ... ↵
```

aufzurufen ist. Eine wesentliche zusätzliche Option des `gcc` ist

```
-Wall
```

Sie bewirkt, daß nicht nur syntaktisch falscher sondern auch sonstiger „dubioser" Code
gemeldet wird. Die Praxis zeigt, daß im Schnitt weit über die Hälfte aller Warnungen,
die man durch diese Option zusätzlich erhält, echte Programmierfehler sind.

I.6 Das Programm make

Explizite Aufrufe des Compilers sind in der Praxis die Ausnahme. Da Programme in
der Regel aus mehreren Modulen bestehen, wäre es ziemlich lästig, alle jeweils nennen zu
müssen. Außerdem reicht es, wenn man den Objektcode der Module aufbewahrt, jeweils
nur die Module neu zu übersetzen, deren Quellcode verändert wurde.

Dafür steht das Programm `make` zur Verfügung.

Seine Nutzung soll hier an einem Beispiel erläutert werden: Ein Programm besteht aus
einem Hauptmodul `haupt` und drei Untermodulen `u1`, `u2` und `u3`. Die Implementationen

der vier Module sind in den Dateien `haupt.c`, `u1.c`, `u2.c` und `u3.c` enthalten. Zu den drei Untermodulen gibt es außerdem die Headerdateien `u1.h`, `u2.h` und `u3.h`. Die zugehörigen Objektdateien werden mit `haupt.o`, `u1.o`, `u2.o` bzw. `u3.o` und das ausführbare Programm mit `haupt` bezeichnet.

Der Hauptmodul nutzt alle drei Untermodule, die Untermodule `u1` und `u2` nutzen jeweils den Untermodul `u3`; sonst bestehen keine Verbindungen.

Als Kriterium für eventuelle Änderungen bieten sich die Termine an, unter denen die Dateien in der Verzeichnisdatei eingetragen sind. Nach einer Änderung am Quellcode sind dann diese Arbeiten auszuführen:

- `haupt` muß neu gebunden werden, wenn die Datei älter ist als eine der vier Objektdateien; zuvor muß geprüft werden, ob die Objektdateien ihrerseits auf dem neuesten Stand sind.

- `haupt.o` muß durch Übersetzen neu erzeugt werden, wenn die Datei älter ist als eine der verwendeten Quell– und Headerdateien, also `haupt.c`, `u1.h`, `u2.h` und `u3.h`.

- `u1.o` muß durch Übersetzen neu erzeugt werden, wenn die Datei älter ist als eine der verwendeten Quell– und Headerdateien, also `u1.c`, `u1.h` und `u3.h`.

- `u2.o` muß durch Übersetzen neu erzeugt werden, wenn die Datei älter ist als eine der verwendeten Quell– und Headerdateien, also `u2.c`, `u2.h` und `u3.h`.

- `u3.o` muß durch Übersetzen neu erzeugt werden, wenn die Datei älter ist als eine der verwendeten Quell– und Headerdateien, also `u3.c` und `u3.h`.

Diese Regeln schreibt man in der Form von **Abhängigkeits–** und **Operationszeilen** in eine (make–)**Beschreibungsdatei**:

```
#        Beispiel einer make-Beschreibungsdatei

haupt: haupt.o u1.o u2.o u3.o
        cc -o haupt haupt.o u1.o u2.o u3.o

haupt.o: haupt.c u1.h u2.h u3.h
        cc -c haupt.c

u1.o: u1.c u1.h u3.h
        cc -c u1.c

u2.o: u2.c u2.h u3.h
        cc -c u2.c

u3.o: u3.c u3.h
        cc -c u3.c
```

Solch eine Beschreibungsdatei ist eine normale ASCII–Datei, kann also mit einem beliebigen Texteditor erstellt werden. Gibt man der Datei den Namen `makefile` oder `Makefile`, so bewirkt das Kommando

```
$ make ↵
```

ihre Interpretation und die Ausführung der oben beschriebenen Prüfungen sowie der ggf. erforderlichen Aktionen. Nachzutragen sind einige Anmerkungen:

- Das Zeichen # markiert, daß der Rest der Zeile Kommentar ist.

- Operationszeilen, hier also die Compileraufrufe, *müssen* mit einem Tabulatorzeichen beginnen; die Zeilen, die die Abhängigkeiten beschreiben, *dürfen nicht* mit einem Tabulatorzeichen beginnen. Jeder Abhängigkeitszeile können beliebig viele Operationszeilen folgen.

- Die Option -c im Compileraufruf bewirkt, daß nur übersetzt und nicht automatisch der Linker gestartet wird.

- Am Ende der letzten Operationszeile *muß* ein Zeilenende–Zeichen stehen.

- Fortsetzungszeilen können geschrieben werden. Dazu muß am Ende der fortzusetzenden Zeile, direkt vor dem Zeilenende–Zeichen, ein Backslash (\) stehen.

Das Programm make bietet sehr viele weitere Möglichkeiten, die das Arbeiten wesentlich vereinfachen können. Man findet eine ausführliche Beschreibung auf den Manualpages.

I.7   Umleitung der Standard–Ein–/Ausgabe

Ein weiteres wichtiges Konzept von UNIX erlaubt es, die Standard–Eingabe (Tastatur) und die Standard–Ausgabe (Bildschirm) „umzuleiten". Schreibt ein Programm seine Ausgabe auf den Bildschirm, zum Beispiel

```
$ a.out ←┘
Dieses war der erste Streich ---
doch der zweite folgt sogleich!
$
```

so kann man diese Ausgabe in eine beliebige Datei, zum Beispiel Ausgabe, durch

```
$ a.out > Ausgabe ←┘
```

oder

```
$ a.out >> Ausgabe ←┘
```

„umleiten", um sie später mit cat aufzulisten, mit lpr zu drucken oder mit einem Editor oder einem anderen Programm weiterzuverarbeiten. In beiden Fällen wird die Datei bei Bedarf neu angelegt. Ein Unterschied besteht, wenn die Datei bereits existiert:

- Bei Verwendung von > überschreibt die neue Ausgabe den bisherigen Inhalt der Datei.

- Bei Verwendung von >> wird die neue Ausgabe *hinter* den bisherigen Inhalt der Datei geschrieben.

Soll das Programm a.out Eingabe von der Tastatur lesen, so kann man diese vorab in einer Textdatei ablegen, zum Beispiel in einer Datei Eingabe, und diese dann anstelle der Tastatureingabe verwenden:

```
$ a.out < Eingabe ←┘
```

Die Standard–Ausgabe eines Programms kann ohne (explizite) Zwischenspeicherung als Standard–Eingabe für ein anderes Programm verwendet werden. Auf diese Weise können mehrere Programme verbunden werden (**pipe**). So wird durch

```
$ a.out | lpr ↵
```

die Standard–Ausgabe von a.out direkt in die Warteschlange des Druckers eingereiht.

Zwei weitere Möglichkeiten seien nur kurz angesprochen:

- Programme können zu „Hintergrund–Prozessen" gemacht werden. Während solch ein Programm läuft, kann der Benutzer an seinem Terminal andere Arbeiten ausführen.

- Programme können „gestartet" werden. Man braucht dann nicht am Terminal auf das Ende des Programms zu warten, sondern kann sich sofort ausloggen. Man kann beim Starten sogar festlegen, *wann* das Programm zu arbeiten beginnen soll. „Langläufer" kann man so zum Beispiel nachts laufen lassen, damit sie den sonstigen Rechenbetrieb nicht stören.

Für Einzelheiten sei auf das UNIX–Manual und die sonstige UNIX–Literatur verwiesen.

Literatur

[1] American National Standards Institute (ANSI): *American National Standards for Information Systems – Programming Language C.* Std. X3.159–1989. New York 1990

[2] Banahan, Mike: *The C Book: featuring the draft ANSI C Standard.* Addison–Wesley, Menlo Park (California) 1988

[3] Harbison, Samuel P./Steele, Guy L. jr.: *C: A Reference Manual.* Prentice Hall, Englewood Cliffs (New Jersey) 1987

[4] Knuth, Donald E.: *The Art of Computer Programming. Bd. 3: Sorting and Searching.* Addison–Wesley, Menlo Park (California) 1973

[5] Kernighan, Brian W./Pike, Rob: *The UNIX Programming Environment.* Prentice Hall, Englewood Cliffs (New Jersey) 1984

[6] Kernighan, Brian W./Ritchie, Dennis M.: *The C Programming Language.* Prentice Hall, Englewood Cliffs (New Jersey) 1977

[7] Kernighan, Brian W./Ritchie, Dennis M.: *The C Programming Language, Second Edition. (ANSI-C)* Prentice Hall, Englewood Cliffs (New Jersey) 1988

[8] Microsoft Corporation: *Microsoft C. Language Reference.* 1987

[9] Microsoft Corporation: *Microsoft C. Run–Time Library Reference.* 1987

[10] Schildt, Herbert: *Turbo C: The Complete Reference.* Osborne McGraw–Hill, Berkeley (California) 1988

[11] Wirth, Niklaus: *Algorithmen und Datenstrukturen.* B.G.Teubner, Stuttgart 1983

Index

! Negation (logisch) 55
!= Vergleich 55

" Stringbegrenzung 17, 101

Präprozessor-Direktive 138
Präprozessor-Operator 144
Präprozessor-Operator 145

% Divisionsrest 42
% Formatbeschreiber 187, 194, 215f
%= kombinierte Zuweisung 48

& Adressoperator 92
& Produkt (bitweise) 205
&& logisches Produkt 25, 55
&= kombinierte Zuweisung 205

' Konstantenbegrenzung 36

( ) Begrenzung Argumentliste 71
( ) Begrenzung Parameterliste 71

* Dereferenzierung 93, 125
* Multiplikation 41
*/ Kommentarbegrenzung 16
*= kombinierte Zuweisung 48

+ Addition 41
+ Vorzeichen 44
++ Inkrement 19, 48
+= kombinierte Zuweisung 48

, Operator 209

- Subtraktion 41
- Vorzeichen 44
-- Dekrement 48
-= kombinierte Zuweisung 48
-> Dereferenzierung und
        Komponentenwahl 125

. Komponentenwahl (Struktur) 118

/ Division 41

/* Kommentarbegrenzung 16
/= kombinierte Zuweisung 48

: Bitfeld-Definition 208

; Abschlußsymbol 19, 53

< Vergleich 55
<< Verschiebung 205
<<= kombinierte Zuweisung 205
<= Vergleich 55

= Zuweisung 19, 46
== Vergleich 55

> Vergleich 55
>= Vergleich 55
>> Verschiebung 205
>>= kombinierte Zuweisung 205

?: bedingter Ausdruck 64
?? Trigraph 29, 212

[ ] Komponentenwahl (Feld) 89

\ Escapesequenz 37, 211
\ Zeilenfortsetzung 30, 138

^ exklusives Oder 205
^= kombinierte Zuweisung 205

_ druckbares Zeichen 29

{ } Anfangswert 104, 123
{ } Strukturdeklaration 117
{ } zusammengesetzte Anweisung 19

| Summe (bitweise) 205
|= kombinierte Zuweisung 205
|| logische Summe 55

~ Negation (bitweise) 205

abort (Standardfunktion) 163
abs (Standardfunktion) 167

Absolutbetrag 167
acos (Standardfunktion) 154
Adresse 92
Anfangswert 102, 123
Anweisung 19, 53
  – , Ausdruck 53
  – , break 61, 69
  – , case 66
  – , continue 61, 69
  – , default 66
  – , do 57
  – , einfache 19
  – , for 58
  – , goto 69
  – , if 22, 62
  – , leere 54
  – , return 69, 71
  – , switch 66
  – , while 19, 56
  – , zusammengesetzte 19, 54
Argument 71, 75
Argumente, variable Anzahl 158
ASCII-Code 29, 212
asctime (Standardfunktion) 177
asin (Standardfunktion) 154
assert (Macro/Funktion) 149
<assert.h> (Header-Datei) 149
atan (Standardfunktion) 154
atan2 (Standardfunktion) 154
atexit (Standardfunktion) 164
atof (Standardfunktion) 162
atoi (Standardfunktion) 162
atol (Standardfunktion) 162
Aufzählungskonstante 38
Aufzählungstyp 38
Ausdruck, arithmetischer 41
  – , bedingter 64
  – , konstanter 51
  – , logischer 55
  – , Reihenfolge der Auswertung 44f
  – , Vergleich 55
Ausdruckanweisung 53
Ausgabe, binäre 200
  – , formatierte 193, 216
  – , gepufferte 180
  – , ungepufferte 180
  – , vollständig gepufferte 181
  – , zeilengepufferte 181

auto (Speicherklassen-Attribut) 82
automatisch 82

Backslash 30, 138
Backspace 37, 211
Baum 134
  – , balancierter 137
  – , Knoten 134
  – , Wurzel 134
Bibliothek 15
Bitfeld 208
break-Anweisung 61, 69
bsearch (Standardfunktion) 164
BUFSIZ (Macro) 187

„call by value" 75
calloc (Standardfunktion) 163
case-Anweisung 66
Cast-Operator 46
ceil (Standardfunktion) 154
char (Standardtyp) 33f
CHAR_... (Macros) 151
clearerr (Standardfunktion) 202
clock (Standardfunktion) 175
CLOCKS_PER_SEC (Macro) 175
clock_t (Typ) 174
Compilation, bedingte 142
Compiler 15
const (Speicherklassen-Attribut) 102,
     104
continue-Anweisung 61, 69
cos (Standardfunktion) 154
cosh (Standardfunktion) 154
ctime (Standardfunktion) 177
<ctype.h> (Header-Datei) 149

__DATE__ (Macro) 146
Datei 178
  – , Binär 178, 183
  – , Freigabe 184
  – , Löschen 202
  – , Name 182, 185
  – , permanente 182
  – , Positionierung 181, 183, 200
  – , Standard 182
  – , temporäre 185
  – , Text 178, 183
  – , Umbenennung 202
  – , Zuordnung 182, 185

Dateiende 21
Dateipuffer 186
Daten 32
DBL_... (Macros) 152
default-Anweisung 66
define (Präprozessor-Direktive) 139f
defined (Präprozessor-Operator) 143
Deklaration 18
 - , Bitfeld 208
 - , enum 38
 - , Feld 89
 - , Funktion 26, 70, 73
 - , partielle 130
 - , Struktur 117
 - , Variable 39
 - , Verbund 203
Dekrementierung 48
difftime (Standardfunktion) 177
Direktive define 139f
 - elif 142
 - else 142
 - endif 142
 - error 146
 - if 142
 - ifdef 142
 - ifndef 142
 - include 139
 - line 146
 - undef 146
div (Standardfunktion) 168
Division, ganzzahlige 41, 168
Divisionsrest 42, 155, 168
div_t (Typ) 168
do-Anweisung 57
double (Standardtyp) 33
dynamische Speicherzuordnung 111, 162

EDOM (Macro) 151, 155
Eingabe, binäre 200
 - , formatierte 187, 215
 - , gepufferte 180
 - , ungepufferte 180
 - , vollständig gepufferte 181
 - , zeilengepufferte 181
elif (Präprozessor-Direktive) 142
else (Präprozessor-Direktive) 142
endif (Präprozessor-Direktive) 142
enum-Deklaration 38

EOF (Macro) 21, 181
ERANGE (Macro) 151, 155
Eratosthenes von Kyrene 206
Ereignis 156
errno (Variable/Macro) 151, 155, 161f, 201f
<errno.h> (Header-Datei) 151
error (Präprozessor-Direktive) 146
Ersetzungen im Quellprogramm 31
Escapesequenz 17, 37, 211
 - , hexadezimale 37
 - , oktale 37
exit (Standardfunktion) 163
EXIT... (Macros) 164
exp (Standardfunktion) 154
extern 77
extern (Speicherklassen-Attribut) 80, 82

fabs (Standardfunktion) 154
fclose (Standardfunktion) 184
Feld 22, 89
 - als Parameter 99
 - , Komponenten mit negativem Index 90
 - , Komponentenzahl 89
 - , mehrdimensionales 90
 - , Speicheranordnung 91
feof (Standardfunktion) 202
ferror (Standardfunktion) 202
fflush (Standardfunktion) 186
fgetc (Standardfunktion) 197
fgetpos (Standardfunktion) 201
fgets (Standardfunktion) 198
__FILE__ (Macro) 146
FILE (Typ) 181
FILENAME_MAX (Macro) 182
float (Standardtyp) 33
<float.h> (Header-Datei) 34, 151
floor (Standardfunktion) 154
FLT_... (Macros) 152
fmod (Standardfunktion) 155
fopen (Standardfunktion) 183
FOPEN_MAX (Macro) 184
for-Anweisung 58
Formatbeschreiber, Ausgabe 194, 216
 - , Eingabe 187, 215
Formatierung 179, 187, 193

fpos_t (Typ) 201
fprintf (Standardfunktion) 193
fputc (Standardfunktion) 199
fputs (Standardfunktion) 199
fread (Standardfunktion) 200
free (Standardfunktion) 113, 163
freopen (Standardfunktion) 184
frexp (Standardfunktion) 155
fscanf (Standardfunktion) 187
fseek (Standardfunktion) 201
fsetpos (Standardfunktion) 201
ftell (Standardfunktion) 201
Funktion 13, 70
  – , Argument 71, 75
  – , Aufruf 71
  – , Definition 26, 70, 73
  – , Deklaration 26, 70, 73
  – , „dummy" 74
  – mit variabler Argumentzahl 158
  – , Name 70
  – , Parameter 71, 75
  – , Prototyp 71, 73
  – , Rumpf 71
Funktionen, mathematische 153
Funktionsrumpf 16
Funktionswert 70
fwrite (Standardfunktion) 200

ganze Zahlen, formatierte Ausgabe 194
  – , formatierte Eingabe 188
ganzzahlige Typen 33
Gauss, C.F. 83
getc (Macro/Funktion) 198
getchar (Macro/Funktion) 198
getenv (Standardfunktion) 164
gets (Standardfunktion) 198
Gleitkommatypen 33
  – , Dichte 33
  – , Genauigkeit 34
  – , Mantissenstellen 34
  – , Wertebereich 34
Gleitkommazahlen, formatierte Ausgabe
         194
  – , formatierte Eingabe 189
global 77
gmtime (Standardfunktion) 175
goto-Anweisung 69
Grenzen des Programms 217

Hauptprogramm 13
Header–Datei 81
  – , Standard 16
Heap–Manager 111
HUGE_VAL (Macro) 155

if (Präprozessor–Direktive) 142
if–Anweisung 22, 62
ifdef (Präprozessor–Direktive) 142
ifndef (Präprozessor–Direktive) 142
include (Präprozessor–Direktive) 139
Initialisierung 40
Inkrementierung 19, 48
int (Standardtyp) 33
INT_... (Macros) 151
„integral promotion" 43
intern 77
IO... (Macros) 186
is... (Standardfunktionen) 150

Knoten eines Baumes 134
Kommentar 16
Konkatenation von Stringkonstanten 101
  – von Strings 170
Konstante 32
  – , Aufzählung 38
  – , benannte 18, 139
  – , dezimale 35
  – , ganzzahlige 35
  – , Gleitkomma 36
  – , halblogarithmische 36
  – , hexadezimale 35
  – , long 35
  – , oktale 35
  – , String 101
  – , unsigned 35
  – , Zeichen 36
Konstanten, Übersicht 35
konstanter Ausdruck 51

labs (Standardfunktion) 167
Laufvariable 58
LC_... (Macros) 153, 177
LDBL_... (Macros) 152
ldexp (Standardfunktion) 154
ldiv (Standardfunktion) 168
ldiv_t (Typ) 168
<limits.h> (Header–Datei) 34, 151
__LINE__ (Macro) 146

line (Präprozessor–Direktive) 146
Linker 15
Liste, beidseitig verkettete 133
  – , Einfügen in 128
  – , Entfernen aus 132
  – , mehrfach verkettete 134
  – , sortierte 129
  – , Suchen in 131
  – , verkettete 128
  – , zyklisch verkettete 133
<locale.h> (Header–Datei) 153
localtime (Standardfunktion) 175
log (Standardfunktion) 154
log10 (Standardfunktion) 154
lokal 77
long (Standardtyp) 34
LONG_... (Macros) 152
long double (Standardtyp) 33
long int (Standardtyp) 33
L_tmpnam (Macro) 185

Macro 139f, 146
  – , Expandierung 141
main (Name) 13
malloc (Standardfunktion) 111, 163
<math.h> (Header–Datei) 116, 153
memchr (Standardfunktion) 171
memcmp (Standardfunktion) 171
memcpy (Standardfunktion) 168
memmove (Standardfunktion) 168
memset (Standardfunktion) 173
mktime (Standardfunktion) 175
modf (Standardfunktion) 155
Modul 75
Modulo–Arithmetik 42

Name 29
  – , global 30
  – , lokal 30
NDEBUG (Macro) 149
Nebeneffekt 46, 50, 88
NULL (Macro) 148, 168, 174
Nullzeiger 98, 128, 148

Objekt 32
  – , Typ eines 32
  – , Wert eines 32
Objektdatei 15
offsetof (Macro) 148

Operator, Addition 41
  – , Adresse 92
  – , bitweise Negation 205
  – , bitweise Summe 205
  – , bitweises Produkt 205
  – , Cast 46
  – , defined 143
  – , Dekrementierung 48
  – , Dereferenzierung 93, 125
  – , Dereferenzierung und
        Komponentenwahl 125
  – , Division 41
  – , Divisionsrest 42
  – , exklusives Oder (bitweise) 205
  – , Hierarchie 44, 55, 214
  – , Inkrementierung 19, 48
  – , kombinierte Zuweisung 47
  – , Komma 209
  – , Konkatenation in Macros 145
  – , logische Negation 55
  – , logische Summe 55
  – , logisches Produkt 25, 55
  – , Multiplikation 41
  – , Präzedenz 44, 55, 214
  – , Punkt 118
  – , sizeof 112, 148, 170
  – , Stringgenerierung in Macros 144
  – , Subtraktion 41
  – , Typumwandlung 46
  – , Übersicht 214
  – , Vergleich 55
  – , Verschiebung 205
  – , Vorzeichen 44
  – , Zuweisung 19, 46
Overflow 52

Parameter 16, 71, 75
  – , aktueller 75
  – , formaler 75
  – , Programm 107
perror (Standardfunktion) 202
pow (Standardfunktion) 154
Präprozessor 16, 138
Präprozessor–Direktive 16, 138
printf (Standardfunktion) 193
„Problem der acht Damen" 83
Programm, ausführbares 14
Programm–Parameter 107

Prototyp einer Funktion 71, 73
ptrdiff_t (Typ) 148
putc (Macro/Funktion) 199
putchar (Macro/Funktion) 199
puts (Standardfunktion) 199

qsort (Standardfunktion) 164
Quellcode 14
Quelldatei 14, 75
Quellprogramm 14
  – , Ersetzungen im 31

raise (Standardfunktion) 158
rand (Standardfunktion) 162
RAND_MAX (Macro) 162
realloc (Standardfunktion) 163
register (Speicherklassen–Attribut)
     203
Rekursion 83
remove (Standardfunktion) 202
rename (Standardfunktion) 202
return–Anweisung 69, 71
rewind (Standardfunktion) 200

scanf (Standardfunktion) 187
SCHAR_... (Macros) 152
Schleife 19, 56
Schleifenrumpf 19
Schlüsselwort 30, 213
SEEK_... (Macros) 201
Seitenvorschub–Zeichen 37, 211
setbuf (Standardfunktion) 186
<setjmp.h> (Header–Datei) 155
setlocale (Standardfunktion) 153
setvbuf (Standardfunktion) 186
short (Standardtyp) 34
short int (Standardtyp) 33
SHRT_... (Macros) 152
SIG... (Macros) 156, 163, 168
SIG_... (Standardfunktionen) 157
Signal 156
signal (Standardfunktion) 156
<signal.h> (Header–Datei) 156
signed (Standardtyp) 33
sin (Standardfunktion) 154
sinh (Standardfunktion) 154
sizeof–Operator 112, 148, 170
size_t (Typ) 111, 148, 168, 174
Sortieren 164

Speicherklassen–Attribut auto 82
  – const 102, 104
  – extern 80, 82
  – register 203
  – static 78, 82
  – typedef 40, 144
  – volatile 203
Speicherzuordnung, dynamische 111, 162
sprintf (Standardfunktion) 193
Sprung, expliziter 69
  – , impliziter 69
sqrt (Standardfunktion) 154
srand (Standardfunktion) 162
sscanf (Standardfunktion) 187
Stack 133
Standardbibliothek 147
Standardtypen 32
  – , Genauigkeit 151, 218
  – , Wertebereich 151, 218
static (Speicherklassen–Attribut) 78,
     82
statisch 82
<stdarg.h> (Header–Datei) 158
__STDC__ (Macro) 146
<stddef.h> (Header–Datei) 38, 148
stderr (Standarddatei) 182
stdin (Standarddatei) 182
<stdio.h> (Header–Datei) 16, 178
<stdlib.h> (Header–Datei) 160
stdout (Standarddatei) 182
strcat (Standardfunktion) 170
strchr (Standardfunktion) 171
strcmp (Standardfunktion) 171
strcoll (Standardfunktion) 171
strcpy (Standardfunktion) 168
strcspn (Standardfunktion) 172
Stream 178
strerror (Standardfunktion) 174
strftime (Standardfunktion) 177
String 17, 100
  – , Ausgabe 199
  – , Eingabe 198
  – , formatierte Ausgabe 195
  – , formatierte Eingabe 189
  – , Interpretation als Zahl 160
  – , Konkatenation 170

String, Kopieren 168
 – , Längenbestimmung 173
 – , leerer 101
 – , Vergleich 171
<string.h> (Header–Datei) 113, 168
Stringende–Zeichen 101
Stringkonstante 101
 – , Konkatenation 101
 – , maximale Länge 101
Stringvariable 101
strlen (Standardfunktion) 113, 173
strncat (Standardfunktion) 170
strncmp (Standardfunktion) 171
strncpy (Standardfunktion) 168
strpbrk (Standardfunktion) 172
strrchr (Standardfunktion) 171
strspn (Standardfunktion) 172
strstr (Standardfunktion) 172
strtod (Standardfunktion) 160
strtok (Standardfunktion) 172
strtol (Standardfunktion) 160
strtoul (Standardfunktion) 161
struct (Schlüsselwort) 117
Struktur 117
strxfrm (Standardfunktion) 171
Suchen 164
 – von Zeichen 171
switch–Anweisung 66
Synchronisationspunkt 88
system (Standardfunktion) 164

Tabulator 37, 211
tan (Standardfunktion) 154
tanh (Standardfunktion) 154
Testhilfen 149
__TIME__ (Macro) 146
time (Standardfunktion) 175
<time.h> (Header–Datei) 174
time_t (Typ) 174
tm (Typ) 174
tmpfile (Standardfunktion) 185
TMP_MAX (Macro) 185
tmpnam (Standardfunktion) 185
tolower (Standardfunktion) 150
toupper (Standardfunktion) 150
Trigraph 29, 212
typedef (Speicherklassen–Attribut) 40,
    144

Typen, Hierarchie 43
Typumwandlung 43, 46

UCHAR_MAX (Macro) 152
UINT_MAX (Macro) 152
ULONG_MAX (Macro) 152
Umlaut 212
undef (Präprozessor–Direktive) 146
Underflow 52
Underscore 29
ungetc (Standardfunktion) 198
union (Schlüsselwort) 203
unsigned (Standardtyp) 33
USHRT_MAX (Macro) 152

va_arg (Macro) 158
va_end (Macro/Funktion) 158
va_list (Typ) 158
Variable 32, 39
 – , automatische 82
 – , Deklaration 39
 – , externe 81
 – , Initialisierung 40
 – , interne 82
 – , statische 82
 – , String 101
 – , Struktur 118
 – , Wert einer 32
 – , Zeiger 92
va_start (Macro) 158
Verbund 203
Verschattung 76
vfprintf (Standardfunktion) 197
volatile (Speicherklassen–Attribut)
    203
vprintf (Standardfunktion) 197
vsprintf (Standardfunktion) 197

Warteschlange 78, 133
wchar_t (Typ) 38, 148
Wertebereich 33
 – , Mindestschranken 33
while–Anweisung 19, 56
„white space" 29
Wurzel eines Baumes 134

Zeichen, Ausgabe 199
  − , Backspace 37, 211
  − , druckbares 29, 211
  − , Eingabe 197
  − , formatierte Ausgabe 195
  − , formatierte Eingabe 189
  − , horizontaler Tabulator 37, 211
  − , Klassifizierung 149
  − , nicht−druckbares 17, 29
  − , Piepen 37, 211
  − , Seitenvorschub 37, 211
  − , Stringende 101
  − , Suchen in Strings 171
  − , Umwandlung 149
  − , vertikaler Tabulator 37, 211
  − , Zeilenanfang 37, 211
  − , Zeilenende 37, 211
  − , Zeilenvorschub 37, 211
Zeichenkonstante 36
Zeichensatz 29, 211
Zeiger 20, 92
  − auf Funktion 114
  − auf Zeiger 106
  − , Bezugsvariable 95
  − , Differenz 97
  − , konstanter 105
  − , nicht konstanter 105
  − , Null 98, 128, 148
  − , Vergleich 97
  − , zulässige Operationen 96
Zeigerarithmetik 95
Zeigerkonstante 96
Zeigervariable 92
Zeilenanfang−Zeichen 37, 211
Zeilenende−Zeichen 37, 211
Zeilenvorschub−Zeichen 37, 211
Zufallszahl 162